"十二五"国家计算机技能型紧缺人才
教育部职业教育与成人教育司
全国职业教育与成人教育教学用书行业规划教材

新编中文版

Flash CS6 标准教程

策划／施博资讯
编著／黎文锋　李敏虹

光盘内容
84个视频教学文件、练习文件和范例源文件

海洋出版社
2013年·北京

内 容 简 介

本书是专为想在较短时间内学习并掌握中文版 Flash CS6 的使用方法和技巧而编写的标准教程。本书语言平实，内容丰富、专业，并采用了由浅入深、图文并茂的叙述方式，从最基本的技能和知识点开始，辅以大量的上机实例作为导引，帮助读者轻松掌握 Flash CS6 的基本知识与操作技能，并做到活学活用。

本书内容：全书共分为 10 章，着重介绍了 Flash CS6 的新功能、界面和文件管理；绘制和修改矢量图的方法；颜色的选择、填充和修改；元件、元件实例和库管理资源的方法；Flash 动画制作入门；基本的 Flash 动画制作方法；形状提示的应用、制作引导层动画和遮罩层动画；IK 动画的制作；声音、行为、动作和 ActionScript 的应用；最后通过绘制矢量卡通插图、制作公司徽标动画、制作雪景动画和制作有声效的网站导航条 4 个综合范例，全面系统地介绍了使用 Flash CS6 制作动画的技巧。

本书特点：1. 基础知识讲解与范例操作紧密结合贯穿全书，边讲解边操练，学习轻松，上手容易。2. 提供重点实例设计思路，激发读者动手欲望，注重学生动手能力和实际应用能力的培养。3. 实例典型、任务明确，由浅入深、循序渐进、系统全面，为职业院校和培训班量身打造。4. 每章后都配有练习题和上机实训，利于巩固所学知识和创新。5. 书中实例收录于光盘中，采用视频讲解的方式，一目了然，学习更轻松！

适用范围：适用于全国职业院校 Flash 动画设计专业课教材，社会 Flash 动画设计培训班教材，也可作为广大初、中级读者实用的自学指导书。

图书在版编目(CIP)数据

新编中文版 Flash CS6 标准教程/黎文锋，李敏虹编著. —北京：海洋出版社，2013.9
ISBN 978-7-5027-8650-2

Ⅰ.①新… Ⅱ.①黎…②李… Ⅲ.①动画制作软件—教材 Ⅳ.①TP391.41

中国版本图书馆 CIP 数据核字（2013）第 204918 号

总 策 划：刘 斌	发 行 部：（010）62174379（传真）（010）62132549
责任编辑：刘 斌	（010）68038093（邮购）（010）62100077
责任校对：肖新民	网　　址：www.oceanpress.com.cn
责任印制：赵麟苏	承　　印：北京华正印刷有限公司
排　　版：海洋计算机图书输出中心 晓阳	版　　次：2013 年 9 月第 1 版
出版发行：海洋出版社	2013 年 9 月第 1 次印刷
地　　址：北京市海淀区大慧寺路 8 号（716 房间）	开　　本：787mm×1092mm　1/16
100081	印　　张：17.25
经　　销：新华书店	字　　数：414 千字
技术支持：（010）62100055	印　　数：1～4000 册
	定　　价：32.00 元（含 1DVD）

本书如有印、装质量问题可与发行部调换

前　　言

Adobe Flash CS6 是 Adobe 发布的 Adobe CS6 套装软件的应用程序之一，它是用于动画制作、多媒体创作以及交互式设计网站的应用程序。Flash 可以包含简单的动画和视频内容、复杂的演示文稿和应用程序以及介于它们之间的任何内容。使用 Flash 的设计人员和开发人员可以创建演示文稿、应用程序和其他允许用户交互的内容，还可以通过添加图片、声音、视频和特殊效果，构建包含丰富媒体的 Flash 应用程序。

本书通过由浅入深、由入门到提高、由基础到应用的方式，先带领读者体验 Flash CS6 的新功能，然后通过 Flash CS6 的界面介绍、文件管理等基础知识，为读者学习 Flash CS6 奠定坚实的基础，接着延伸到插图应用、绘制和修改形状、插图的颜色填充和修改、应用元件实例与库资源等常规功能的讲解，并全面介绍了 Flash CS6 中时间轴的应用和动画创作入门、补间动画的创建与编辑、传统补间与补间形状动画的创建与编辑、反向运动（IK）类型动画的创作以及文本、媒体和脚本的应用等知识，最后通过多个综合实例的介绍，使读者掌握综合应用 Flash 各功能创作动画作品的方法和技巧。

本书共分为 10 章，具体内容简介如下。

第 1 章介绍了 Flash CS6 新功能、Flash CS6 界面和文件管理等。

第 2 章主要针对绘图基础、绘图工具的应用、绘图对象形状的修改等进行详细的讲解，掌握在 Flash CS6 中绘制和修改矢量图的方法。

第 3 章主要介绍了 Flash 的颜色模型和颜色的选择以及填充和修改颜色等。

第 4 章主要介绍了在 Flash 中使用元件和元件实例以及利用【库】管理资源的方法。

第 5 章主要介绍了 Flash 动画制作的入门知识，其中包括补间动画、传统补间、补间形状、反向运动姿势、逐帧动画 5 种动画类型的概念和基础以及播放和测试动画的方法。

第 6 章主要介绍了基本的 Flash 动画制作方法和必要的知识，其中包括创建与编辑补间动画、使用动画编辑器编辑与制作动画、制作传统补间动画以及制作补间形状动画。

第 7 章介绍了 Flash 的多种高级动画创作方法，其中包括形状提示的应用、制作引导层动画和制作遮罩层动画。

第 8 章主要介绍了 Flash 提供的一种新型动画类型——IK（反向运动）动画的知识。

第 9 章主要介绍声音、行为、动作和 ActionScript 在 Flash 动画创作中的应用。

第 10 章通过绘制矢量卡通插图、制作公司徽标动画、制作雪景动画和制作有声效的网站导航条 4 个综合实例，介绍各种类型的 Flash 动画创作。

本书由资深 Flash 动画创作专家精心规划与编写，具有以下特点：

- **内容新颖**　本书采用 Flash CS6 作为教学软件，以"基础—实例"的方式介绍软件的操作与应用，并配合新功能的使用，扩展了学习范围，掌握更多的应用方法。
- **主题教学**　针对读者有目的的学习需求，本书使用了大量的实例进行教学讲解，并以明确的主题形式呈现在各章中，可以通过主题的学习，掌握 Flash CS6 的实际应用，同时强化软件的使用。

- **多媒体教学** 本书提供精美的多媒体教学光盘,光盘将书中各个实例进行全程演示并配合清晰语音的讲解,使读者体会到亲临其境的课堂训练感受,同时提高读者真正动手操作的能力。
- **超强实用性** 本书的章节结构经过精心安排,依照最佳的学习流程和学习习惯进行教学。书中各章均提供教学目标和教学重点,对各章的学习进行预前说明,以指导读者在目的明确的前提下学习本书的内容。
- **丰富的课后练习** 书中在各章后提供大量的习题和上机练习,方便读者在阶段学习完成后回顾与巩固所学的知识,并能够在掌握方法的前提下应用于实际的操作,强化读者应用能力。

本书内容丰富全面、讲解深入浅出、结构条理清晰,通过书中的基础学习和应用实例,使初学者和平面设计师都拥有实质性的知识与技能。另外,本书提供包含全书练习素材和实例演示影片的光盘,方便读者使用素材与本书同步学习,以提高学习效率。本书是一本专为职业学校、社会电脑培训班、广大电脑初(中)级读者量身订制的培训教程和自学指导书。

本书由广州施博资讯科技有限公司策划,由黎文锋、李敏虹主编,参与本书编写与范例设计工作的还有黄活瑜、梁颖思、吴颂志、梁锦明、林业星、黎彩英、周志苹、李剑明、黄俊杰等,在此一并谢过。在本书的编写过程中,我们力求精益求精,但难免存在一些不足之处,敬请广大读者批评指正。

目 录

第 1 章 Flash CS6 基础入门 1
1.1 Flash CS6 新特性 1
- 1.1.1 Text Layout Framework 文本引擎 1
- 1.1.2 FLVPlayback 实时预览 2
- 1.1.3 自动生成 Sprite 表 3
- 1.1.4 增强的 Flash Builder 工作流程 4
- 1.1.5 支持开发各类硬件部署程序 4
- 1.1.6 增强的 ActionScript 编辑器 5
- 1.1.7 增强的动画骨骼控制 5
- 1.1.8 Adobe AIR 发布设置 UI 6

1.2 认识 Flash CS6 新界面 7
- 1.2.1 欢迎屏幕 7
- 1.2.2 菜单栏 8
- 1.2.3 编辑栏 9
- 1.2.4 工具箱 9
- 1.2.5 【属性】面板 10
- 1.2.6 【时间轴】面板 10
- 1.2.7 舞台和工作区 11
- 1.2.8 工作区切换器 11

1.3 管理 Flash 文档 11
- 1.3.1 Flash 文档格式 11
- 1.3.2 创建新文档 12
- 1.3.3 从模板创建新文档 13
- 1.3.4 打开现有的文档 13
- 1.3.5 保存 Flash 文档 15
- 1.3.6 另存 Flash 文档 16
- 1.3.7 将文档另存为模板 16
- 1.3.8 发布 Flash 文档 17

1.4 本章小结 18
1.5 习题 18

第 2 章 Flash 动画的绘图与修改 20
2.1 绘图的基础 20
- 2.1.1 关于矢量图与位图 20
- 2.1.2 路径和方向手柄 21
- 2.1.3 Flash 的绘图模式 22

2.2 绘图工具的应用 24
- 2.2.1 线条工具 24
- 2.2.2 铅笔工具 25
- 2.2.3 刷子工具 26
- 2.2.4 喷涂刷工具 27
- 2.2.5 Deco 工具 28
- 2.2.6 矩形工具 30
- 2.2.7 椭圆工具 31
- 2.2.8 多角星形工具 33
- 2.2.9 图元绘制工具 33
- 2.2.10 钢笔工具 35

2.3 选择与修改绘图对象 37
- 2.3.1 选择绘图的对象 37
- 2.3.2 使用选择工具修改形状 39
- 2.3.3 使用部分选取工具修改形状 40
- 2.3.4 其他修改形状的方法 41

2.4 课堂实训 42
- 2.4.1 绘制心形形状 42
- 2.4.2 绘制穿心箭头 45

2.5 本章小结 46
2.6 习题 46

第 3 章 Flash 插图颜色的处理 48
3.1 颜色模型与定义方式 48
- 3.1.1 Flash 的颜色模型 48
- 3.1.2 定义颜色的方式 49

3.2 颜色的选择与填充 50
- 3.2.1 关于颜色的应用 50
- 3.2.2 使用【颜色】面板 50
- 3.2.3 使用调色板 52
- 3.2.4 使用【样本】面板 53
- 3.2.5 选择和应用在线社区颜色 54

3.3	颜色工具的使用	56
	3.3.1 使用颜料桶工具	56
	3.3.2 使用墨水瓶工具	57
	3.3.3 使用滴管工具	58
3.4	填充颜色的修改	60
	3.4.1 利用当前颜色样本修改渐变	60
	3.4.2 利用渐变变形工具修改渐变	61
3.5	课堂实训	62
	3.5.1 为插图应用位图填充	62
	3.5.2 为卡通刷子插图上色	64
3.6	本章小结	66
3.7	习题	66

第 4 章　元件、实例和库资源 68

4.1	在 Flash 中使用元件	68
	4.1.1 元件的类型	68
	4.1.2 创建元件	69
	4.1.3 创建按钮元件	71
	4.1.4 编辑元件	73
4.2	使用【库】管理资源	74
	4.2.1 认识【库】面板	75
	4.2.2 新建与使用库文件夹	75
	4.2.3 查看库项目的属性	76
	4.2.4 寻找未用的库项目	77
	4.2.5 导入与导出对象	77
	4.2.6 复制与移动元件	79
	4.2.7 定义源文件共享库资源	81
4.3	使用元件实例	83
	4.3.1 创建元件的实例	83
	4.3.2 编辑实例的属性	84
	4.3.3 交换元件实例	86
	4.3.4 分离元件实例	87
4.4	元件实例的变形	87
	4.4.1 任意变形处理	88
	4.4.2 缩放元件实例	90
	4.4.3 翻转元件实例	91
4.5	课堂实训	91
	4.5.1 使用公用库制作按钮	91

	4.5.2 制作卡通插图变色效果	95
4.6	本章小结	98
4.7	习题	98

第 5 章　绘制与编辑草图 Flash 动画创作基础 100

5.1	关于 Flash 时间轴	100
	5.1.1 时间轴概述	100
	5.1.2 时间轴的帧	101
	5.1.3 时间轴的图层	102
	5.1.4 时间轴的绘图纸功能	103
5.2	Flash 动画基础	104
	5.2.1 帧频	104
	5.2.2 动画的表示形式	104
5.3	补间动画	105
	5.3.1 补间	105
	5.3.2 补间范围和属性关键帧	106
	5.3.3 可补间的对象和属性	107
5.4	传统补间	107
	5.4.1 关于传统补间	107
	5.4.2 补间动画和传统补间之间的差异	108
5.5	补间形状	109
	5.5.1 关于补间形状	109
	5.5.2 补间形状的作用对象	109
5.6	反向运动姿势	110
	5.6.1 关于反向运动（IK）	110
	5.6.2 使用 IK 的方式	111
	5.6.3 关于姿势图层	112
	5.6.4 处理 IK 的工具	113
	5.6.5 骨骼使用的样式	113
5.7	逐帧动画	114
	5.7.1 创建逐帧动画	114
	5.7.2 查看与编辑多个帧	115
5.8	播放与测试影片	115
	5.8.1 播放场景	115
	5.8.2 通过播放器测试影片	116
5.9	本章小结	117
5.10	习题	117

第 6 章　基本 Flash 动画创作 119

- 6.1 创建与编辑补间动画 119
  - 6.1.1 制作直线路径动画 119
  - 6.1.2 制作多段线路径的动画 121
  - 6.1.3 编辑补间的运动路径 123
  - 6.1.4 制作曲线路径动画 124
  - 6.1.5 让对象调整到路径 126
  - 6.1.6 使用浮动属性关键帧 127
- 6.2 使用动画编辑器 128
  - 6.2.1 关于动画编辑器 128
  - 6.2.2 编辑属性曲线的形状 129
  - 6.2.3 使用动画编辑器制作动画 132
- 6.3 制作传统补间动画 134
  - 6.3.1 关于传统补间动画的属性 134
  - 6.3.2 制作大小变化的移动动画 135
  - 6.3.3 制作颜色渐变的动画 136
- 6.4 制作补间形状动画 139
  - 6.4.1 关于补间形状的属性 139
  - 6.4.2 制作移动缩放的动画 140
  - 6.4.3 制作形状变化的动画 143
- 6.5 课堂实训 144
  - 6.5.1 制作飞机飞翔动画场景 144
  - 6.5.2 制作弹跳的动画效果 148
- 6.6 本章小结 149
- 6.7 习题 149

第 7 章　高级 Flash 动画创作 152

- 7.1 利用形状提示控制图形变形 152
  - 7.1.1 形状提示 152
  - 7.1.2 使用形状提示的规范和准则 ... 153
  - 7.1.3 添加、删除与隐藏形状提示 ... 153
  - 7.1.4 制作帆船风帆飘动动画 155
- 7.2 利用引导层控制运动路径 159
  - 7.2.1 关于引导层 159
  - 7.2.2 引导层的使用 159
  - 7.2.3 制作蝴蝶沿曲线飞翔的动画 160
- 7.3 利用遮罩层控制显示区域 162
  - 7.3.1 关于遮罩层 162
  - 7.3.2 遮罩层的使用 163
  - 7.3.3 制作圆形开场的遮罩动画 164
- 7.4 课堂实训 166
  - 7.4.1 制作循环路径引导动画 166
  - 7.4.2 利用遮罩层制作变色文本动画 169
- 7.5 本章小结 170
- 7.6 习题 171

第 8 章　反向运动（IK）动画 173

- 8.1 添加 IK 骨骼 173
  - 8.1.1 向元件实例添加骨骼 173
  - 8.1.2 向形状对象添加骨骼 177
- 8.2 编辑 IK 骨架和对象 179
  - 8.2.1 编辑 IK 骨架 180
  - 8.2.2 编辑 IK 形状 183
  - 8.2.3 将骨骼绑定到形状点 184
  - 8.2.4 为卡通小狗添加与编辑 IK 骨架 185
- 8.3 对骨架进行动画处理 186
  - 8.3.1 基于骨架的 IK 概述 186
  - 8.3.2 插入 IK 动画的姿势 187
  - 8.3.3 约束 IK 骨骼的运动 189
  - 8.3.4 向骨骼中添加弹簧属性 192
  - 8.3.5 向 IK 动画添加缓动 192
- 8.4 上机练习 193
  - 8.4.1 制作小鸟行走动画 193
  - 8.4.2 制作卡通人物跳舞动画 196
- 8.5 本章小结 198
- 8.6 习题 198

第 9 章　应用文本、媒体和脚本 200

- 9.1 文本的创建和应用 200
  - 9.1.1 Flash 文本引擎 200
  - 9.1.2 使用 TLF 文本 202

9.1.3 使用传统文本............................206
9.1.4 分离文本............................209
9.2 声音和视频的应用............................209
9.2.1 关于声音和 Flash............................209
9.2.2 导入与导出声音............................211
9.2.3 将声音添加到时间轴............................214
9.2.4 将视频导入到文件............................216
9.3 ActionScript 脚本的应用............................220
9.3.1 关于 ActionScript 语言............................220
9.3.2 使用【行为】面板............................222
9.3.3 使用【动作】面板............................224
9.3.4 使用【代码片断】面板............................227
9.4 ActionScript 3.0 在滤镜上的应用............................229
9.4.1 关于滤镜............................229
9.4.2 添加与删除滤镜............................230
9.4.3 使用 ActionScript 3.0 创建滤镜............................231
9.4.4 应用 ActionScript 3.0 创建的滤镜............................232
9.5 课堂实训............................233
9.5.1 制作可控制的贺卡动画............................233
9.5.2 定义声道互换的声音效果............................236
9.6 本章小结............................238
9.7 习题............................238

第 10 章　综合实例............................240

10.1 绘制矢量卡通插图............................240
10.2 制作公司徽标的动画............................247
10.3 制作冬天的雪景动画............................253
10.4 制作有声效的网站导航条............................258
10.5 本章小结............................265
10.6 习题............................265

习题参考答案............................267

第 1 章　Flash CS6 基础入门

教学提要

本章主要介绍了 Flash CS6 的新特性、工作界面以及 Flash CS6 文件管理的方法，使读者掌握 Flash CS6 的基本知识。

教学重点

- 了解 Flash CS6 的新特性
- 熟悉 Flash CS6 的工作界面
- 掌握 Flash CS6 的文件管理基础

1.1　Flash CS6 新特性

Flash CS6 较之前的版本增加或增强了许多新功能和特性。

1.1.1　Text Layout Framework 文本引擎

在 Flash CS6 中，可以使用新文本引擎——Text Layout Framework（TLF）向 Flash 文件添加文本，如图 1-1 所示。

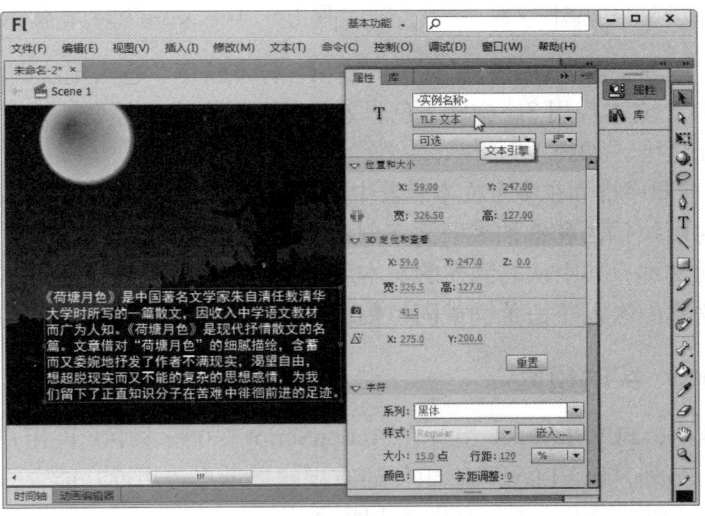

图 1-1　TLF 文本引擎

在 TLF 出现之前，Flash 中的文本排版支持是非常简陋的，显然 Adobe 试图弥补这个缺陷，在 Flash Player 10 中，可以使用 TLF 来增强文本布局，并实现一些之前很难实现的工作，例如支持阿拉伯文字内容等。

TLF 文本引擎支持更多丰富的文本布局功能和对文本属性的精细控制。与以前的文本引擎（现在称为传统文本）相比，TLF 文本可以加强对文本的控制，并提供了下列增强功能：

（1）新增打印质量排版规则。

（2）更多字符样式，包括行距、连字、加亮颜色、下划线、删除线、大小写、数字格式及其他，如图 1-2 所示。

（3）更多段落样式，包括通过栏间距支持多列、末行对齐选项、边距、缩进、段落间距和容器填充值，如图 1-2 所示。

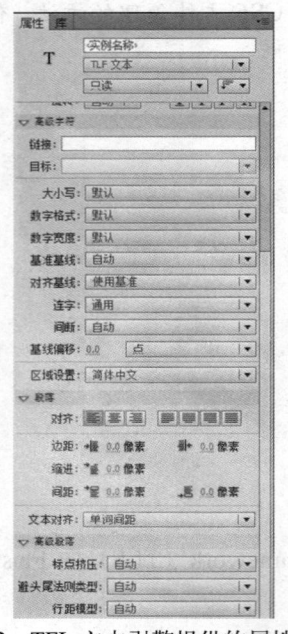

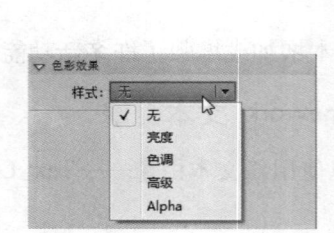

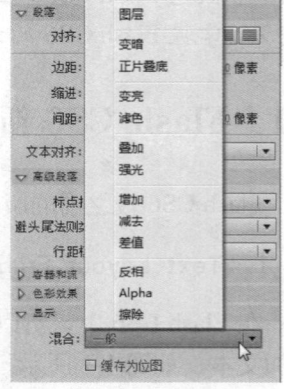

图 1-2　TFL 文本引擎提供的属性设置　　　图 1-3　TFL 文字的色彩和混合模式设置

（4）控制更多亚洲字体属性，包括直排内横排、标点挤压、避头尾法则类型和行距模型。

（5）可以为 TLF 文本应用 3D 旋转、色彩效果以及混合模式等属性，而无须将 TLF 文本放置在影片剪辑元件中，如图 1-3 所示。

（6）文本可以按顺序排列在多个文本容器中，这些容器称为串接文本容器或链接文本容器。

（7）能够针对阿拉伯语和希伯来语文字创建从右到左的文本。

（8）支持双向文本，其中从右到左的文本可以包含从左到右的文本元素。当遇到在阿拉伯语或希伯来语文本中嵌入英语单词或阿拉伯数字等情况时，此功能必不可少。

1.1.2　FLVPlayback 实时预览

在 Flash CS6 中，FLVPlayback 组件在 ActionScript 3.0 版本中允许用户预览舞台上整个链接的视频文件。另外，FLVPlayback 组件还有视频提示点可用性功能，方便用户更轻松地向 Flash 中的视频添加视频提示点，如图 1-4 所示。

使用视频提示点可以允许事件在视频中的特定时间触发。在 Flash 中，可以使用两种提示点：

（1）编码的提示点：即在使用 Adobe Media Encoder 编码视频时添加的提示点。

（2）ActionScript 提示点：即在 Flash 中使用属性检查器添加到视频中的提示点。

第 1 章　Flash CS6 基础入门　3

图 1-4　通过 FLVPlayback 组件预览视频

> **TIPS**　视频提示点可以在编码期间将提示点嵌入 Adobe F4V 或 FLV 视频文件。过去在影片中嵌入提示点是为了给放映员提供一个可视信号，表明胶片盘中的胶片即将放完。在 Adobe F4V 和 FLV 视频格式中，提示点的作用是当视频流中出现提示点时，在应用程序中触发一个或多个其他动作。

1.1.3　自动生成 Sprite 表

在 Flash CS6 中，可以将元件和动画导出为 Sprite 表序列帧，使游戏开发流程更顺畅，增强了游戏运行效率和体验功能。

如果要应用生成 Sprite 表功能，可以打开【库】面板，然后在元件上单击右键，再选择【生成 Sprite 表】命令，如图 1-5 所示。

此时 Flash CS6 会打开【生成 Sprite 表】对话框，在此对话框中可以查看元件信息和生成 Sprite 表序列帧的数量和大小，并可以对 Sprite 表输出进行相关设置，如图 1-6 所示。

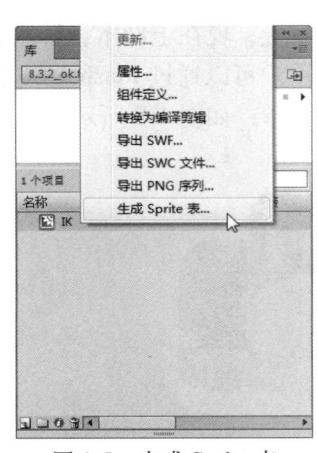

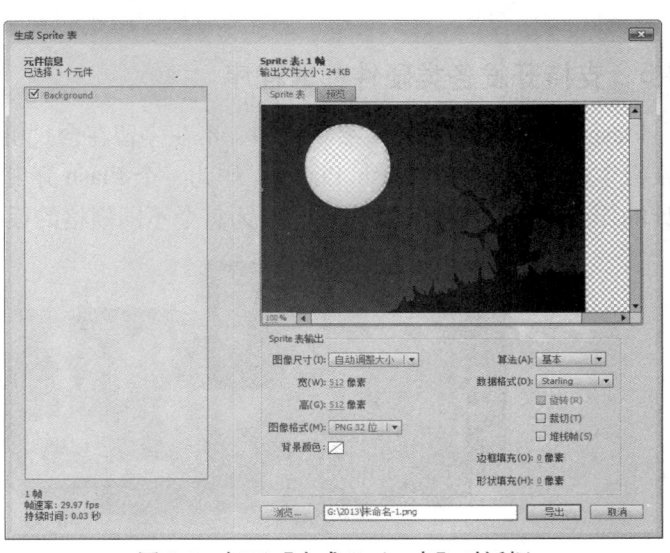

图 1-5　生成 Sprite 表　　　　　　图 1-6　打开【生成 Sprite 表】对话框

1.1.4 增强的 Flash Builder 工作流程

在 Flash CS6 中，增强了和 Flash Builder 4 之间的工作流程，使这两种产品更易于结合使用。如图 1-7 所示为 Flash Builder 4 程序。

Flash CS6 增强了 Flash Pro 和 Flash Builder 4 之间的工作流程，启用的工作流程包括：

(1) 在 Flash Builder 4 中编辑 ActionScript 3.0 并在 Flash Pro CS6 中测试、调试或发布。

(2) 从 Flash Professional 中启动要在 Flash Builder 4 中编辑的 ActionScript 3.0 文件。

要启用这些 Flash Pro/Flash Builder 工作流程，需要确保满足下列条件：

①已安装 Flash Professional CS6 和 Flash Builder 4。

②如果要从 Flash Builder 启动 FLA 文件，必须在【资源管理器】面板中为项目分配 Flash Professional 项目性质。

③如果要从 Flash Builder 启动 FLA 文件，项目中必须分配一个 FLA 文件，用于在此项目的 Flash Professional 属性中测试和调试。

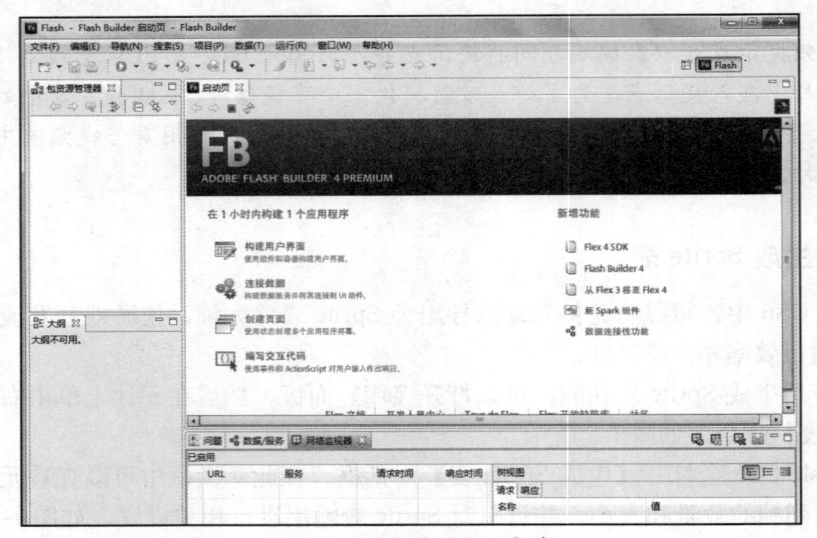

图 1-7 Flash Builder 4 程序

1.1.5 支持开发各类硬件部署程序

Flash Player 已经进入了多种设备，不在停留在台式机、笔记本上，现在上网本、智能手机及数字电视都安装了 Flash Player。作为一个 Flash 开发人员，用户可以通过 Flash CS6 把设计的作品部署到多个设备上，无须为每个不同规格的设备重新编译，如图 1-8 所示。

图 1-8 支持开发各类硬件部署程序

在 Flash CS6 中，用户可以新建一个 Flash 文档，并可以应用特定设备的设置，例如 iPhone 发布设置。这样用户就可以使用 iPhone 文档开发在 Apple iPhone 和 iPad Touch 上部署的应用程序。

1.1.6 增强的 ActionScript 编辑器

Flash CS5 中的代码编辑器有了很大的提升，很多开发人员熟知的但在之前的 Flash IDE 中没有体现的功能将被增加进来，包括自定义类的导入和代码提示，支持 ASDoc、自定义类等，如图 1-8 所示。

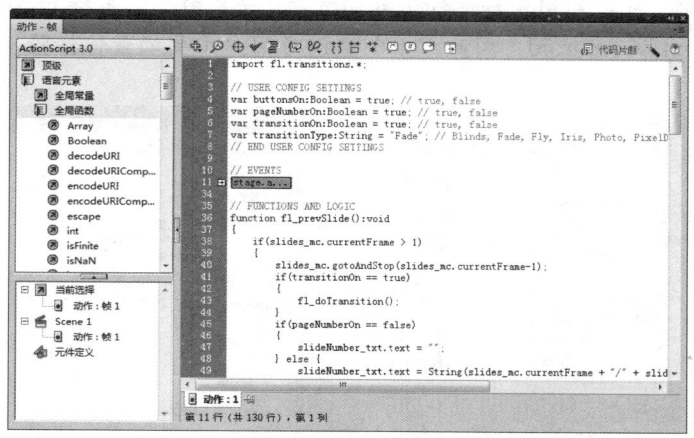

图 1-8　增强的 ActionScript 编辑器

1.1.7 增强的动画骨骼控制

Flash CS6 包含了【骨骼工具】和【绑定工具】，这两个工具不但可以控制对象的联动，更可以控制单个形状的扭曲及变化。

可以使用这两个工具向单独的元件实例或单个形状的内部添加骨骼。在一个骨骼移动时，与启动运动骨骼相关的其他连接骨骼也会移动。使用反向运动进行动画处理时，只需指定对象的开始位置和结束位置即可。通过反向运动可以更加轻松地创建自然的运动，如图 1-9 所示。

图 1-9　对元件实例或形状添加骨骼

1.1.8 Adobe AIR 发布设置 UI

Flash CS6 已重新组织【AIR 应用程序和安装程序设置】对话框，以便于 Adobe AIR 发布时更容易访问所需的各类设置。如图 1-10 所示为选择 AIR 的版本，然后打开如图 1-11 所示的【AIR 设置】对话框。

> **TIPS**：在跨操作系统运行时，通过 Adobe AIR 可以利用现有 Web 开发技术生成丰富的 Internet 应用程序（RIA）并将其部署到桌面。借助 AIR，用户可以在熟悉的环境中工作，可以利用最舒适的工具和方法，并且由于它支持 Flash、Flex、HTML、JavaScript 和 Android，因此可以创造满足用户需要的最佳体验。

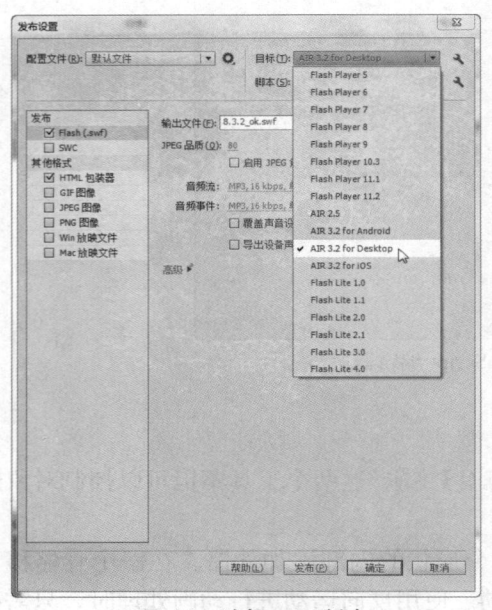

图 1-10 选择 AIR 版本

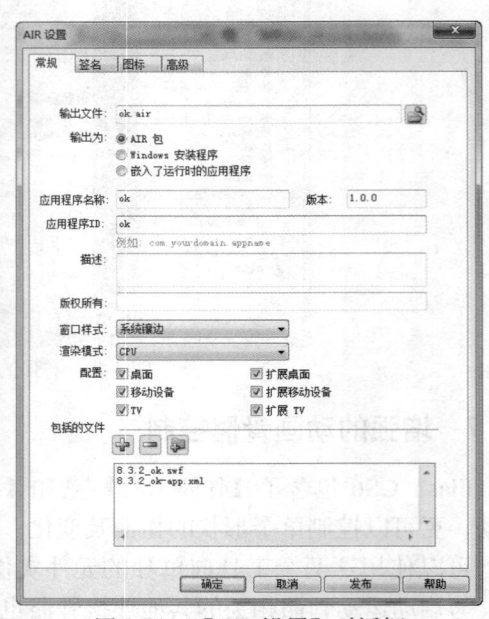

图 1-11 【AIR 设置】对话框

设置 AIR 发布属性后，可以预览 Flash AIR SWF 文件，显示的效果与在 AIR 应用程序窗口中一样，如图 1-12 所示。

图 1-12 发布 SWF 与发布 AIR 动画的播放界面

1.2 认识 Flash CS6 新界面

Flash CS6 提供了全新的用户界面，并重新划分了界面布局，其菜单栏放到了窗口栏之上，整合了各种面板和改进工具的交互，更加方便用户的操作，如图 1-13 所示。

图 1-13　Flash CS6 用户界面

1.2.1 欢迎屏幕

默认情况下，启动 Flash CS6 时会打开一个欢迎屏幕，通过它可以快速创建 Flash 文档或打开各种 Flash 项目，如图 1-14 所示。

欢迎屏幕中有占栏选项列表，分别是：

- 从模板创建：可以使用 Flash 自带的模板方便地创建特定应用项目。
- 打开最近的项目：可以打开最近曾经打开过的文档。
- 新建：可以创建包括"Flash 文档"、"Flash 项目"、"ActionScript 文档"等各种新文档。
- 扩展：使用 Flash 的扩展程序 Exchange。
- 学习：通过该栏目列表可以打开对应的学习页面。

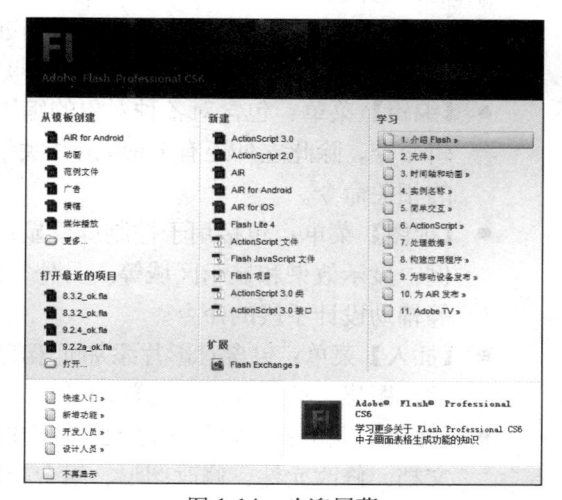

图 1-14　欢迎屏幕

欢迎屏幕的左下方是一个功能区域，它提供了"快速入门"、"新增功能"、"开发人员"、"设计人员"等链接，可以获得相关帮助信息和资源。

欢迎屏幕的右下方提供了一个栏目，可以打开 Adobe Flash 的官方网站，以获得更多的支援信息。如果想在下次启动 Flash CS6 时不显示欢迎屏幕，可以选择位于开始页左下角的【不再显示】复选框。

1.2.2 菜单栏

菜单栏位于标题栏的下方,包括【文件】、【编辑】、【视图】、【插入】、【修改】、【文本】、【命令】、【控制】、【调试】、【窗口】和【帮助】11个菜单项。

菜单是命令的集合,命令是执行某项操作或实现某种功能的指令,Flash CS6 中的所有命令都可以在菜单栏中找到相应项目,如图 1-15 所示。

图 1-15　打开菜单项可获得对应的命令

下面分别介绍菜单栏中各个菜单项的作用。

- 【文件】菜单:包含最常用的对文档进行管理的命令,当需要执行文档的各种操作,例如新建、打开、保存文档等时,即可使用【文件】菜单。
- 【编辑】菜单:包含对各种对象的编辑命令,例如复制、粘贴、剪切和撤销等标准编辑命令,除此之外还有 Flash 的相关设置,例如首选参数、自定义工具面板和时间轴的相关命令。
- 【视图】菜单:包括用于控制屏幕显示的各种命令。这些命令决定了工作区的显示比例、显示效果和显示区域等。另外,它还提供了包括"标尺、网格、辅助线、贴紧"等辅助设计手段的命令。
- 【插入】菜单:包含对影片添加元素的相关命令。使用这些命令,可以进行添加元件、插入图层、插入帧、添加新场景等处理。
- 【修改】菜单:包含用于修改影片中的对象、场景或影片本身特性的命令,例如修改文档、修改元件、修改图形、组合与解散组合等命令。
- 【文本】菜单:包含用于设置影片中文本的相应属性的命令,比如文本的字体、大小、类型和对齐方式等,从而使动画的内容更加丰富多彩。
- 【命令】菜单:包含用于管理和运行 ActionScript 的命令,还可以进行导入/导出动画 XML、将元件转换为 Flex 容器、将动画复制为 XML 等处理。
- 【控制】菜单:包含用于控制动画播放和测试动画的命令,它可以在编辑状态下控制动画的播放进程。也可以通过"测试影片"、"测试场景"等命令测试动画的效果。
- 【调试】菜单:包含用于调试影片和 ActionScript 的相关命令。

- 【窗口】菜单：用于设置界面各种面板窗口的显示和关闭，窗口布局调整的命令。
- 【帮助】菜单：主要提供 Flash CS6 的各种帮助文档及在线技术支持。

1.2.3 编辑栏

编辑栏位于文档标题栏的下方，用于编辑场景和对象，并更改舞台的缩放比率，如图 1-16 所示。

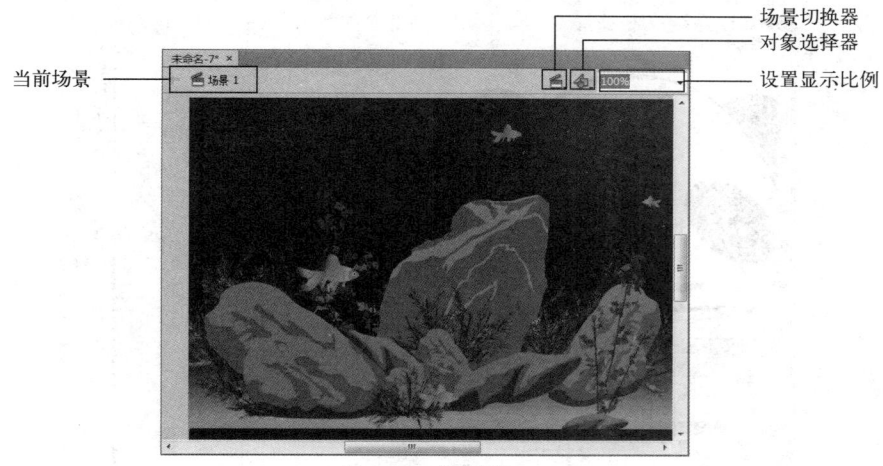

图 1-16　编辑栏

1.2.4 工具箱

工具箱默认位于 Flash CS6 主界面的右侧，是常用工具的集合。工具箱中的工具可以分为"选取工具、绘图工具、填充工具、辅助工具"等几类，只需单击相应的工具按钮即可选用这些工具，如图 1-17 所示。

工具箱默认将所有功能按钮竖排，如果觉得这样的排列在使用时不方便，也可以向左拖动工具箱面板的边框，扩大【工具箱】面板，如图 1-18 所示。

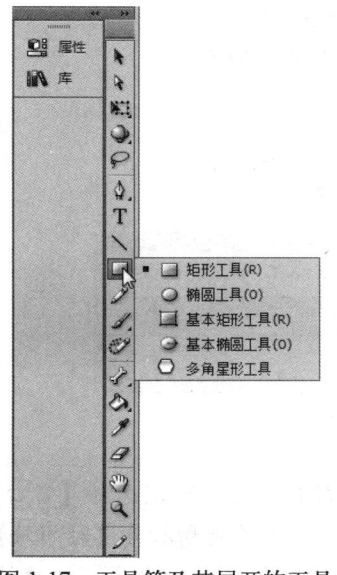

图 1-17　工具箱及其展开的工具　　　　图 1-18　扩大【工具箱】面板

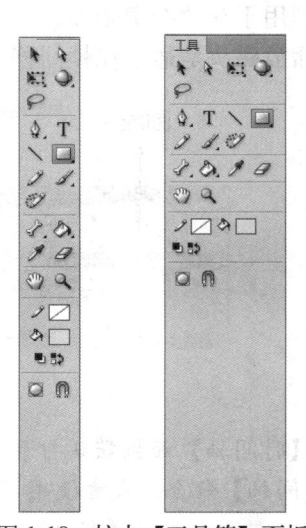

1.2.5 【属性】面板

【属性】面板位于操作界面右方，根据所选择的动画元件、对象或帧等对象，会显示相应的设置内容，例如，在需要设置某帧属性时，可以选择该帧，然后在【属性】面板中设置属性即可。如图1-19所示为选择时间轴的帧后的【属性】面板。

图1-19　选择帧后的【属性】面板

1.2.6 【时间轴】面板

时间轴是Flash的设计核心，时间轴会随时间在图层与帧中组织并控制文档内容。就像影片一样，Flash文档会将时间长度分成多个帧。图层就像是多张底片层层相叠，每个图层包含出现在【舞台】上的不同图像。

【时间轴】面板位于舞台的下方，它主要由图层、帧和播放指针组成，如图1-20所示。

（1）在图层组件里，可以建立图层、增加引导层、插入图层文档夹，还可以进行删除图层、锁定或解开图层、显示或隐藏图层、显示图层外框等处理。

（2）帧用于存放图像画面，会随画面的交替变化产生动画效果。

（3）播放磁头是通过在帧间移动来播放或录制动画。

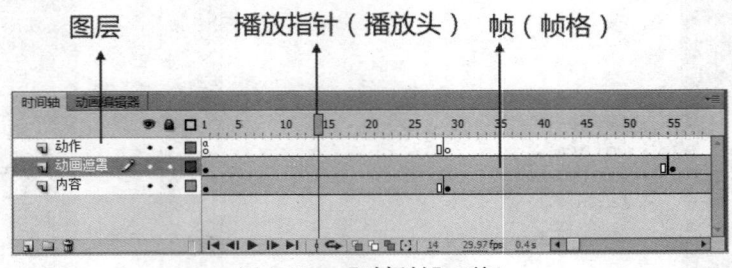

图1-20　【时间轴】面板

> **TIPS**：【时间轴】面板默认打开，如果要关闭【时间轴】面板，可以选择【窗口】|【时间轴】命令，或者使用"Ctrl+Alt+T"快捷键。如果要重新打开【时间轴】面板，只需再次选择【窗口】|【时间轴】命令，或者按下"Ctrl+Alt+T"快捷键即可。

1.2.7 舞台和工作区

舞台是 Flash 中最主要的可编辑区域，是编辑和修改动画的主要场所，可以在舞台中绘制和创建各种动画对象，或者导入外部图形文件进行编辑。生成动画文件（SWF）后，除了舞台中的对象外，其他区域的对象不会在播放时出现。

工作区是菜单栏下方的全部操作区域，可以在其中创建和编辑动画对象。工作区包含了各个面板和舞台以及文档窗口背景区。

文档窗口背景区就是舞台外的灰色区域，可以在这个区域处理动画对象，不过除非在某个时刻进入舞台，否则工作区中的对象不会在播放影片时出现。Flash CS6 的舞台和工作区如图 1-21 所示。

1.2.8 工作区切换器

在默认状态下，Flash CS6 以【基本功能】模式显示工作区，在此工作区下，可以方便地使用 Flash 的基本功能来创作动画。但对于某些高级设计来说，在此工作区下工作并不能带来最大的效率。

可以根据操作需要，通过工作区切换器切换不同模式的工作区，如图 1-22 所示。

图 1-21　Flash CS6 的舞台和工作区　　　　图 1-22　工作区切换器

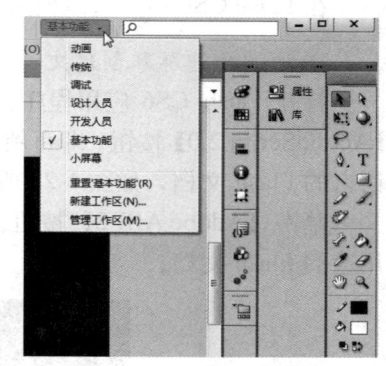

1.3　管理 Flash 文档

本节将针对 Flash 的文件管理进行详细的说明。

1.3.1 Flash 文档格式

Flash CS6 支持多种文档格式，良好的格式兼容性使得用 Flash 设计的动画可以满足不同软/硬件环境和场合的要求。

- FLA 格式：以 FLA 为扩展名的是 Flash 的源文档，也就是可以在 Flash 中打开和编辑的文档。
- SWF 格式：以 SWF 为扩展名的是 FLA 文档发布后的格式，可以直接使用 Flash 播放器播放。

- AS 格式：以 AS 为扩展名的是 Flash 的 ActionScript 脚本文档，这种文档的最大优点就是可以重复使用。
- FLV 格式：FLV 是 FLASHVIDEO 的简称，FLV 流媒体格式是一种新的视频格式。
- JSFL 格式：以 JSFL 为扩展名的是 Flash CS6 的 Flash JavaScript 文档，该脚本文档可以保存利用 Flash JavaScript API 编写的 Flash JavaScript 脚本。
- ASC 格式：以 ASC 为扩展名的是 Flash CS6 的外部 ActionScript 通信文档，该文档用于开发高效、灵活的客户端-服务器 Adobe Flash Media Server 应用程序。
- XFL 格式：以 XFL 为扩展名的是 Flash CS6 新增的开放式项目文档。它是一个集所有素材及项目文档，包括 XML 元数据信息为一体的压缩包。
- FLP 格式：以 FLP 为扩展名的是 Flash CS6 的项目文档。
- EXE 格式：以 EXE 为扩展名的是 Windows 的可执行文档，可以直接在 Windows 中运行的程序。

> **TIPS**：XFL 是创建的 FLA 文件的内部格式。在 Flash 中保存文件时，默认格式是 FLA，但文件的内部格式是 XFL。

1.3.2 创建新文档

在 Flash CS6 中，可以使用多种方法创建新的文档。

1. 通过欢迎屏幕创建文档

打开 Flash CS6 应用程序，然后在欢迎屏幕上单击【ActionScript 3.0】按钮，或者单击【ActionScript 2.0】按钮，即可新建支持 ActionScript 3.0 脚本语言或支持 ActionScript 2.0 脚本语言的 Flash 文档，如图 1-23 所示。

单击【Adobe AIR 2】按钮、【iPhone OS】按钮或【Flash Lite 4】按钮，都可以新建对应用途的 Flash 文档。

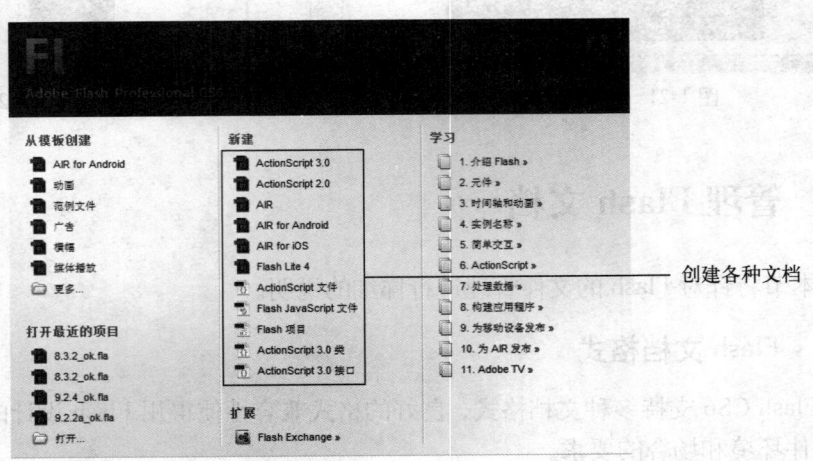

图 1-23　通过欢迎屏幕创建文档

2. 通过菜单命令创建文档

在菜单栏中选择【文件】|【新建】命令，打开【新建文档】对话框后，选择【ActionScript 3.0】选项、【ActionScript 2.0】选项、【AIR for Android】选项、【AIR for OS】选项或【Flash Lite

4】选项，然后单击【确定】按钮，即可创建各种类型的 Flash 文档，如图 1-24 所示。

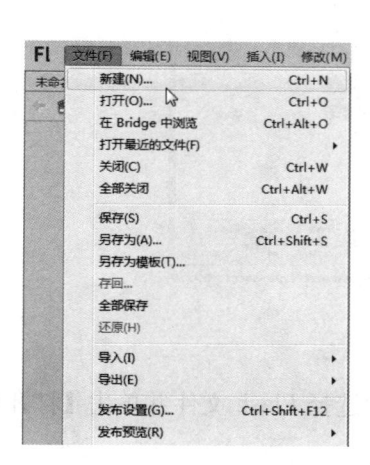

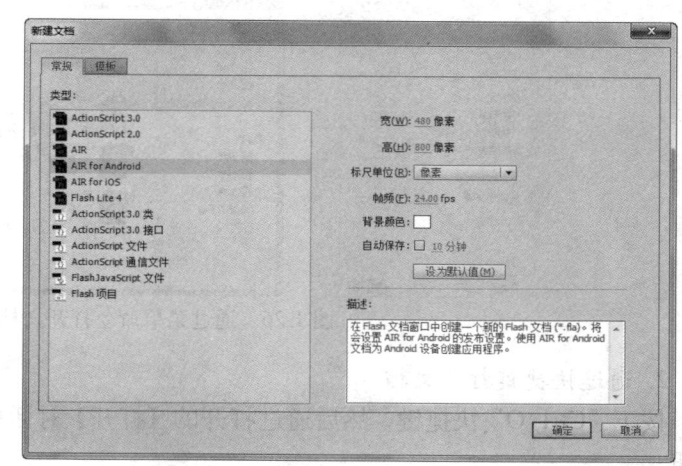

图 1-24　通过菜单命令创建文档

3. 使用快捷键创建文档

按下 Ctrl+N 快捷键，打开【新建文档】对话框，然后按照第 2 个方法的操作，即可创建 Flash 文档。

1.3.3　从模板创建新文档

除了创建空白的新文档外，还可以利用 Flash CS6 内置的多种类型模板，快速创建具有特定应用的 Flash 动画，如图 1-25 所示。

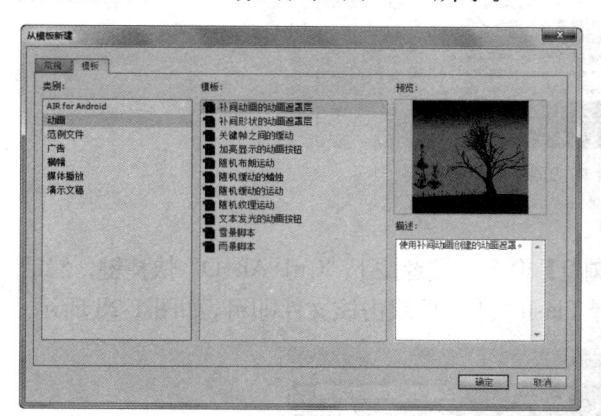

图 1-25　从模板中创建新文档

1.3.4　打开现有的文档

在保存文件后，可以在需要编辑时通过 Flash CS6 再次打开该文件，查看其内容或对其进行编辑。

在 Flash CS6 中，打开 Flash 文件常用的方法有 4 种。

1. 通过菜单命令打开文档

在菜单栏上选择【文件】|【打开】命令，然后通过打开的【打开】对话框选择 Flash 文件并单击【打开】按钮，如图 1-26 所示。

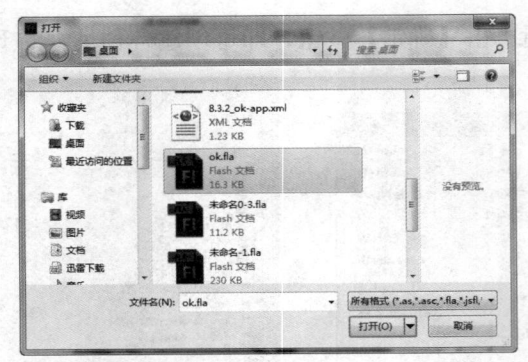

图 1-26　通过菜单命令打开文档

2. 通过快捷键打开文档

按下"Ctrl+O"快捷键，然后通过打开的【打开】对话框选择 Flash 文件并单击【打开】按钮。

3. 打开最近编辑的文档

如果想要打开最近编辑过的 Flash 文件，可以选择【文件】|【打开最近的文件】命令，然后在菜单中选择文件即可，如图 1-27 所示。

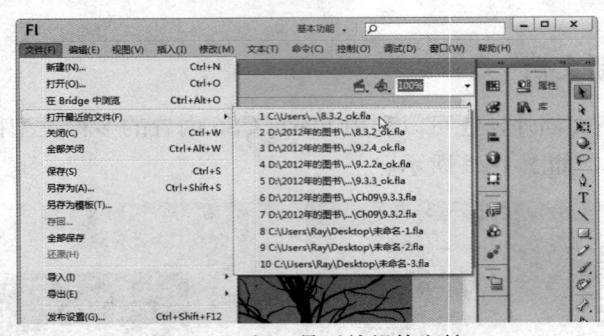

图 1-27　打开最近编辑的文档

4. 通过 Adobe Bridge CS6 程序打开文档

在 Flash CS6 中选择【文件】|【在 Bridge 浏览】命令，或者按下"Ctrl+Alt+O"快捷键，然后通过打开的 Adobe Bridge CS6 程序的窗口选择 Flash 文件，再双击该文件即可，如图 1-28 所示。

图 1-28　通过 Adobe Bridge CS6 程序打开文档

> 打开多个文档时，【文档】窗口顶部的选项卡会标识所打开的各个文档，允许用户在它们之间轻松导航，如图1-29所示。

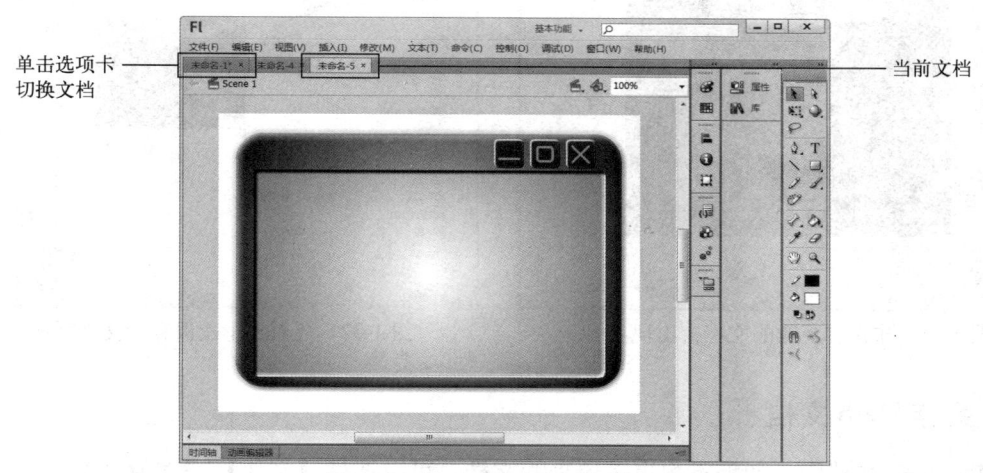

图1-29 打开多个文档时切换文档

1.3.5 保存Flash文档

在创建文档或对文档完成编辑后，可以使用当前的名称和位置或其他名称和位置保存Flash文档。

如果是新建的Flash文档，可以选择【文件】|【保存】命令，或者按下"Ctrl+S"快捷键，然后在打开的【另存为】对话框中设置保存位置、文档名、保存类型等选项，最后单击【保存】按钮即可，如图1-30所示。

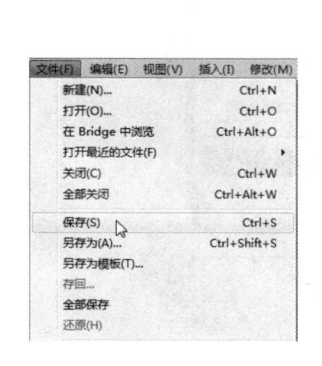

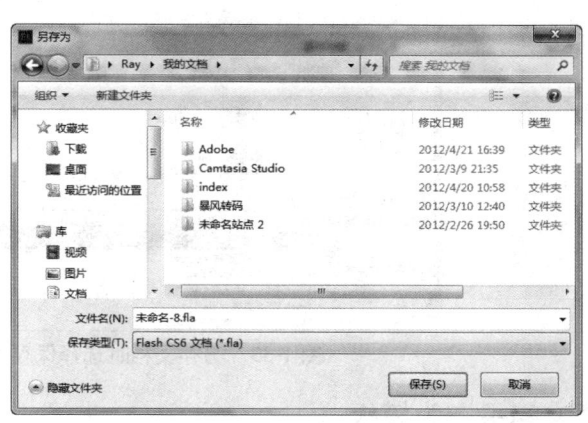

图1-30 保存新文档

如果打开的是Flash文档，编辑后直接保存，则不会打开【另存为】对话框，而是按照原文档的目录和文档名直接覆盖。

另外，如果文档包含未保存的更改，则文档标题栏、应用程序标题栏和文档选项卡中的文档名称后会出现一个星号（*），如图1-31所示。当保存文档后，星号即会消失。

> 当保存文档并再次进行编辑更改后，如果想还原到上次保存的文档版本，可以选择【文件】|【还原】命令，如图1-32所示。

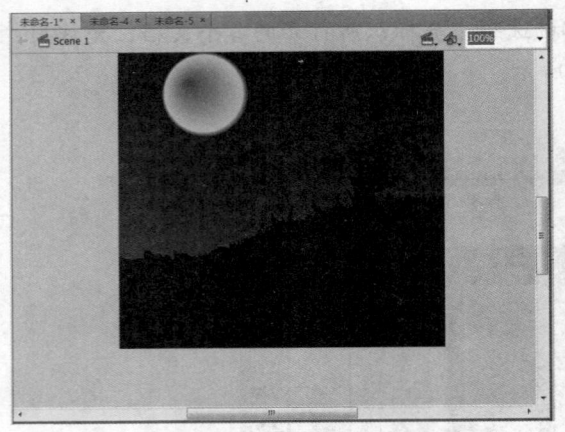

图 1-31　未保存更改的文档会出现星号 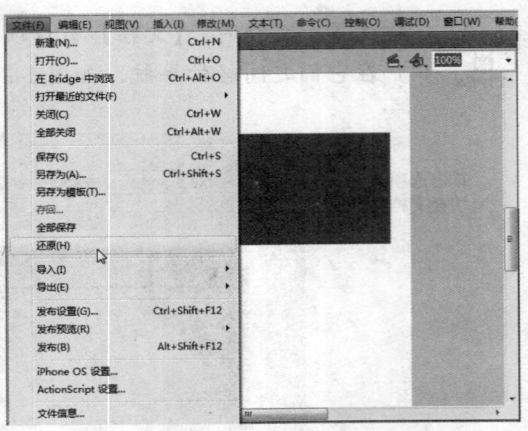　　　　图 1-32　还原到上次保存的文档版本

1.3.6　另存 Flash 文档

编辑 Flash 文档后，如果不想覆盖原来的文档，可以选择【文件】|【另存为】命令（或按下"Ctrl+Shift+S"快捷键）将文档保存成一个新文档。

在保存文件时，可以选择"Flash CS6 文档"、"Flash CS5 文档"和"Flash CS5.5" 3 种 Flash 版本的文档保存类型，如图 1-33 所示。某些只支持 Flash CS6 版本的功能，在文件保存为"Flash CS5 文档"或"Flash CS5.5"类型后即不能使用。

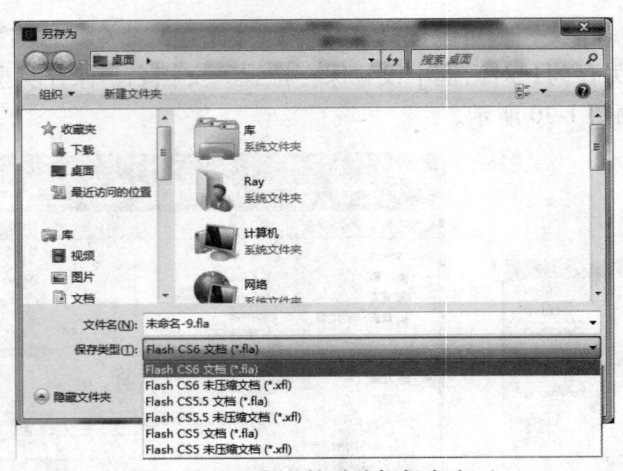

图 1-33　另存文档时选择保存类型

1.3.7　将文档另存为模板

使用模板可以快速创建特定应用需要的 Flash 文件，但 Flash 自带的模板毕竟有限，这些模板有时未必满足用户的需要。为了解决这一问题，Flash 允许将创建的 Flash 文件另存为模板使用。

上机实战　将文档另存为模板

1 打开光盘中的"..\Example\Ch01\1.3.7.fla"练习文件，在菜单栏中选择【文件】|【另存为模板】命令。

2 此时程序将打开警告对话框,提示保存成模板文档将会清除 SWF 历史信息。只需单击【另存为模板】按钮即可,如图 1-34 所示。

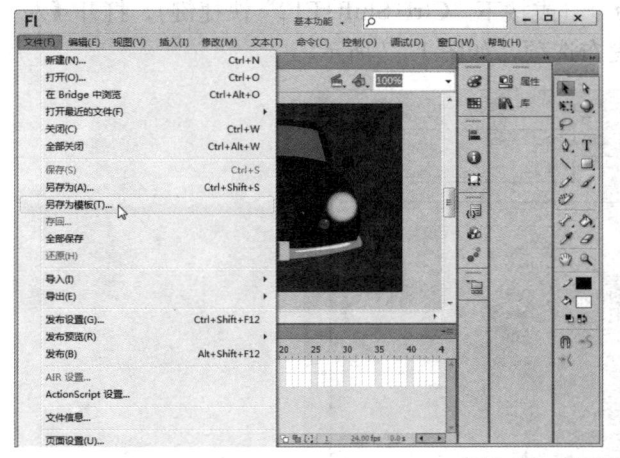

图 1-34 另存为模板

3 打开【另存为模板】对话框后,在【名称】文本框输入模板名称,然后在【类别】列表框输入类别名称或直接选择预设类别,接着在【描述】文本框输入合适的模板描述,最后单击【保存】按钮即可,如图 1-35 所示。

图 1-35 设置并保存模板

1.3.8 发布 Flash 文档

默认情况下,选择【文件】|【发布】命令(或按下"Alt+Shift+F12"快捷键)会创建一个 Flash SWF 文件和一个 HTML 文档(该 HTML 文档会将 Flash 内容插入到浏览器窗口中),如图 1-36 所示。

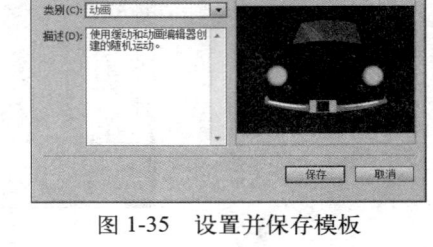

图 1-36 以默认设置发布 Flash 文档

另外,【发布】命令还可以为 Adobe 的 Macromedia Flash 4 及更高版本创建和复制检测文件。如果更改发布设置,Flash 将更改与该文档一并保存。这样在创建发布配置文件之后,将其导出以便在其他文档中使用,或供在同一项目上工作的其他人使用。

除了发布 SWF 格式和 HTML 格式的文档,还可以在发布前进行设置,以便使发布的 Flash 文档适合不同的用途。

在菜单栏选择【文件】|【发布设置】命令(或按下"Ctrl+Shift+F12"快捷键),打开【发布设置】对话框,然后通过该对话框设置发布选项,如图 1-37 所示。

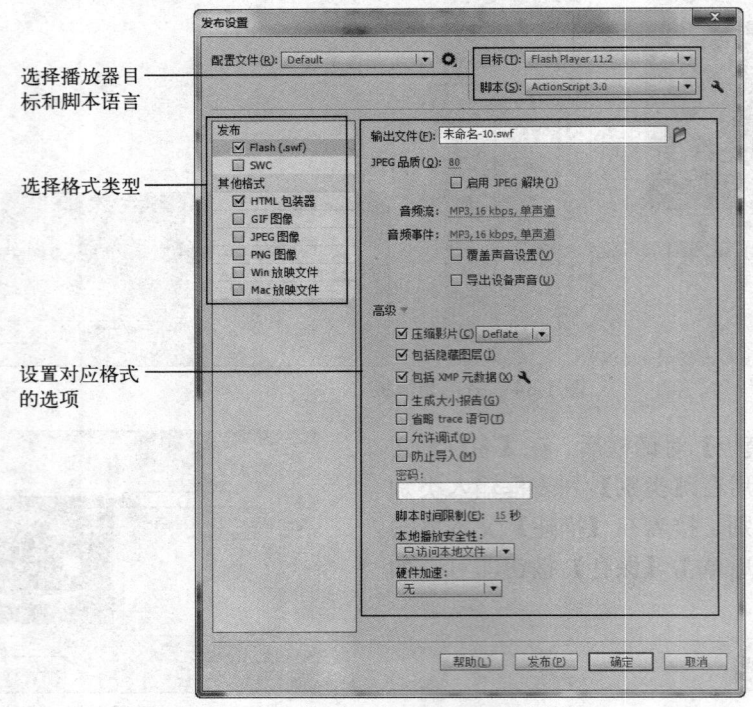

图 1-37 发布设置

1.4 本章小结

本章主要介绍了 Flash CS6 的基础知识,包括了解 Flash CS6 新功能的作用和 Flash CS6 用户界面元素以及 Flash 的文档管理、发布 Flash 文档等方法。

1.5 习题

一、填充题

1. 在 Flash CS6 中,_____文本引擎支持更多丰富的文本布局功能和对文本属性的精细控制。

2. 菜单栏包括【文档】、【编辑】、【视图】、【插入】、【修改】、【文本】、【命令】、【控制】、【调试】、【窗口】和_____共 11 个菜单。

3. 要新建 Flash 文件,可以在菜单栏中选择_____命令。

4.【时间轴】面板位于舞台的下方,它主要由_____、_____和_____组成。

5. 保存文档时,可以选择_____、_____和_____ 3 种 Flash 版本的文档保存类型。

二、选择题

1. Flash CS6 支持多种文档格式，哪种格式可以直接使用 Flash 播放器播放？（ ）
   A. FLA　　　　　B. SWF　　　　　C. ASC　　　　　D. XFL
2. 以下哪个工具可以调整形状对象的各个骨骼和控制点之间的关系？（ ）
   A. 骨骼工具　　　　　　　　B. 绑定工具
   C. 3D 旋转工具　　　　　　D. 任意变形工具
3. 按下哪个快捷键可以打开【编辑】菜单？（ ）
   A. Alt+E　　　　B. Alt+F　　　　C. Ctrl+E　　　　D. Shift+F
4. 按下哪个快捷键可以打开【另存为】对话框？（ ）
   A. Ctrl+Shift+O　　　　　　B. Ctrl+Shift+E
   C. Ctrl+Shift+S　　　　　　D. Ctrl+Shift+F
5. 以下哪个菜单包含了用于调试影片和 ActionScript 的相关命令？（ ）
   A. 【文件】菜单　　　　　　B. 【控制】菜单
   C. 【修改】菜单　　　　　　D. 【调试】菜单

三、操作题

打开光盘中的"..\Example\Ch01\1.5.fla"文件，然后在菜单栏中选择【文件】|【发布预览】命令，接着在打开的子菜单中选择要预览的格式，例如选择【Flash】命令，预览文件的效果，如图 1-38 所示。

图 1-38　发布预览

第 2 章　Flash 动画的绘图与修改

教学提要

矢量图的绘制，是 Flash CS6 应用的重要一环。目前很多 Flash 动画都少不了原创的绘图技术，通过绘图和动画的结合，可以制作出各种出色的 Flash 动画作品。本章将详细介绍 Flash 的绘图工具使用以及图形修改的方法。

教学重点

- 了解矢量图和位图图形的概念
- 了解 Flash 的路径和绘图模式
- 掌握 Flash CS6 的各种绘图工具的应用
- 掌握修改图形形状的方法

2.1　绘图的基础

如果想在 Flash 中成功绘制出优秀的矢量图作品，需要掌握一些必要的基础。例如，矢量图的特性、颜色的定义、Flash 的绘图模式等。

2.1.1　关于矢量图与位图

根据表示方式的不同，计算机中处理和保存的图形一般可以分为位图和矢量图两种类型。

1. 矢量图

矢量图形使用点、线和面（称为矢量）描述图像，这些矢量还包括颜色和位置属性。例如，树叶图像可以由创建树叶轮廓的线条所经过的点来描述，而树叶的颜色由轮廓的颜色和轮廓所包围区域的颜色决定，如图 2-1 所示。

在编辑矢量图形时，可以修改描述图形形状的线条和曲线的属性，也可以对矢量图形进行移动、调整大小、改变形状以及更改颜色的操作而不更改其外观品质。另外，矢量图形与分辨率无关，也就是说，它们可以显示在各种分辨率的输出设备上，而丝毫不影响品质。

图 2-1　矢量图形中的线条

2. 位图

位图图形使用在网格内排列的称为像素的彩色用一种点来描述图像。例如，树叶的图像由网格中每个像素的特定位置和颜色值来描述，类似于镶嵌的方式来创建图像，如图 2-2 所示。

图 2-2　位图图形中的像素

由于位图图像的像素数量和排列都是相对固定的，因此调整位图的形状或大小就会破坏原图像像素的排列，从而影响了图像的品质，造成图像的失真。同时，保存位图时，位图的每个像素点占据相同长度的数据位（具体位数要视图像的色彩空间而定），因此位图图像的体积往往较矢量图更大。

2.1.2 路径和方向手柄

在 Flash 中，可以使用路径和方向手柄修改图形。

1. 路径

在 Flash 中绘制线条或形状时，将创建一个名为路径的线条。路径由一条或多条直线段或曲线段组成。其中，每个段的起点和终点由锚点（类似于固定导线的销钉）表示。路径可以是闭合的（例如圆），也可以是开放的，有明显的终点（例如波浪线），如图 2-3 所示。

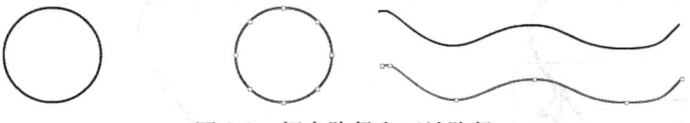

图 2-3　闭合路径和开放路径

在创建路径后，可以通过拖动路径的锚点、显示在锚点方向线末端的方向点或路径段本身改变路径的形状，如图 2-4 所示。

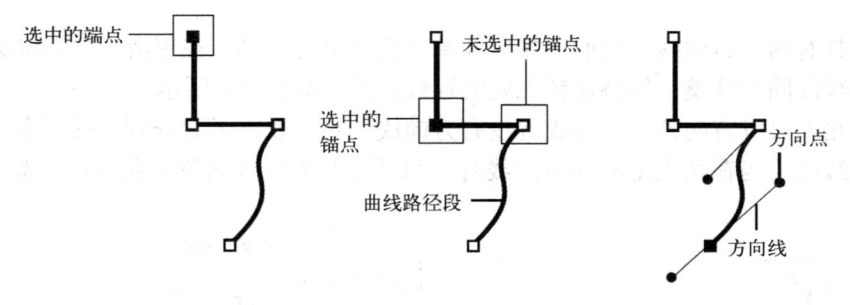

图 2-4　各种路径组件

路径具有两种锚点：角点和平滑点，如图 2-5 所示。
（1）在角点，路径突然改变方向。
（2）在平滑点，路径段连接为连续曲线。
可以使用角点和平滑点的任意组合绘制路径。

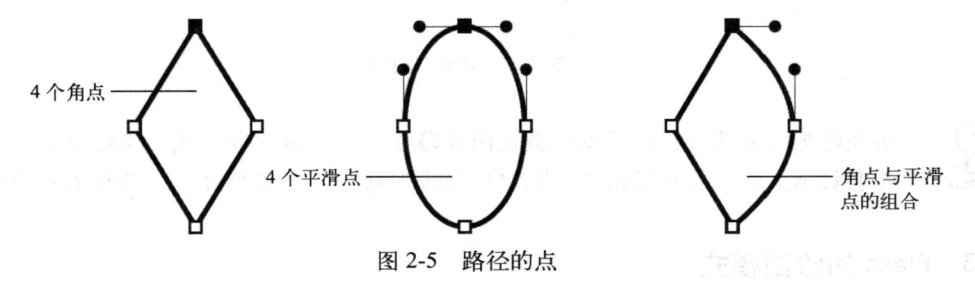

图 2-5　路径的点

角点可以连接任何两条直线段或曲线段，而平滑点始终连接两条曲线段，如图 2-6 所示。

图 2-6 角点与平滑点

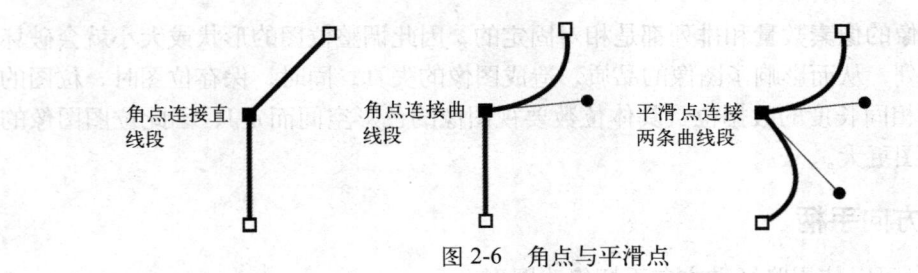

2. 方向手柄

在选择连接曲线段的锚点（或选择线段本身）时，连接线段的锚点会显示方向手柄。此时可以看出，方向手柄由方向线和方向点组成，方向线在方向点处结束，如图 2-7 所示。

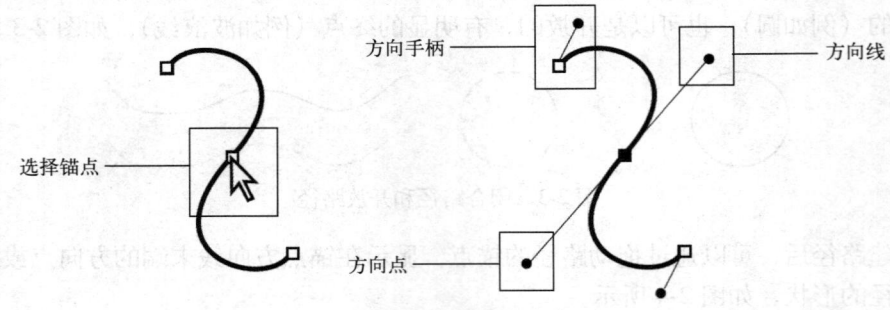

图 2-7 方向线和方向点

平滑点始终具有两条方向线，它们一起作为单个直线单元移动。在平滑点上移动方向线时，点两侧的曲线段同步调整，保持该锚点处的连续曲线，如图 2-8 所示。

相比之下，角点可以有两条、一条或者没有方向线，具体取决于它分别连接两条、一条还是没有连接曲线段。当在角点上移动方向线时，只调整与方向线同侧的曲线段，如图 2-8 所示。

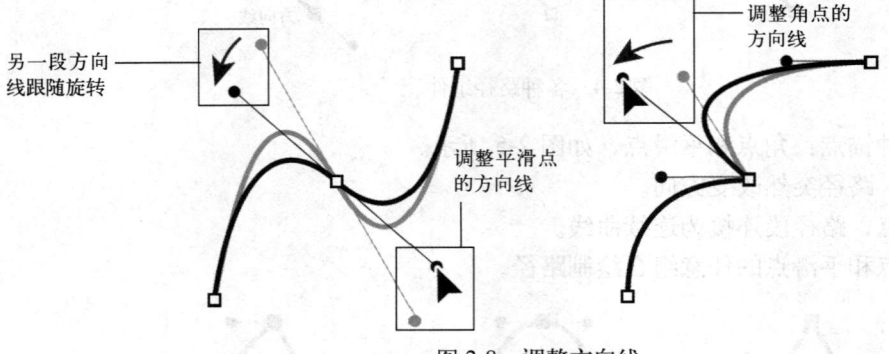

图 2-8 调整方向线

> **TIPS** 路径轮廓称为笔触，应用到开放或闭合路径内部区域的颜色或渐变称为填充。笔触具有粗细、颜色和虚线图案。创建路径或形状后，可以更改其笔触和填充的特性。

2.1.3 Flash 的绘图模式

Flash CS6 有两种绘图模式，一种是"合并绘制"模式，另一种是"对象绘制"模式，两种绘图模式为绘制图形提供了极大的灵活性。使用不同的绘图模式，可以绘制出不同外形、不同颜色的图形。两种绘图模式的作用说明如下。

1. 合并绘制模式

使用"合并绘制"模式绘图时，重叠的图形会自动进行合并，位于下方的图形将被上方的图形覆盖，例如，在圆形上绘制一个椭圆形并将一部分重叠，当移开上方的椭圆形时，圆形中与椭圆形重叠的部分将被剪裁，如图2-9所示。

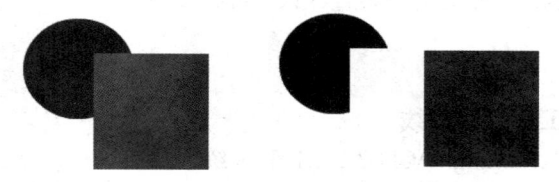

图2-9　"合并绘制"模式下重叠图形部分将合并

2. 对象绘制模式

使用"对象绘制"模式绘图时，产生的图形是一个独立的对象，它们互不影响，即两个图形在叠加时不会自动合并，而且在图形分离或重排重叠图形时，也不会改变它们的外形，如图2-10所示。

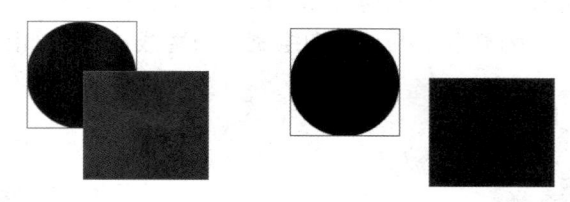

图2-10　"对象绘制"模式下的图形以独立的对象存在

3. 设置绘图模式

在选定绘图工具后，在工具箱的【选项组】中可以设置绘图模式，如图2-11所示。在工具箱中按下【对象绘制】按钮 后，即可设置为【对象绘制】模式；当取消按下【对象绘制】按钮 ，即可设置为【合并绘制】模式。

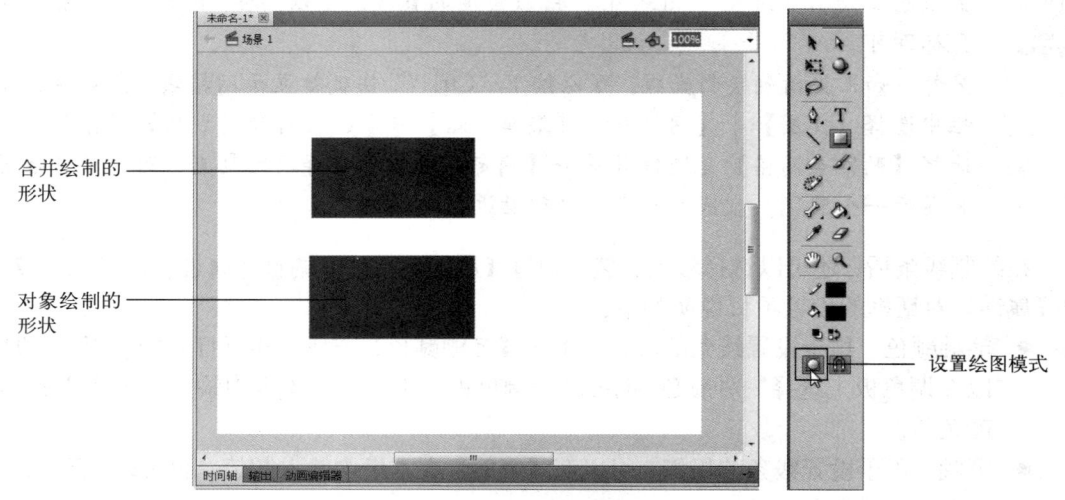

图2-11　设置绘图模式

2.2 绘图工具的应用

了解绘图的基本概念后，即可进行绘图的学习。绝大部分的矢量图都是由点、线、面构成的，因此，完成一个矢量图作品，经常会配搭不同的绘图工具使用。

2.2.1 线条工具

在 Flash CS6 中，若要一次绘制一条直线段，可以使用【线条工具】来完成。

上机实战　使用线条工具绘制直线

1　打开光盘中的 "..\Example\Ch02\2.2.1.fla" 练习文件，然后在工具箱中选择【线条工具】，或者在英文输入状态下按下 N 键，此时光标显示为【+】形状。

2　打开【属性】面板，然后在面板中设置线条的颜色，如图 2-12 所示。

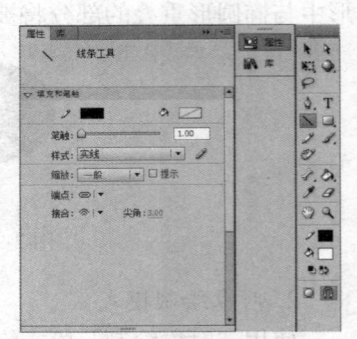

图 2-12　设置工具属性

3　可以按下【对象绘制】按钮或取消按下【对象绘制】按钮设置绘图模式。
4　在舞台的合适位置按住左键拖动鼠标，即可绘制直线，如图 2-13 所示。
5　使用相同的方法，为舞台上的卡通图绘制多条直线，结果如图 2-14 所示。

图 2-13　绘制直线　　　　　图 2-14　绘制多条直线的结果

> **TIPS** 如果想要绘制一条 45°角或 45°倍数角度的直线，可以按住 Shift 键，然后拖动鼠标即可。
> 另外，如果要精确绘制直线，可以按下"Ctrl+'"快捷键显示网格线，然后在菜单栏中选择【视图】|【网格】|【编辑网格】命令，在打开【网格】对话框后，选择【贴紧至网格】复选框并单击【确定】按钮。当再次绘制直线时，光标位置将显示一个圆环，直线的端点会自动贴近网格线的交点。

在绘制线条后，还可以选择线条，然后通过【属性】对话框调整其属性。【线条工具】的【属性】对话框的设置项目说明如下：

- 笔触颜色：用于设置线条的颜色。单击【笔触颜色】方块，即可打开调色板，此时可以在调色板上选择一种颜色，也可以在调色板左上方的文本框内输入一个十六进制的颜色值。
- 笔触：用于设置线条的粗细。可以在【笔触】文本框内输入数值，也可以拖动笔触滚动条来调整笔触高度。

- 样式：用于设置线条的样式，例如实线、虚线、点状线、斑马线等。可以通过打开的【样式】列表框选择一种线条样式，也可以单击【编辑笔触样式】按钮，然后通过打开的【笔触样式】对话框自定义线条样式，如图 2-15 所示。
- 缩放：该功能可以限制动画播放器中的笔触缩放效果，它包括【一般】、【水平】、【垂直】、【无】四个选项，分别说明如下：
  - 一般：笔触随播放器动画的缩放而缩放。
  - 水平：限制笔触在播放器的水平方向上进行缩放。
  - 垂直：限制笔触在播放器的垂直方向上进行缩放。
  - 无：限制笔触在播放器中的缩放。
- 提示：该功能可以将笔触锚记点保持为全像素，这样可以防止出现模糊的线条。
- 端点：用于设置笔触端点的样式，其中包括【无】、【圆角】、【方形】选项。它们的线条端点效果如图 2-16 所示。

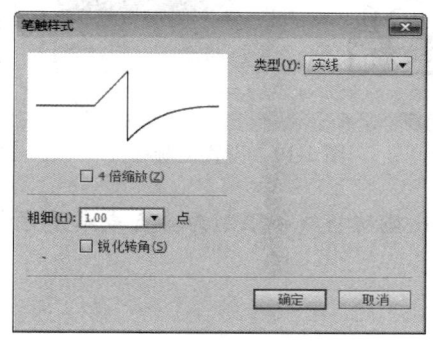

图 2-15 自定义笔触样式   图 2-16 笔触端点的样式

- 接合：用于定义两个路径的接合方式，包括【尖角】、【圆角】、【斜角】选项。
- 尖角：用于控制尖角接合的清晰度。

2.2.2 铅笔工具

使用【铅笔工具】可以绘制线条和形状。铅笔工具绘画的方式与使用真实铅笔大致相同。

上机实战　使用铅笔工具绘制线条

1　打开光盘中的"..\Example\Ch02\2.2.2.fla"练习文件，然后在工具箱中选择【铅笔工具】，或者在英文输入状态下按下 Y 键，此时光标显示为铅笔的形状。

2　在工具箱的【选项】组中设置绘图模式，并选择以下的铅笔模式，接着打开【属性】面板，然后在面板中设置笔触的颜色，如图 2-17 所示。

- 伸直：如果要绘制直线，并将接近三角形、椭圆、圆形、矩形和正方形的形状转换为这些常见的几何形状，可以选择【伸直】选项。
- 平滑：如果要绘制平滑曲线，可以选择【平滑】选项。

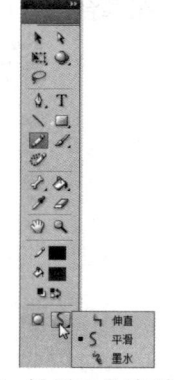

图 2-17 设置工具选项和属性

● 墨水：如果要绘制不用修改的手画线条，可以选择【墨水】选项。

3　打开【属性】面板，然后在面板中设置笔触颜色、笔触大小、平滑度等属性，接着在舞台的合适位置按住左键拖动鼠标，即可绘制线条，如图 2-18 所示。

在绘制线条后，还可以通过【属性】对话框调整其属性。【铅笔工具】的属性设置与【线条工具】的属性设置类似，这里不再说明。如图 2-19 所示为笔触设置样式的结果。

图 2-18　绘制图形　　　　　　　　　　　图 2-19　设置笔触样式

> 在使用铅笔工具绘制笔触时，可以按住 Shift 拖动将线条限制为垂直或水平方向。

2.2.3　刷子工具

使用【刷子工具】可以绘制出刷子般的填充形状，就像在涂色一样。另外，在使用【刷子工具】时可以选择刷子大小和形状，还可以创建特殊效果，包括书法效果。

上机实战　使用刷子工具绘制形状

1　打开光盘的 "..\Example\Ch02\2.2.3.fla" 练习文件，然后在工具箱中选择【刷子工具】，或者在英文输入状态下按下 B 键，此时光标显示为点的形状。

2　在工具箱的【选项】组中设置绘图模式、刷子模式、刷子大小以及刷子形状等选项，接着通过【属性】面板设置填充颜色，如图 2-20 所示。

3　在舞台的合适位置按住左键拖动鼠标，即可绘制形状，如图 2-21 所示。

图 2-20　设置工具选项和属性　　　　　　图 2-21　绘制形状

在选择【刷子工具】后，可以在【工具箱】面板设置该工具的选项。这些工具选项的说明如下：

- 锁定填充：该功能可以使填充看起来好像扩展到整个舞台，并且用该填充涂色的对象好像是显示下面的填充色的遮罩。如图 2-22 所示是利用渐变色为例，示范锁定填充与没有锁定填充的效果。

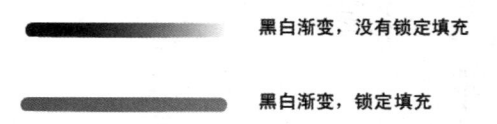

图 2-22　锁定填充与否的效果

- 刷子模式：设置一种涂色模式。各种刷子模式的说明如下：
  - 标准绘图：可以对同一层的线条填充涂色。效果如图 2-23 所示。
  - 颜料填充：对填充区域和空白区域涂色，不影响线条。效果如图 2-24 所示。
  - 后面绘画：在舞台上同一层的空白区域涂色，不影响线条和填充。效果如图 2-25 所示。
  - 颜料选择：在【填充颜色】控件或【属性】检查器的【填充】框中选择填充时，新的填充将应用到选区中，就像选中填充区域然后应用新填充一样。效果如图 2-26 所示。
  - 内部绘画：对开始刷子笔触时所在的填充进行涂色，但不对线条涂色。如果在空白区域中开始涂色，则填充不会影响任何现有填充区域。效果如图 2-27 所示。

图 2-23　标准绘图　　图 2-24　颜料填充　　图 2-25　后面绘画　　图 2-26　颜料选择　　图 2-27　内部绘画

- 刷子大小：选择刷子的大小。
- 刷子形状：选择刷子的形状。

2.2.4　喷涂刷工具

【喷涂刷工具】 的作用类似于粒子喷射器，使用它可以一次将形状图案喷到舞台上。

默认情况下，喷涂刷工具使用当前选定的填充颜色喷射粒子点。但是，可以使用喷涂刷工具将影片剪辑或图形元件作为图案应用。因此，该工具特别适合添加一些特殊效果，例如星光、雪花、落叶等画面元素。

上机实战　使用喷涂刷工具喷涂元件

1　打开光盘的 "..\Example\Ch02\2.2.4.fla" 文件，然后在工具箱中选择【喷涂刷工具】 ，此时光标显示为喷器的形状。

2　打开【属性】面板，然后设置元件的颜色为【白色】，接着选择【随机缩放】复选框，如图 2-28 所示。

3 将鼠标移到场景舞台的天空区域，连续多次单击鼠标，对位图进行喷涂处理，如图 2-29 所示。

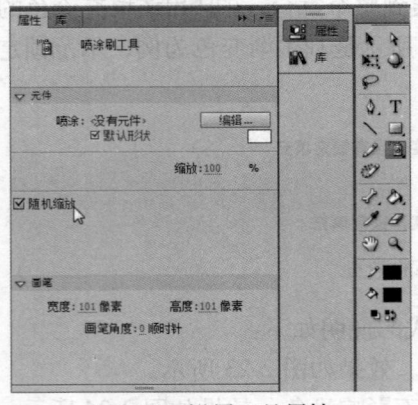

图 2-28 设置工具属性　　　　图 2-29 对舞台进行喷图处理

> 【喷涂刷工具】在没有指定喷涂元件前均使用默认的形状，如果需要为工具指定喷涂的对象，则可以选择该工具，然后在【属性】面板中单击【编辑】按钮，接着在打开的【交换元件】对话框中选择需要交换的元件，并单击【确定】按钮即可，如图 2-30 所示。

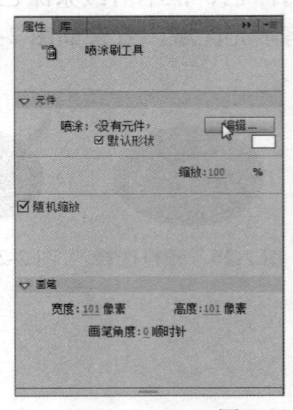

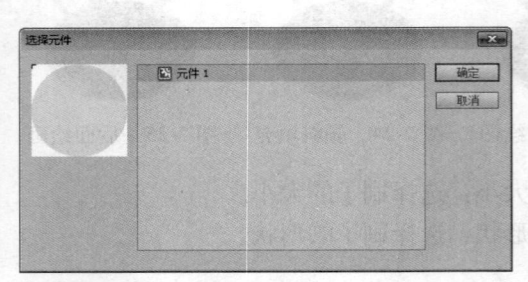

图 2-30 交换喷涂刷工具的喷图元件

2.2.5 Deco 工具

使用【Deco 工具】 可以快速创建类似于万花筒的效果，极大地拓展了 Flash 的表现力。

上机实战　使用 Deco 工具绘图

1 创建一个空白的文件，然后在工具箱中选择【Deco 工具】 ，此时光标显示为油漆桶的形状。

2 打开【属性】面板，设置工具的绘制效果，接着设置工具的选项，选择【动画图案】复选框，如图 2-31 所示。

3 将鼠标移到舞台上，单击即可创建绘图效果，如图 2-32 所示。

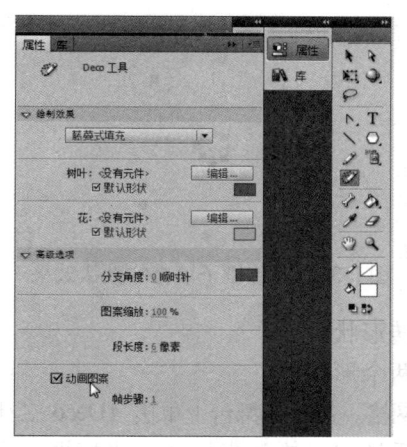

图 2-31　设置工具属性　　　　　　图 2-32　创建绘图效果

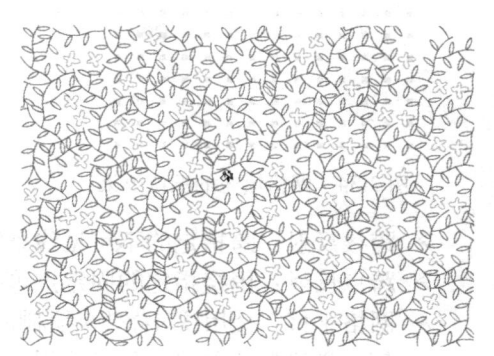

【Deco 工具】可以设置"藤蔓式填充、网格填充、对称刷子"3 种绘制效果模式，它们的说明如下：

- 藤蔓式填充：在使用藤蔓式填充效果时，可以用藤蔓式图案填充舞台、元件或封闭区域，如图 2-33 所示。选择藤蔓式填充效果后，可以设置以下高级选项：
  - ➢ 分支角度：指定分支图案的角度。
  - ➢ 分支颜色：指定用于分支的颜色。

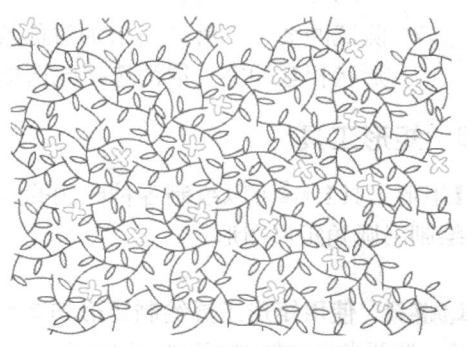

图 2-33　藤蔓式填充的默认效果

  - ➢ 图案缩放：缩放操作会使对象同时沿水平方向（沿 x 轴）和垂直方向（沿 y 轴）放大或缩小。
  - ➢ 段长度：指定叶子节点和花朵节点之间的段的长度。
  - ➢ 动画图案：指定效果的每次迭代都绘制到时间轴中的新帧。在绘制花朵图案时，此选项将创建花朵图案的逐帧动画序列。
  - ➢ 帧步骤：指定绘制效果时每秒要横跨的帧数。
- 网格填充：在使用网格填充效果时，可以用库中的元件填充舞台、元件或封闭区域，如图 2-34 所示。将网格填充绘制到舞台后，如果移动填充元件或调整其大小，则网格填充将随之移动或调整大小。选择网格填充效果后，可以设置以下高级选项：
  - ➢ 水平间距：指定网格填充中所用形状之间的水平距离（以像素为单位）。
  - ➢ 垂直间距：指定网格填充中所用形状之间的垂直距离（以像素为单位）。
  - ➢ 图案缩放：可以使对象同时沿水平方向（沿 x 轴）和垂直方向（沿 y 轴）放大或缩小。
- 对称刷子：在使用对称效果时，可以围绕中心点对称排列元件，如图 2-35 所示。在舞台上绘制元件时，将显示一组手柄，可以使用手柄通过增加元件数、添加对称内容或者编辑和修改效果的方式来控制对称效果。选择对称刷子绘制效果后，可以设置如下高级选项：
  - ➢ 绕点旋转：围绕指定的固定点旋转对称中的形状。默认参考点是对称的中心点。如果要围绕对象的中心点旋转对象，可以按圆形运动进行拖动。

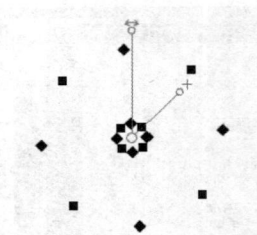

图 2-34 网格填充的默认效果　　　　图 2-35 对称刷子填充的默认效果

- 跨线反射：跨指定的不可见线条等距离翻转形状。
- 跨点反射：围绕指定的固定点等距离放置两个形状。
- 网格平移：使用按对称效果绘制的形状创建网格。每次在舞台上单击【Deco 工具】，都会创建形状网格。可以使用由对称刷子手柄定义的 x 坐标和 y 坐标调整这些形状的高度和宽度。
- 测试冲突：不管如何增加对称效果内的实例数，都可以防止绘制的对称效果中的形状相互冲突。取消选择此选项后，会将对称效果中的形状重叠。

2.2.6 矩形工具

【矩形工具】可以绘制各种比例的矩形和正方形，并且可以通过设置矩形边角半径，轻松绘制出圆角矩形图形。

上机实战　使用矩形工具绘制矩形和圆角矩形

1　打开光盘中的"..\Example\Ch02\2.2.6.fla"文件，然后在工具箱中选择【矩形工具】，此时光标显示为【+】的形状。

2　打开【属性】面板，设置矩形工具的填充和笔触的颜色，接着设置笔触大小为 2、样式为【实线】、缩放为【一般】，再设置对象绘制模式，如图 2-36 所示。

3　此时将鼠标移到舞台上，然后向右下方拖动鼠标，即可绘制一个矩形对象，如图 2-37 所示。

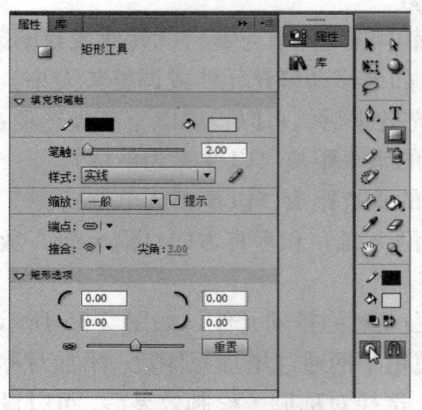

图 2-36 设置矩形工具的属性　　　　图 2-37 绘制矩形图形

4　如果想要绘制一个正方形图形，可以按住 Shift 键，然后向右下方拖动鼠标，即可绘制出一个正方形图形，如图 2-38 所示。

5 如果想要绘制一个圆角矩形图形，可以在【属性】面板的【矩形选项】框中设置矩形边角半径，然后向右下方拖动鼠标，即可绘制出一个圆角矩形图形，如图 2-39 所示。

图 2-38 绘制正方形图形

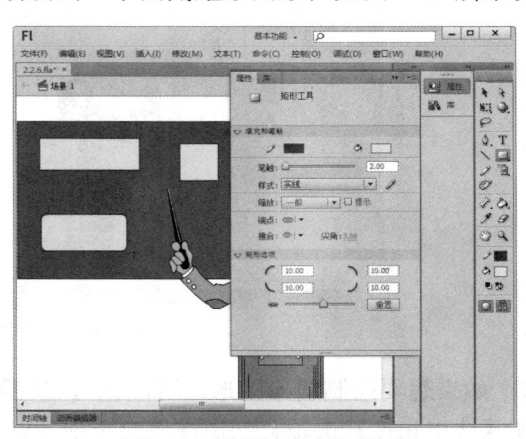

图 2-39 绘制圆角矩形图形

矩形工具的属性设置与铅笔工具的属性设置类似，只是多了【填充颜色】项目和【矩形边角半径】项目，这两个项目的说明如下：
- 填充颜色：设置图形的填充颜色。
- 矩形边角半径：设置矩形边角的半径大小。如图 2-40 所示为 3 种不同矩形边角半径设置的效果。

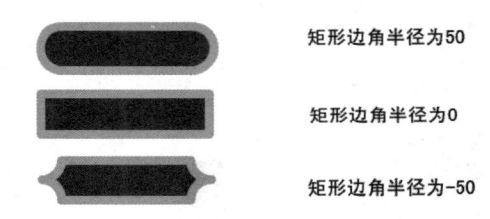

图 2-40 不同矩形边角半径的效果

2.2.7 椭圆工具

【椭圆工具】可以绘制各种大小的椭圆形和正圆形，并且可以通过设置椭圆的开始角度和结束角度绘制出各种扇形以及绘制出具有内径的圆。

【椭圆工具】的属性设置也与铅笔工具的属性设置类似，只是多了【起始角度】、【结束角度】、【闭合路径】、【内径】4 个项目，这 4 个项目的说明如下：
- 起始角度：设置椭圆开始的角度。
- 结束角度：设置椭圆结束的角度。
- 闭合路径：设置椭圆路径是否闭合。
- 内径：设置椭圆内圆半径的大小。

上机实战　使用椭圆工具绘制各种圆形

1 打开光盘中的"..\Example\Ch02\2.2.7.fla"文件，然后在工具箱中选择【椭圆工具】，此时光标显示为【+】的形状。

2 打开【属性】面板，设置椭圆工具的填充和笔触的颜色，接着设置笔触大小为 2、样式为【实线】、缩放为【一般】，此时将鼠标移到舞台上，然后向右下方拖动鼠标，即可绘制出一个椭圆形图形，如图 2-41 所示。

3 如果想要绘制一个正圆形图形，可以按住 Shift 键，然后向右下方拖动鼠标，即可绘制出一个正圆形图形，如图 2-42 所示。

图 2-41 绘制椭圆图形

4 如果想要绘制扇形图形,可以在【属性】对话框的【椭圆选项】框中设置【开始角度】和【结束角度】选项,然后在舞台上拖动鼠标绘制即可,如图 2-43 所示。

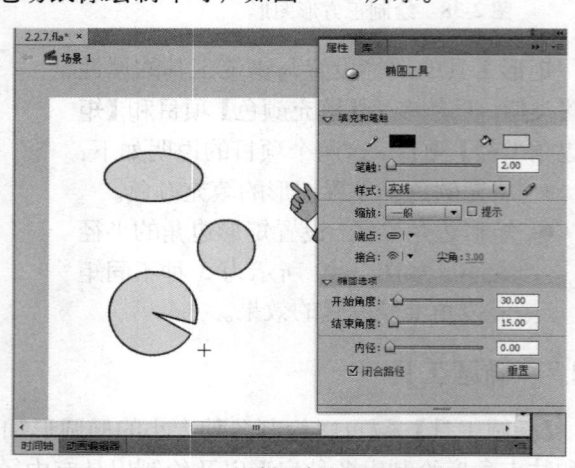

图 2-42 绘制正圆形图形　　　　　图 2-43 绘制不封闭圆形图形

5 如果想要让圆形中心镂空,可以在【属性】面板中设置【内径】选项,例如设置内径为 30,然后在舞台上绘制图形,结果如图 2-44 所示。

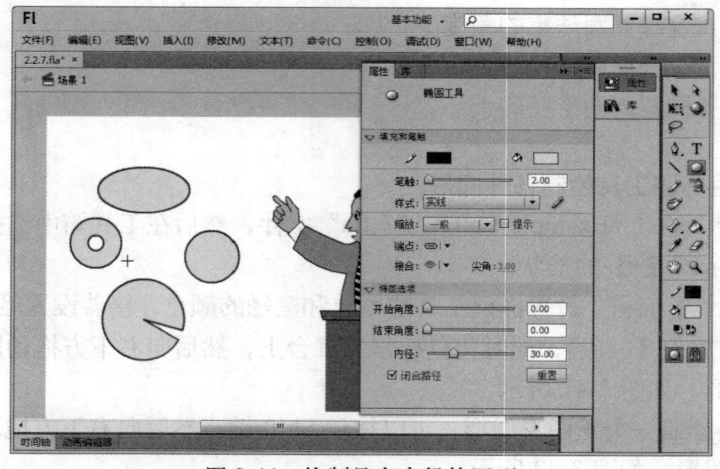

图 2-44 绘制具有内径的圆形

2.2.8 多角星形工具

使用【多角星形工具】 ○ 可以绘制多边形和星形。在绘制图形时，可以设置多边形的边数或星形的顶点数，也可以选择星形的顶点深度。

上机实战　使用多角星形工具绘制多边形和星形

1　打开光盘中的"..\Example\Ch02\2.2.8.fla"文件，然后在工具箱中选择【多角星形工具】○，此时光标显示为【+】的形状。

2　打开【属性】面板，设置椭圆工具的填充和笔触颜色、样式、缩放以及对象绘制模式等属性，然后单击【选项】按钮，并从打开的【工具设置】对话框中选择样式为【多边形】，接着设置边数，最后单击【确定】按钮，如图 2-45 所示。

3　将鼠标移到舞台上，然后向右下方拖动鼠标，即可绘制出一个多边形图形，如图 2-46 所示。

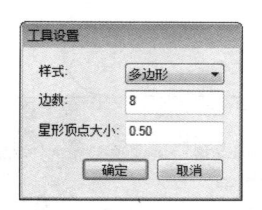

图 2-45　工具设置　　　　　图 2-46　绘制多边形

4　如果想要绘制星形，可以再次单击【属性】面板中的【选项】按钮，打开【工具设置】对话框后，选择样式为【星形】，然后设置边数和星形顶点大小，接着单击【确定】按钮，如图 2-47 所示。

5　将鼠标移到舞台上，然后向右下方拖动鼠标，即可绘制出一个星形图形，如图 2-48 所示。

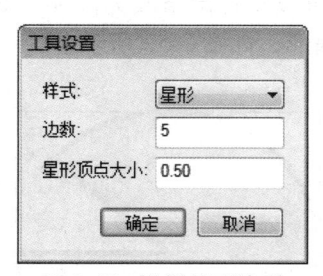

图 2-47　设置星形选项　　　　　图 2-48　绘制星形图形

2.2.9 图元绘制工具

图元对象是允许用户调整其特征的图形形状。在创建图元对象图形后，任何时候都可以精确地控制形状的大小、边角半径以及其他属性，而无须从头开始重新绘制。

在 Flash CS6 中，提供了矩形和椭圆两种基本的图元对象，这两种图元对象可以使用【基本矩形工具】和【基本椭圆工具】绘制。

1. 【基本矩形工具】

使用【基本矩形工具】绘制图形的方法与使用【矩形工具】的方法相同，两者的属性项也基本相同。因此可以参照【矩形工具】的用法，使用【基本矩形工具】在舞台中绘制任意的矩形、正方形和圆角矩形。

在矩形绘制完成后，在工具箱中选择【选择工具】选择矩形。此时矩形 4 角分别出现形状调整点，拖动某个形状调整点，可以改变矩形的边角半径，如图 2-49 所示。

> 如果想要编辑图元对象，可以双击图元对象，然后在打开的【编辑对象】对话框中单击【确定】按钮，将图元对象转换为绘制对象后，即可进行编辑操作，如图 2-50 所示。

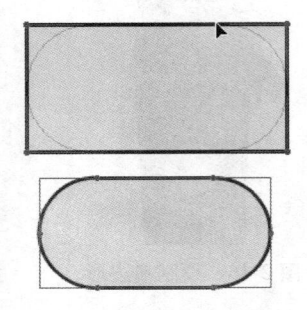

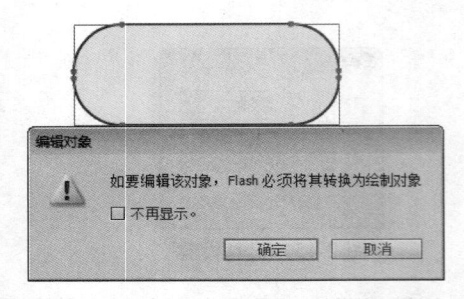

图 2-49　调整矩形的边角半径　　　　图 2-50　编辑图元对象前先将图元对象转换为绘制对象

2. 【基本椭圆工具】

使用【基本椭圆工具】绘制图形的方法与使用【椭圆工具】的方法相同，两者的属性项也基本相同。可以参照【椭圆工具】的用法，使用【基本椭圆工具】在舞台中绘制任意的椭圆或圆形。

在椭圆绘制完成后，在工具箱中选择【选择工具】，然后选择椭圆，此时椭圆的中心和边上分别出现形状调整点。拖动中心的形状调整点，可以将椭圆修改为圆环，如图 2-51 所示。或者拖动边上的形状调整点，可以将椭圆修改为扇形，如图 2-52 所示。

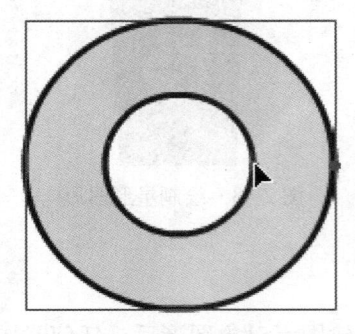

图 2-51　将椭圆修改为圆环　　　　图 2-52　将椭圆修改为扇形

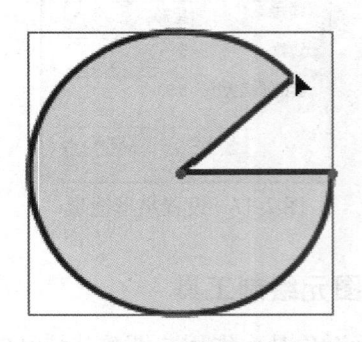

2.2.10 钢笔工具

【钢笔工具】用于绘制精确的路径（如直线或平滑流畅的曲线），在使用【钢笔工具】绘画时，单击舞台可以创建点并将多次单击产生的点连成直线，而单击舞台后拖动鼠标则可以创建曲线段。另外，可以通过调整线条上的点来调整直线段和曲线段，或者将曲线转换为直线，将直线转换为曲线等处理。

1. 路径表现的形状

在 Flash 中绘制线条或形状时，将创建一个名为路径的线条。路径由一个或多个直线段或曲线段组成。线段的起始点和结束点由锚点标记，就像用于固定线的针一样。路径可以是闭合的（例如圆形），也可以是开放的，有明显的终点（例如波浪线），如图 2-53 所示。

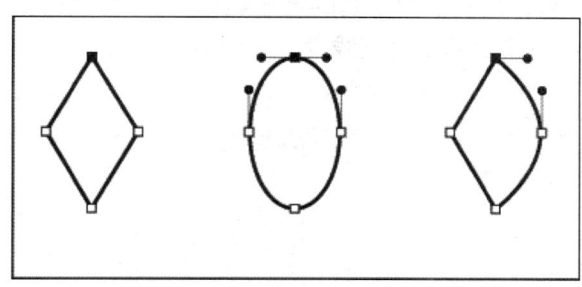

图 2-53　由路径表现出来的形状

2. 钢笔工具绘制状态

- 初始锚点指针：选中【钢笔工具】后看到的第一个指针。指示下一次在舞台上单击鼠标时将创建初始锚点，它是新路径的开始（所有新路径都以初始锚点开始）。
- 连续锚点指针：指示下一次单击鼠标时将创建一个锚点，并用一条直线与前一个锚点相连接。在创建所有用户定义的锚点（路径的初始锚点除外）时，显示此指针。
- 添加锚点指针：指示下一次单击鼠标时将向现有路径添加一个锚点。如果要添加锚点，必须选择路径，并且钢笔工具不能位于现有锚点的上方。Flash 会根据添加的锚点，重绘现有的路径。
- 删除锚点指针：指示下一次在现有路径上单击鼠标时将删除一个锚点。如果要删除锚点，必须用选择工具选择路径，并且指针必须位于现有锚点的上方。软件会根据删除的锚点，重绘现有的路径。
- 连续路径指针：从现有锚点扩展新路径。如果要激活此指针，鼠标必须位于路径上现有锚点的上方，并且仅在当前未绘制路径时，此指针才可用。锚点未必是路径的终端锚点，任何锚点都可以是连续路径的位置。
- 闭合路径指针：在绘制的路径的起始点处闭合路径。只能闭合当前正在绘制的路径，并且现有锚点必须是同一个路径的起始锚点。
- 连接路径指针：除了鼠标不能位于同一个路径的初始锚点上方外，与闭合路径工具基本相同。该指针必须位于唯一路径的任一端点上方。
- 回缩贝塞尔手柄指针：当鼠标位于显示其贝塞尔手柄的锚点上方时显示。在贝塞尔手柄的锚点上单击鼠标，即可回缩贝塞尔手柄，并使得穿过锚点的弯曲路径恢复为直线段，如图 2-54 所示。

● 转换锚点指针 ⌐：该状态将不带方向线的转角点转换为带有独立方向线的转角点。

图 2-54 回缩贝塞尔手柄

上机实战 使用钢笔工具绘制图形

1 创建一个空白的文件，然后在工具箱中选择【钢笔工具】，此时光标显示为钢笔笔头的形状。

2 打开【属性】面板，设置椭圆工具的笔触颜色、样式、缩放等属性，然后在舞台上单击确定线段起点，再次单击后即创建直线段，如图 2-55 所示。

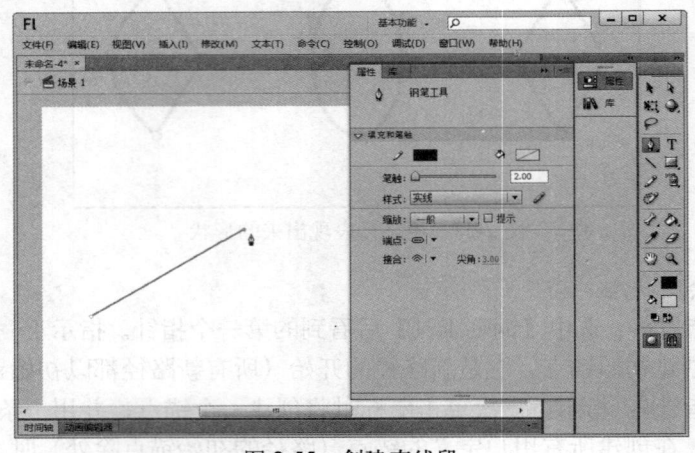

图 2-55 创建直线段

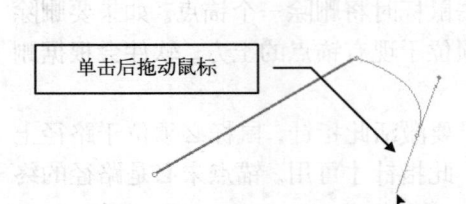

3 在舞台中单击并按住鼠标拖动，即可创建曲线段，如图 2-56 所示。当将鼠标移到起点并单击可以闭合线段，如图 2-57 所示。

图 2-56 单击后按住鼠标并拖动创建曲线段　　　图 2-57 单击起点可闭合线段

3. 调整路径上的锚点

在使用【钢笔工具】绘制曲线时，将创建平滑点（即连续的弯曲路径上的锚点）。在绘制直线段或连接到曲线段的直线时，将创建转角点（即在直线路径上或直线和曲线路径接合处的锚点）。

除了【钢笔工具】外，Flash CS6 还提供了【添加锚点工具】、【删除锚点工具】和【转换锚点工具】，它们同样是钢笔工具类的工具，其中添加锚点工具、删除锚点工具跟钢笔工具的【添加锚点指针】💧+和【删除锚点指针】💧-状态的作用方法一样。如图2-58所示为删除曲线锚点的结果。

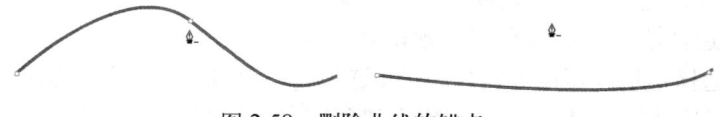

图2-58 删除曲线的锚点

【转换锚点工具】的作用是将不带方向线的转角点转换为带有独立方向线的平滑点，如图2-59所示。

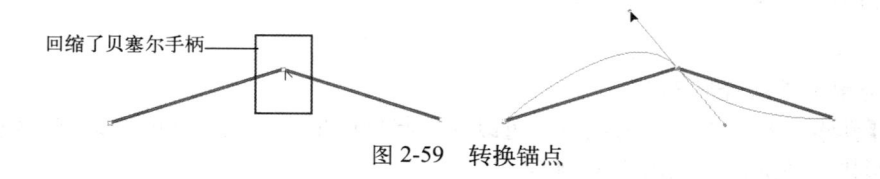

图2-59 转换锚点

2.3 选择与修改绘图对象

Flash CS6虽然提供多种绘图的工具，但对于某些特殊的形状，也不能直接使用绘图工具绘出，而是需要通过其他工具适当修改而成。

2.3.1 选择绘图的对象

在动画制作过程中，修改对象是常见的操作。要修改一个对象时，必须先选择它。

在Flash CS6中，可以使用【选择工具】▶、【部分选取工具】▶和【套索工具】○选择对象。可以只选择对象的笔触，也可以只选择其填充。另外，还可以显示和隐藏所选对象的加亮显示。

1. 用选取工具选择对象

【选取工具】▶可以选择全部对象，只需单击某个对象或拖动对象以将其包含在矩形选取框内。当要选择插图中书台的一侧填充对象时，使用【选取工具】在该填充对象上单击即可，如图2-60所示。

当要选择插图中电脑台全部时，可以使用【选取工具】▶拖动将电脑台包含在矩形选取框内，如图2-61所示。

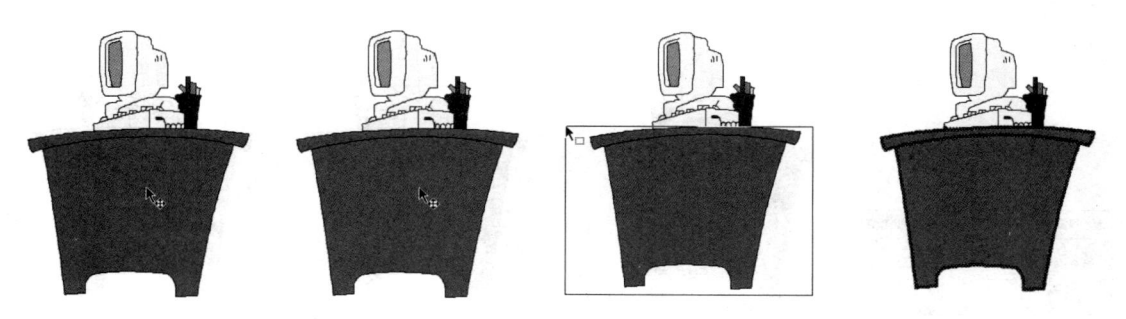

图2-74 选择填充对象　　　　　图2-61 选择人物对象

针对不同的要求，使用【选择工具】选择对象的方法如下：
(1) 如果要选择笔触、填充、组、实例或文本块，单击该对象即可。
(2) 如果要选择连接线，需要双击其中一条线。
(3) 如果要选择填充的形状及其笔触轮廓，可双击填充。
(4) 如果要选择矩形区域内的对象，在要选择的一个或多个对象周围拖画出一个选取框。
(5) 如果要向选择中添加内容，可以在进行附加选择时按住 Shift 键。

2. 用部分选取工具选择对象

【部分选取工具】 是一种选择对象并显示对象路径的工具，在【工具箱】面板中选择【部分选取工具】 后，只需单击线条或形状的边缘，即可显示它们的路径，如图 2-62 所示。

3. 使用套索工具选择对象

在使用【套索工具】 选择形状时，可以在形状周围拖出自由形状的选取框，包含在该选取框内的形状都被选择，如图 2-63 所示。

图 2-62　使用部分选取工具选择对象　　　　　图 2-63　使用套索工具选择对象

在使用【套索工具】选择形状时，可以先在工具箱下方设置对应的工具选项，这些工具选项说明如下：

- 魔术棒 ：用于选择相似颜色的区域，通常用于已经分离的位图区域。
- 魔术棒设置 ：设置魔术棒的阈值和平滑度，其中【阈值】越大，魔术棒可以选择相似颜色的范围就越大；【阈值】越小，可以选择相似颜色的范围就越小。上述两项设置只有在应用了【魔术棒】选项才有作用。如图 2-64 所示为选择相似颜色范围的结果。
- 多边形模式 ：以直线构成多边形的范围对形状进行选择，如图 2-65 所示。

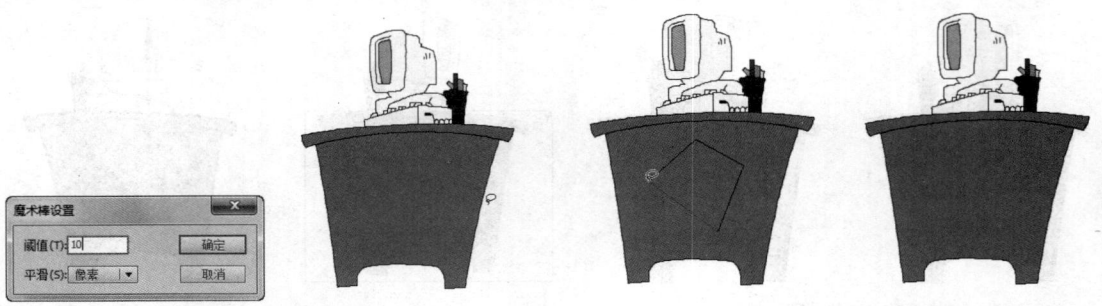

图 2-64　使用魔术棒模式选择形状　　　　　图 2-65　使用多边形模式选择形状

2.3.2 使用选择工具修改形状

【选择工具】不仅可以选择绘图对象，还可以针对绘图对象的边缘和角点进行修改。

当需要修改绘图对象的边缘形状时，可以先选择【选择工具】，然后移动鼠标到对象边缘处，待其变成状，按住图形的边缘并拖动即可调整形状，如图 2-66 所示。

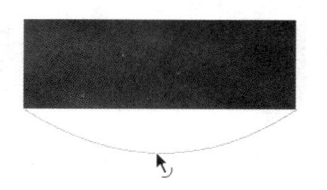

图 2-66　调整形状边缘

当需要修改绘图对象的边角时，同样先选择【选择工具】，然后移动鼠标到对象的边角处，待其变成状，按住图形的边角并拖动即可调整形状，如图 2-67 所示。

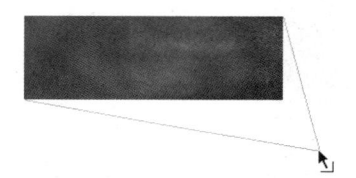

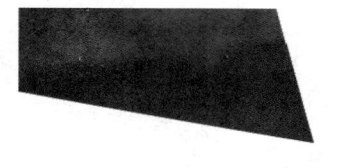

图 2-67　调整形状边角

上机实战　使用选择工具修改形状

1　打开光盘中的 "..\Example\Ch02\2.3.2.fla" 文件，然后在工具箱中选择【选择工具】，接着将鼠标移到舞台右侧的矩形的右边缘上，当鼠标变成状时，即向左拖动，修改矩形右边缘形状和笔触，如图 2-68 所示。

2　将鼠标移到矩形的左边缘上，当鼠标变成状时，即向右拖动，修改矩形左边缘形状和笔触，如图 2-69 所示。

图 2-68　调整矩形右边缘　　　　　图 2-69　调整矩形左边缘

3　将鼠标移到矩形的上边缘上，当鼠标变成状时，即向下拖动，修改矩形上边缘形状和笔触，如图 2-70 所示。

4　将鼠标移到矩形的下边缘右端点上，当鼠标变成状时，即向右下方拖动，修改矩形下边缘右端点的位置，结果如图 2-71 所示。

图 2-70　调整矩形上边缘　　　　　　图 2-71　调整矩形下边缘的右端点位置

5 使用【选择工具】选择调整后的绘图对象，然后将它移到花朵对象下方并适当调整对象的大小，使它作为放置花朵的花瓶图形，结果如图 2-72 所示。

图 2-72　移动对象的位置并适当调整大小

2.3.3　使用部分选取工具修改形状

【部分选取工具】是一种通过修改路径来改变形状和笔触的工具，在【工具箱】面板中选用【部分选取工具】后，只需单击线条或图形的边缘，即可显示它们的路径，如图 2-73 所示。此时只需调整路径的位置，或通过路径上的手柄调整路径形状，即可改变线条和图形形状，如图 2-74 所示。

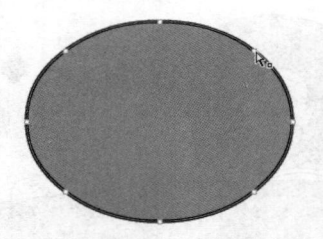

图 2-73　显示路径　　　　　　　　　图 2-74　调整路径

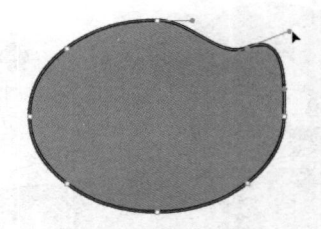

> **TIPS**　在使用【部分选取工具】修改填充图形时，需要单击图形的边缘，才可以显示该图形的路径，否则【部分选取工具】不会产生作用。

上机实战　使用部分选取工具修改形状

1 打开光盘中的 "..\Example\Ch02\2.3.3.fla" 文件，然后在工具箱中选择【部分选取工具】, 接着将鼠标移到舞台矩形对象边缘并单击, 显示形状的路径, 如图 2-75 所示。

2 按住矩形对象上边缘的锚点, 当显示锚点的方向手柄时, 按住手柄并移动鼠标调整路径的形状, 结果如图 2-76 所示。

图 2-75 显示形状路径　　　　　　　　图 2-76 调整矩形上边缘路径的形状

3 使用步骤 2 的方法, 按住矩形对象下边缘的锚点, 并通过调整锚点的方向手柄调整下边缘路径的形状, 最后在舞台空白处单击即可, 如图 2-77 所示。

图 2-77 调整矩形下边缘的形状

2.3.4 其他修改形状的方法

除了上述修改线条和图形形状的方法外, 还可以通过【将线条转换为填充】、【扩展填充】和【柔化填充边缘】3 个功能来修改绘图对象的形状。

1. 将线条转换为填充

选择一条或多条线条, 然后选择【修改】|【形状】|【将线条转换为填充】命令, 此时选定的线条将转换为填充形状。当将线条转换为填充后, 可以使用编辑填充图形的方法来编辑线条。例如, 使用【选择工具】拖动线条边缘, 只会改变线条的弯曲弧度, 而当线条转换为填充后, 使用【选择工具】拖动线条边缘时会改变线条边缘的形状, 如图 2-78 所示。

2. 扩展填充

选择一个填充形状，然后选择【修改】|【形状】|【扩展填充】命令，打开【扩展填充】对话框后，输入距离的像素值并设置扩展方向即可，如图 2-79 所示。

当扩展方向为【扩展】时，则放大形状；当扩展方向为【插入】时，则缩小形状，如图 2-80 所示。

图 2-78　调整线条与调整填充的区别

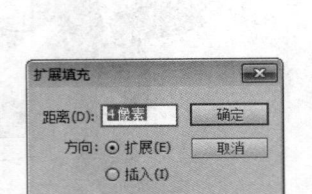

图 2-79　【扩展填充】对话框

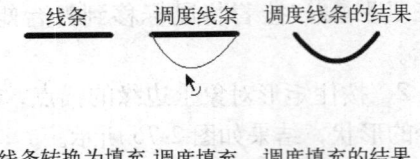

图 2-80　不同扩展方向的扩展填充效果

3. 柔化填充边缘

选择一个填充图形，然后选择【修改】|【形状】|【柔化填充边缘】命令，打开【柔化填充边缘】对话框后，设置距离、步骤数、方向等选项，最后单击【确定】按钮即可，如图 2-81 所示。柔化填充边缘的结果如图 2-82 所示。

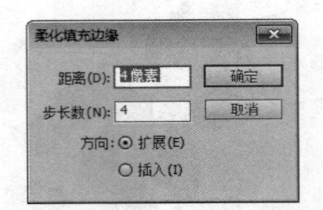

图 2-81　【柔化填充边缘】对话框

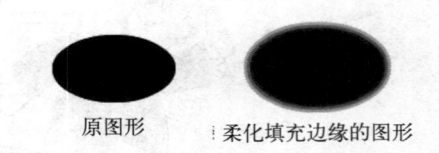

图 2-82　柔化图形填充边缘的结果

> **TIPS**
> 【柔化填充边缘】对话框的设置项目说明如下：
> - 距离：柔边的宽度（用像素表示）。
> - 步骤数：控制用于柔边效果的曲线数。使用的步骤数越多，效果就越平滑。增加步骤数还会使文件变大并降低绘画速度。
> - 方向（扩展或插入）：控制柔化边缘时是放大还是缩小形状。

2.4 课堂实训

下面通过绘制心形形状和绘制穿心箭头两个实例，介绍在 Flash CS6 中绘制图形的方法。

2.4.1 绘制心形形状

本例通过绘制心形形状，介绍绘图和修改形状的应用。首先绘制一个等边三角形，然后分别使用【选择工具】和【部分选取工具】将图形修改成心形的形状，如图 2-83 所示。

第 2 章　Flash 动画的绘图与修改　43

图 2-83　本章上机练习的结果

上机实战　绘制心形图形的操作步骤如下。

1　打开光盘中的"..\Example\Ch02\2.4.1.fla"文件，然后在工具箱中选择【多角星形工具】，打开【属性】面板，设置笔触颜色为【深红色（#990000）】、填充颜色为【粉红色（#FF6565）】，再单击【选项】按钮，在打开的对话框中设置样式为【多边形】、边数为 3，最后单击【确定】按钮，如图 2-84 所示。

图 2-84　设置多角星形工具属性

2　将鼠标移到舞台上，然后拖动鼠标，绘制一个三角形，如图 2-85 所示。
3　在工具箱中选择【选择工具】，然后将鼠标移到三角形右下边的边缘上，调整该边缘的形状。使用相同的方法，调整三角形左下边缘的形状，如图 2-86 所示。
4　在工具箱中选择【部分选取工具】，然后在对象边缘上单击显示路径，接着调整图形下方的锚点手柄，将对象调整成如图 2-87 所示的形状。
5　在工具箱中选择【钢笔工具】，然后在对象上方边缘中央位置上单击，添加一个路径锚点，以便后续利用这个锚点调整形状，如图 2-88 所示。

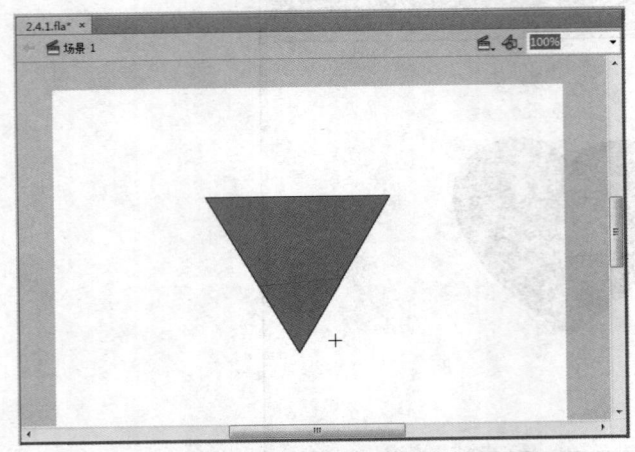

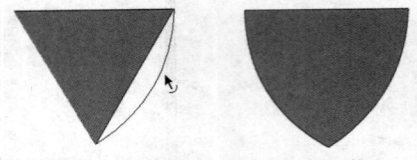

图 2-85 绘制三角形　　　图 2-86 调整三角形边缘形状

6　在工具箱中选择【部分选取工具】，然后将步骤 5 添加的锚点移到下方，接着选择图形右上方的锚点，向上拖动该锚点的手柄，调整图形形状，最后使用相同的方法，调整图形左上方锚点和图形下方控制的手柄，如图 2-89 所示。

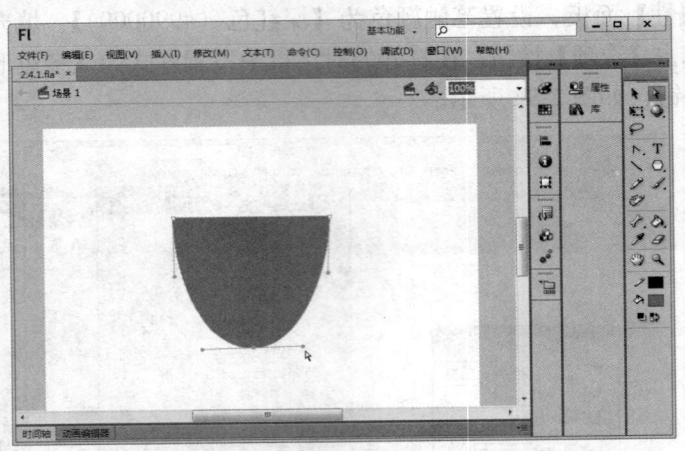

图 2-87 使用部分选取工具调整对象下部的形状

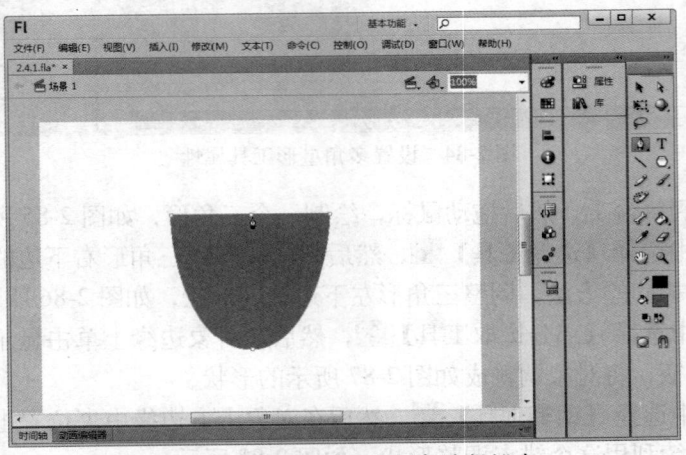

图 2-88 使用钢笔工具添加路径锚点

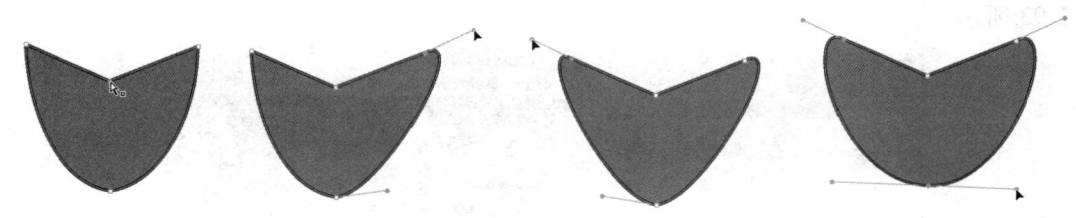

图 2-89 调整图形的形状

7 在工具箱中选择【选择工具】，然后将鼠标移到对象右上方的边缘上，然后向上拖动边缘，接着使用相同的方法，调整对象左上方边缘的形状，如图 2-90 所示。

8 在工具箱中选择【部分选取工具】，然后选择对象左上方的锚点，并向上移动该控制右边的手柄，调整对象左上方的形状。使用

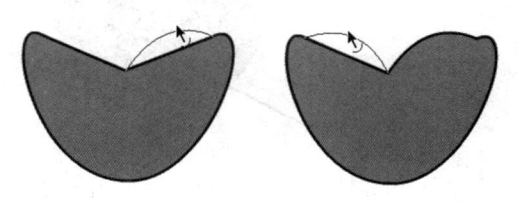

图 2-90 调整图形上方左右边缘的形状

相同的方法调整对象右上方的形状，接着选择对象下方的锚点，同时按住 Alt 键调整该锚点左右两边的控制手柄，调整图形下部分的弧度，最后将图形上方中央的锚点向上移动，如图 2-91 所示。

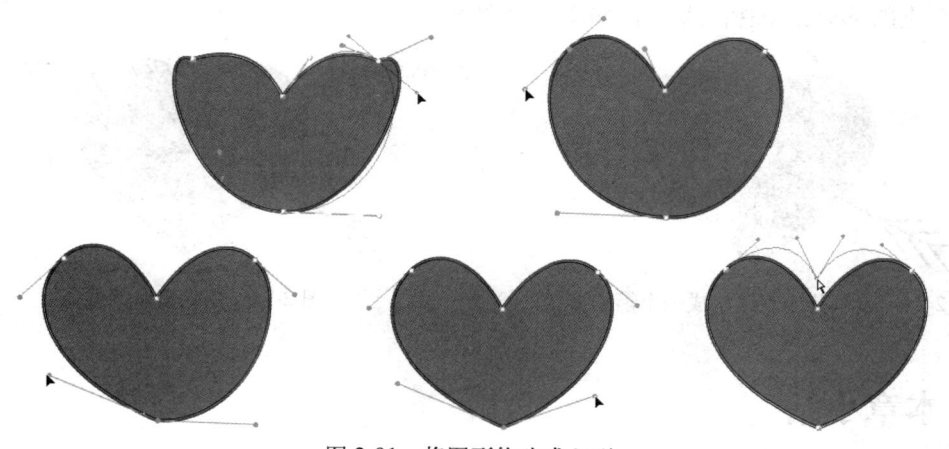

图 2-91 将图形修改成心形

2.4.2 绘制穿心箭头

本例通过绘制穿心箭头，介绍绘制线条图形的方法。首先使用【线条】工具绘制多条直线以构成箭头形状，然后使用【橡皮擦工具】擦除多余部分即可，结果如图 2-92 所示。

上机实战 绘制穿心箭头形状

1 打开光盘中的 "..\Example\Ch02\2.4.2.fla" 文件，在工具箱中选择【线条工具】，然后在心形上绘制一条颜色为【深红色】、宽度为 3 的直线，如

图 2-92 绘制箭头的结果

图 2-93 所示。

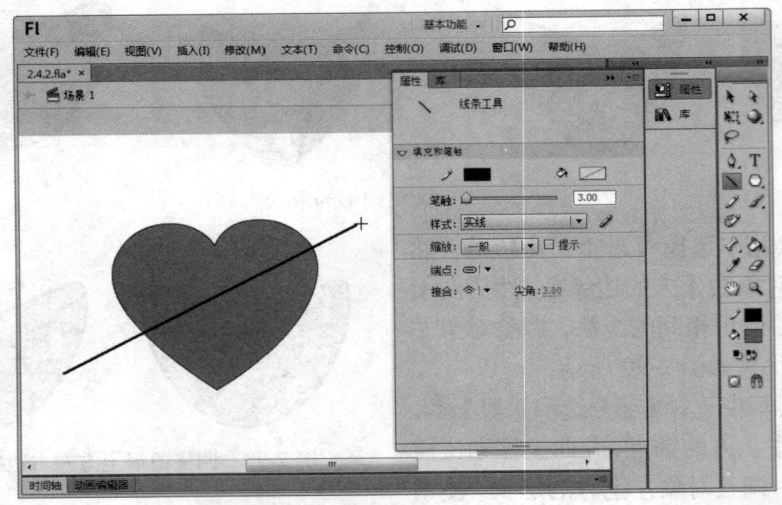

图 2-93 绘制一条直线

2 使用相同的方法,在直线上绘制多条直线,构成箭的形状,结果如图 2-94 所示。
3 在工具箱中选择【橡皮擦工具】,然后设置橡皮擦模式为【擦除线条】,接着将重叠在心形上的部分线条擦除即可,如图 2-95 所示。

图 2-94 绘制其他直线构成一个箭的形状　　　　图 2-95 擦除多余的线条

2.5 本章小结

本章主要介绍了绘图基础、绘图工具的应用、绘图对象形状的修改等内容,在 Flash CS6 中绘制和修改矢量图的方法。并通过绘制心形形状和绘制穿心箭头两个实例,介绍了在 Flash CS6 中绘制图形的方法。

2.6 习题

一、填充题
1. 计算机中的图形根据其表示方式的不同,一般可以分为_____和_____两种类型。
2. 矢量图形使用_____、_____和_____描述图像,这些矢量还包括颜色和位置属性。
3. 位图图形使用在网格内排列的称为_____的彩色点来描述图像。
4. Flash CS6 有_____和_____两种绘图模式。

5. 路径由一个或多个＿＿＿＿＿＿或＿＿＿＿＿＿组成。

二、选择题

1. 使用哪种绘图模式绘图是一个独立的对象，它们不影响其他图形。（　）
   A. 合并绘制模式　　　　　　　　B. 对象绘制模式
   C. 矢量图绘制模式　　　　　　　D. 位图绘制模式
2. 如果想要绘制一个正方形图形，可以选择【矩形工具】后，再按住哪个键拖动鼠标来绘制？（　）
   A. Ctrl 键　　　　B. Alt 键　　　　C. Shift 键　　　　D. Tab 键
3. 路径可以具有两种锚点，这两种锚点是下面哪项？（　）
   A. 直线点和曲线点　　　　　　　B. 折点和圆点
   C. 中心点和平滑点　　　　　　　D. 角点和平滑点
4. 使用【部分选取工具】修改填充绘图对象时，需要单击对象的哪部分才可以显示该对象的路径？（　）
   A. 边缘　　　　B. 填充　　　　C. 中心点　　　　D. 角点

三、操作题

使用【椭圆工具】绘制一大一小的两个椭圆形，然后使用【铅笔工具】在大椭圆形内绘制一个问号形状，以形成一个人在思考的卡通绘图效果，结果如图 2-96 所示。

图 2-96　操作题绘图结果

提示：

（1）在工具箱中选择【椭圆工具】，然后打开【属性】面板，并设置笔触颜色为【深红色】、填充颜色为【无】、笔触大小为 3。

（2）在舞台的人物图形右上方分别绘制一个大的椭圆形和一个小的椭圆形。

（3）在工具箱中选择【铅笔工具】，设置笔触颜色为【橙色】、笔触大小为 10。

（4）在大的椭圆形内绘制一个问号对象。

第 3 章　Flash 插图颜色的处理

教学提要

不同的动画插图，对颜色要求都不一样，因此在绘制插图后，填充与修改插图颜色的工作必不可少。本章将详细介绍在 Flash CS6 中为插图填充颜色和修改颜色的方法。

教学重点

- 了解 Flash CS6 的颜色模型与定义方式
- 掌握颜色的选择与填充方法
- 掌握使用 Flash CS6 中各种填充工具的方法
- 掌握修改填充颜色的方法和技巧
- 掌握为形状填充位图效果的方法

3.1　颜色模型与定义方式

在学习选择和使用颜色前，先了解 Flash 的颜色系统和定义颜色的方式。

3.1.1　Flash 的颜色模型

颜色模型用于描述在数字图形中看到和用到的各种颜色。每种颜色模型（如 RGB、HSB 或 CMYK）分别表示用于描述颜色及对颜色进行分类的不同方法。

Flash 是通过 RGB 和 HSB 两种颜色模型来描述颜色的，下面介绍这两种颜色模型。

1．RGB 颜色模型

RGB 颜色模型由红（Red）、绿（Green）和蓝（Blue）3 种原色组合而成，并因此衍生出由这 3 种原色组合成其他的颜色，如图 3-1 所示。

3 种原色两两重叠，就产生了青、洋红和黄 3 种次混合色，原色与次混合色是彼此的互补色，次混合色与没有组成它的原色就构成了互补色，将互补色放置在一起对比特别明显醒目，使用这个特性就能利用颜色来突出主体。

在 RGB 模型下，每种 RGB 成分都可使用从 0（黑色）~ 255（白色）的值。例如，亮红色使用 R 值 255、G 值 0 和 B 值 0。当所有 3 种成分值相等时，产生灰色阴影。当所有成分的值均为 255 时，结果是纯白色；当该值为 0 时，结果是黑色，如图 3-2 所示。

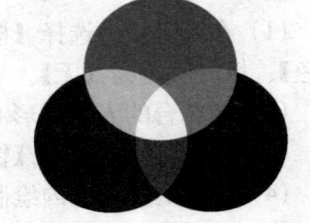

图 3-1　RGB 颜色模型示意图

> **TIPS**　RGB 颜色模型使用 RGB 模型为图像中每一个像素的 RGB 分量分配一个 0~255 范围内的强度值。RGB 图像只使用 3 种颜色，就可以使它们按照不同的比例混合，在屏幕上重现 16 777 216 种颜色。

2. HSB 颜色模型

HSB 就是 H(Hue)、S(Saturation)、B(Brightens)，或者也可以称为 HSV（Hue、Saturation、Value）颜色模型。其中，H 表示色度，即该色为红色、绿色还是紫色等，它是人眼对不同波长光波的反应，也是颜色最基本的内容；S 表示饱和度，是指颜色中含有多少灰成分；B 是亮度，表示颜色的亮与暗。也就是说，HSB 颜色模型用色度、亮度和饱和度 3 种属性来描述颜色。

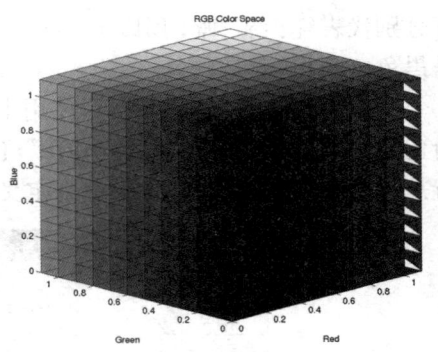

图 3-2 RGB 颜色混色空间图

HSB 颜色模式将人脑的"深浅"概念扩展为饱和度（S）和明度（B）。所谓饱和度相当于家庭电视机的色彩浓度，饱和度高时色彩较艳丽。饱和度低色彩就接近灰色。明度也称为亮度，等同于彩色电视机的亮度，亮度高色彩明亮，亮度低色彩暗淡，亮度最高得到纯白，最低得到纯黑。

HSB 颜色模式各个属性的变化范围如下：

（1）色度 H 的变化范围是 0～360°，0°与 360°是重合的，都代表红色。从 0°的红色开始，逆时针方向增加角度，60°是黄色，180°是青色，360°又回到红色，如图 3-3 所示。

（2）饱和度 S 的变化范围是 0～100%。

（3）亮度 B 的变化范围是 0～100%，达到 100%时最亮。

> **TIPS**　由于 HSB 模型能直接体现色彩之间的关系，所以非常适合于色彩设计，绝大部分的设计软件都提供了这种颜色模型。如图 3-4 所示为 Flash CS6 的调色板使用 HSB 颜色模型来定义颜色。

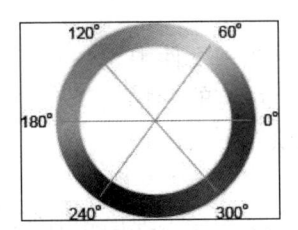

图 3-3 色度的变化范围表示

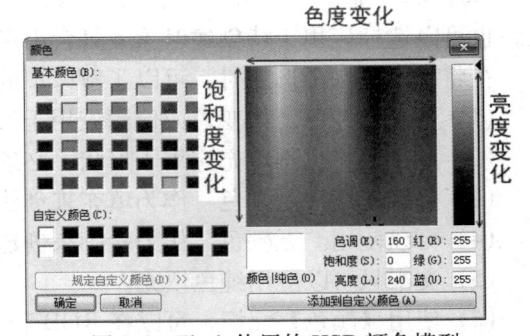

图 3-4 Flash 使用的 HSB 颜色模型

3.1.2 定义颜色的方式

在 Flash 中，一般使用十六进制来定义颜色，也就是说每种颜色都使用唯一的十六进制码来表示，称之为十六进制颜色码。

以 RGB 颜色为例，十六进制定义颜色的方法是分别指定 R/G/B 颜色，也就是红/绿/蓝三种原色的强度。通常规定，每一种颜色强度最低为 0，最高为 255。那么以十六进制数值表示，255 对应于十六进制就是 FF，并把 R\G\B 3 个数值依次并列起来，就有 6 位十六进制数值。因此，RGB 颜色可以以 000000～FFFFFF 等十六进制数值表示，其中从左到右每两位分开分别代表红、绿、蓝，所以 FF0000 是纯红色，00FF00 是纯绿色，0000FF 是纯蓝色，000000 是黑色，FFFFFF 是白色。

另外需要注意，在 Flash 里使用十六进制的颜色还需要在色彩值前加上"#"符号，例如白色就使用"#FFFFFF"或"#ffffff"色彩值来表示。在 Flash 的【颜色】面板中选择的颜色，就是使用十六进制的 RGB 颜色来定义的，如图 3-5 所示。

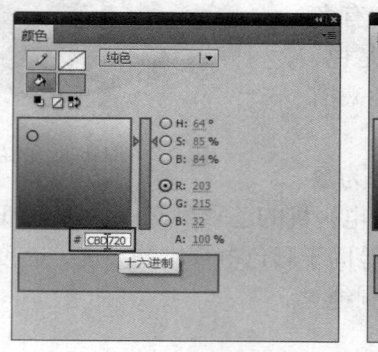

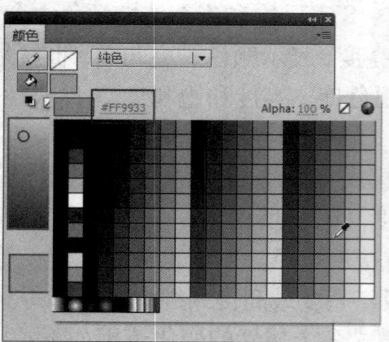

图 3-5　Flash 中使用十六进制定义颜色

3.2　颜色的选择与填充

在绘图的过程中，经常需要为图形选择不同的颜色，而颜色的搭配离不开设计者对颜色的选择和应用。

3.2.1　关于颜色的应用

Flash CS6 提供了应用、创建和修改颜色的功能。可以使用默认调色板或自己创建的调色板，也可以选择应用于待创建对象或舞台中现有对象的笔触或填充的颜色。

在将颜色应用于形状时，可以了解以下的方式和方法：

（1）可以将纯色、渐变色或位图应用于形状的填充。
（2）如果要将位图填充应用于形状，必须将位图导入到当前文件中。
（3）可以使用"无颜色"作为填充来创建只有轮廓没有填充的形状。
（4）可以使用"无颜色"作为轮廓来创建没有轮廓的填充形状。
（5）文本只可以应用纯色填充。
（6）使用【颜色】面板，可以在 RGB 和 HSB 模式下创建和编辑纯色和渐变填充。

3.2.2　使用【颜色】面板

在 Flash 中，颜色的使用、管理和修改都可以通过【颜色】面板完成。使用【颜色】面板，可以更改笔触和填充的颜色，例如，以十六进制模式选择颜色、创建渐变颜色、调整渐变颜色的效果、使用位图作为填充图案等。如图 3-6 所示为【颜色】面板。

当使用【颜色】面板为形状填充颜色时，可以选择纯色填充、渐变填充和位图填充。只需在【类型】列表框中选择相应

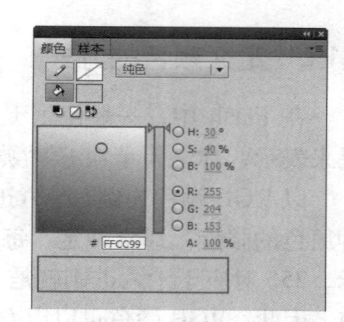

图 3-6　【颜色】面板

的填充类型，然后通过【颜色选择器】和【渐变定义栏】设置合适的填充颜色即可，如图 3-7 所示。当前选择的填充颜色可以在【当前颜色样本】区域中进行预览。

下面使用【椭圆工具】绘制一个椭圆形，然后通过【颜色】面板将椭圆形的填充颜色更改为渐变颜色，结果如图 3-8 所示。

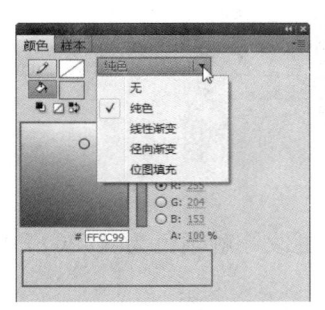

图 3-7　选择填充类型

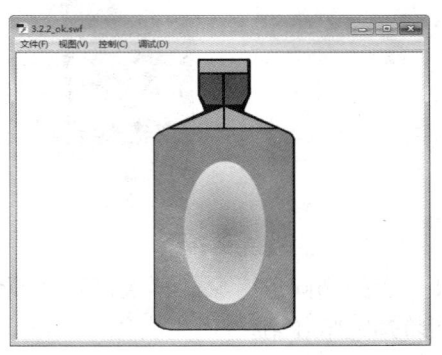

图 3-8　本例的操作结果

上机实战　通过【颜色】面板选择颜色

1　打开光盘中的"..\Example\Ch03\3.2.2.fla"练习文件，然后在工具箱中选择【椭圆工具】，再打开【颜色】面板，设置填充颜色为【纯色】、笔触颜色的数值为【#000000】（黑色）、任意填充颜色，如图 3-9 所示。

2　在设置工具的颜色后，再设置"对象绘制"模式，然后在舞台的瓶子形状上拖动鼠标，绘制一个椭圆形，如图 3-10 所示。

3　在工具箱中选择【选择工具】，再使用该工具选择椭圆形对象，然后打开【颜色】面板，并更改填充类型为【径向渐变】，如图 3-11 所示。

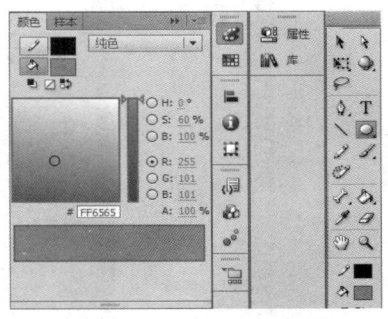

图 3-9　设置椭圆工具颜色

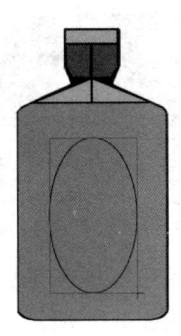

图 3-10　绘制椭圆形对象

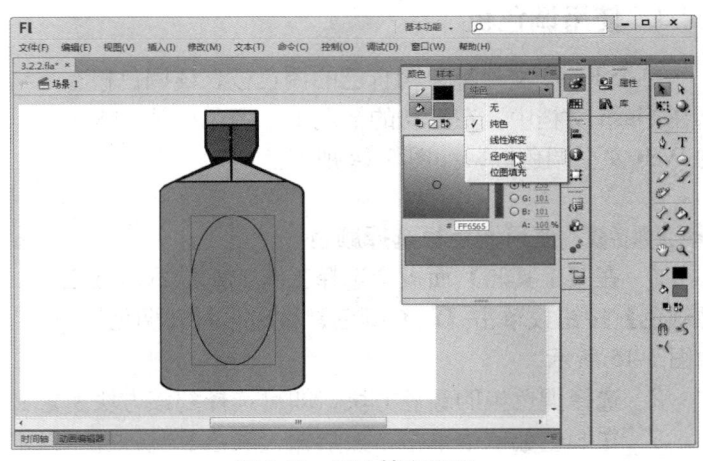

图 3-11　更改填充类型

4　选择【当前颜色样本】栏的颜色控点，再设置该点颜色值为【#E754E2】，然后选择右端颜色控点，再设置该点颜色值为【#FFE9CD】，如图3-12所示。

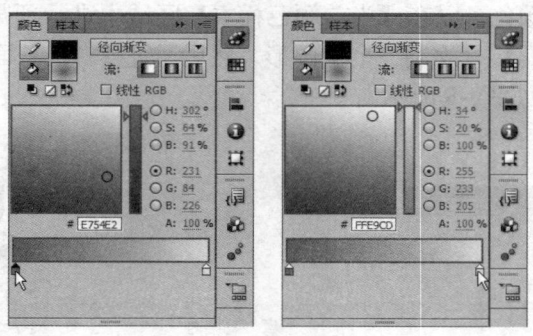

图3-12 设置渐变颜色

5 选择椭圆形对象，再次打开【颜色】面板，然后更改笔触颜色为【#2CFF00】，此时椭圆形的笔触颜色随之产生变化，如图3-13所示。

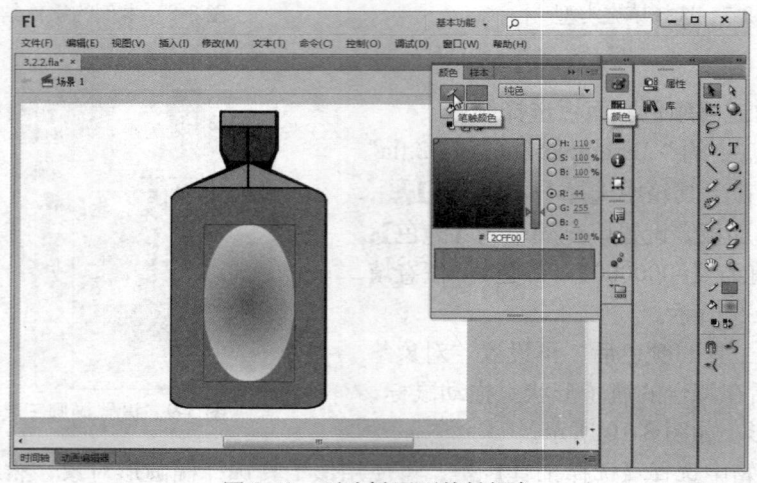

图3-13 更改椭圆形笔触颜色

3.2.3 使用调色板

每个Flash文件都包含自己的调色板，该调色板存储在Flash文档中。在默认的情况下，调色板是216色的Web安全调色板，如图3-14所示。

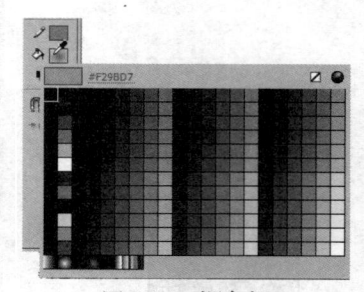

图3-14 调色板

上机实战 使用调色板选择颜色

1 在【工具箱】面板中选择工具，然后单击【笔触颜色】按钮或单击【填充颜色】按钮可打开调色板，如图3-15所示。

2 选择调色板的颜色方块，即可选择到该方块所定义的颜色，如图3-15所示。

3 在颜色数值中单击，然后输入颜色数值，也可以定义颜色，如图3-16所示。

4 单击调色板上的【颜色挑选器】按钮，可以打开【颜色】对话框，并通过对话框选择颜色，如图3-17所示。

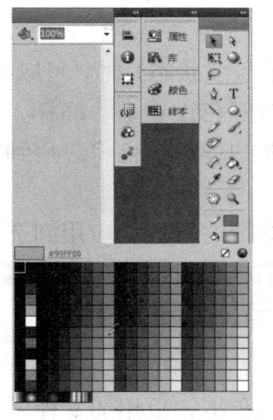

图 3-15　通过调色板选择颜色 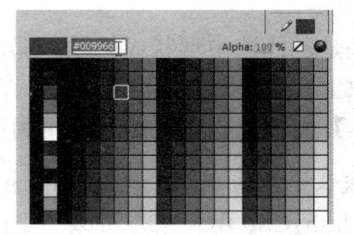　　　　　　　　图 3-16　通过输入数值选择颜色

5　单击【没有颜色】按钮，可以设置无颜色，或清除所有笔触颜色和填充颜色。设置 Alpha 的数值，可以设置颜色的不透明度，如图 3-18 所示。

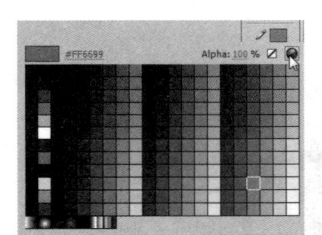

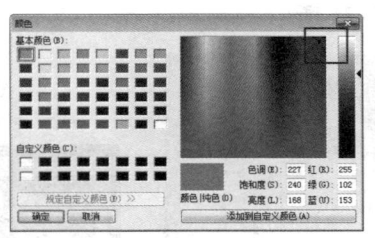

图 3-17　通过颜色挑选器选择颜色 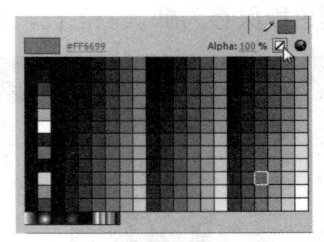　　　　　　图 3-18　设置无颜色和颜色不透明度

3.2.4　使用【样本】面板

【样本】面板默认放置了 Flash CS6 的 252 种单色和 7 种渐变色样本，可以快速从【样本】面板中选择一种颜色，然后应用到待创建对象或舞台中现有对象的笔触上，或者填充对象的颜色。

选择【窗口】｜【样本】命令，或者按下 Ctrl+F9 快捷键，可以打开如图 3-19 所示的【样本】面板。

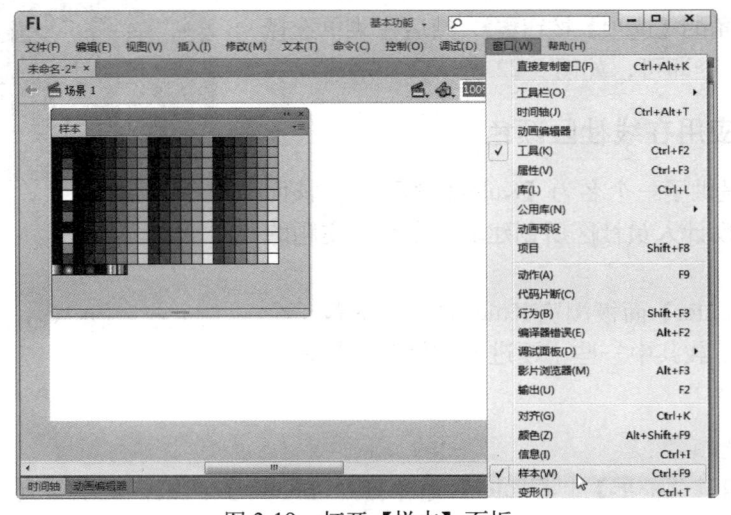

图 3-19　打开【样本】面板

1. 设置颜色

当【颜色】面板的【笔触颜色】按钮 被按下（即处于激活状态）时，可以打开【样本】面板，选择需要的颜色样本，即可将该样本颜色应用在笔触颜色设置上。同样，如果工具箱的【填充颜色】按钮 被按下时，通过【样本】面板中选择的样本颜色将应用到填充颜色设置上。

如果是已经选中形状或笔触，那么通过【样本】面板选择的颜色会应用到选中的形状或笔触对象上。选择舞台上的桌面形状，再按下【颜色】面板的【填充颜色】按钮 ，然后通过【样本】面板选择颜色即可应用到形状上，如图 3-20 所示。

2. 默认调色板和 Web 安全调色板

在 Flash CS6 中，用户可以将当前调色板保存为默认调色板，也用为文件定义的默认调色板替换当前调色板或者加载 Web 安全调色板以替换当前调色板。

在【样本】面板中单击右上角的【选项】按钮 ，然后打开的菜单中选择【加载默认颜色】命令，即可用默认调色板替换当前调色板。如果选择【保存为默认值】命令，即可将当前调色板保存为默认调色板，如图 3-21 所示。

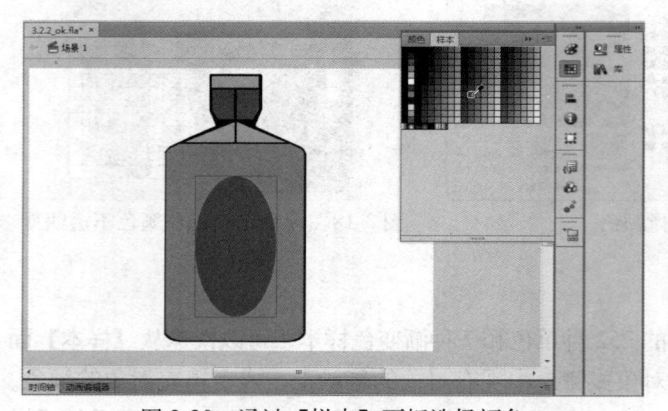

图 3-20 通过【样本】面板选择颜色

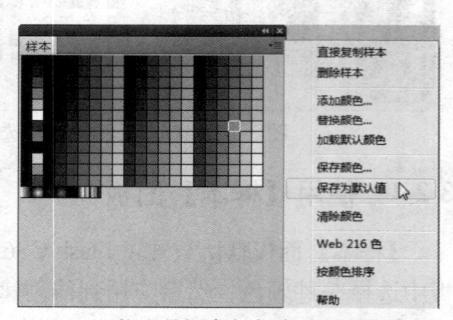

图 3-21 将当前调色板保存为默认调色板

如果要加载 Web 安全 216 色调色板，可以在【样本】面板中单击右上角的【选项】按钮 ，然后在菜单选择【Web 216 色】命令即可，如图 3-22 所示。

3.2.5 选择和应用在线社区颜色

Flash CS6 提供了一个名为【Kuler】的面板，该面板是访问由在线设计人员社区所创建的颜色组、主题的入口。

可以通过【Kuler】面板浏览 Kuler 社区上的数千个颜色主题，然后下载其中一些主题进行编辑或包括在自己的项目中。

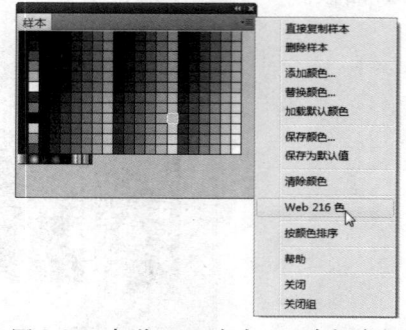

图 3-22 加载 Web 安全 216 色调色板

1.【浏览】选项卡

通过【窗口】|【扩展】|【Kuler】命令打开【Kuler】面板，可以看到该面板包含【关于】、【浏览】与【创建】3 个选项卡，其中【关于】选项卡介绍了【Kuler】面板。【浏览】

选项卡可以在线浏览 kuler 社区（网址：kuler.adobe.com，是一个关于色彩和灵感的在线社区，可以在该社区搜索、创建和共享颜色主题）的颜色主题，并可以将颜色主题添加到【样本】面板中，如图 3-23 所示。

2.【创建】选项卡

【创建】选项卡提供了多种用于创建主题或编辑主题的工具，可以通过下列方法编辑颜色主题。如图 3-24 所示为【Kuler】面板的【创建】选项卡。

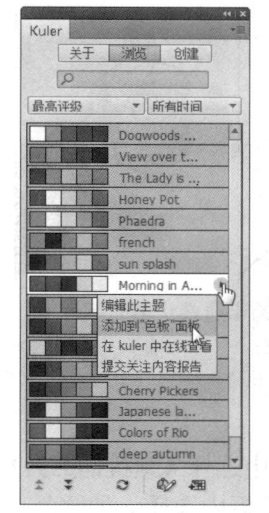

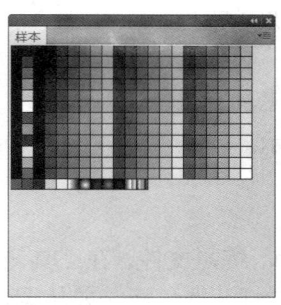

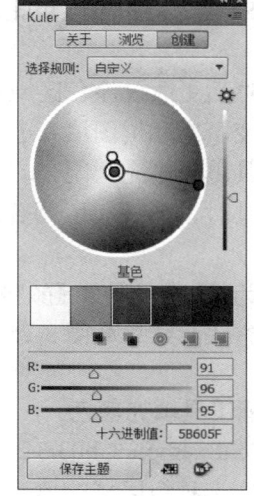

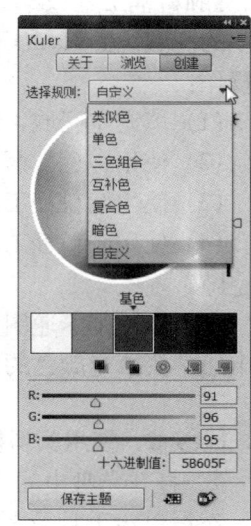

图 3-23　将颜色主题添加到【样本】面板　　图 3-24　【Kuler】面板的【创建】选项卡

从【选择规则】下拉列表框中选择协调规则。颜色协调规则将基色用作生成颜色组中的颜色的基础。例如，如果选择蓝色基色和【补色】颜色协调规则，则将使用基色（蓝色）及其补色（红色）创建一个颜色组。

（1）选择自定规则创建一个使用自由调整的主题。

（2）处理色轮中的颜色。进行调整的同时，选定的协调规则继续管理为颜色组生成的颜色。

（3）移动色轮旁边的【亮度】滑块可以调节颜色亮度。

（4）沿色轮周围拖动【基色】标记（最大的双环颜色标记）可以设置基色，也可以调整对话框底部的颜色滑块来设置基色。

（5）将颜色组中的其他四种颜色之一设置为基色（选择颜色色板并单击颜色组下方的靶心按钮）。

（6）将主应用程序的前景色/背景色或笔触颜色/填充颜色设置为基色（单击颜色组下方的前两个按钮中的一个按钮）。

（7）选择颜色色板并单击颜色组下方的【删除颜色】按钮以从颜色组删除颜色。

（8）选择一个空的颜色色板并单击【添加颜色】按钮以添加新的颜色。

（9）选择新的协调规则或移动色轮中的标记以尝试不同的颜色效果。

（10）双击颜色组中的任一色板，设置应用程序中的现用颜色（前景色/背景色或笔触颜色/填充颜色）。

3.3 颜色工具的使用

除了使用【颜色】面板和【样本】面板等方式来选择和应用颜色，还可以使用其他颜色工具来选择和应用颜色。

3.3.1 使用颜料桶工具

【颜料桶工具】的作用是用颜色填充封闭或不完全封闭的区域。在 Flash CS6 中，用户可以用此工具执行以下操作：

(1) 填充空区域，然后更改已涂色区域的颜色。
(2) 使用纯色、渐变填充和位图填充进行涂色。
(3) 使用颜料桶工具填充不完全闭合的区域。
(4) 使用颜料桶工具时，让 Flash 闭合形状轮廓上的空隙。

下面以一个卡通图为例，介绍使用【颜料桶工具】为卡通拳头填充颜色的方法，结果如图 3-25 所示。

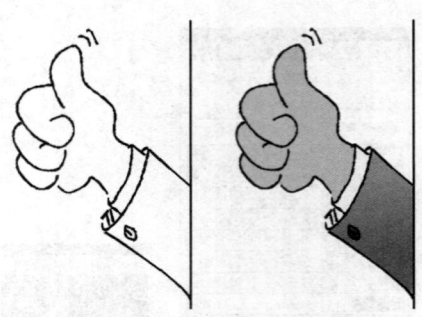

图 3-25　为卡通拳头填充颜色

上机实战　使用颜料桶工具填充颜色

1 打开光盘中的"..\Example\Ch03\3.3.1.fla"练习文件，在工具箱中选择【颜料桶工具】，然后单击工具箱下方选项组区域的填充色块打开调色板，并从调色板中选择一种颜色，接着打开【空隙大小】列表框，选择【封闭中等空隙】选项，如图 3-26 所示。

2 使用【颜料桶工具】在卡通插图的拳头空白位置上单击，填充设置的颜色，使用相同的方法，填充全部拳头空白部分，如图 3-27 所示。

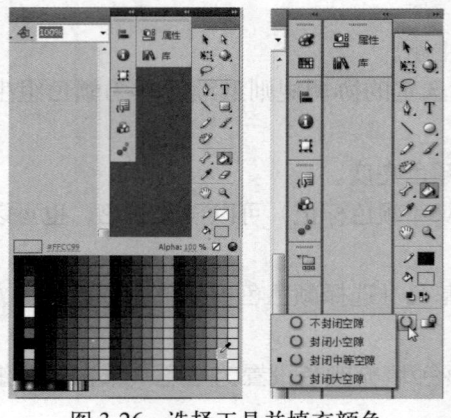

图 3-26　选择工具并填充颜色　　　　　　图 3-27　填充颜色

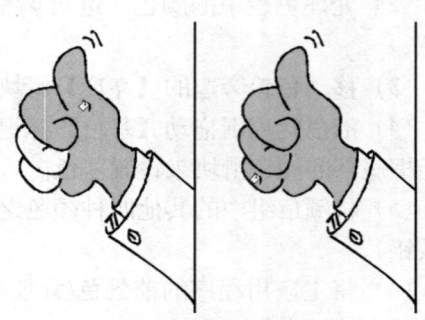

TIPS　【空隙大小】列表框中各个选项的功能介绍如下。

- 【不封闭空隙】：不自动封闭所选区域的间隙，所以无法填充未封闭的区域。
- 【封闭小空隙】：自动封闭所选区域的小间隙，然后填充颜色。
- 【封闭中等空隙】：自动封闭所选区域的中等间隙，然后填充颜色。
- 【封闭大空隙】：自动封闭所选区域的大间隙，然后填充颜色。

3 维持选择【颜料桶工具】 的状态，然后打开【颜色】面板并更改填充类型，接着按下【填充颜色】按钮 ，设置渐变样本栏的颜色，如图 3-28 所示。

4 使用【颜料桶工具】 在卡通插图封闭区域上单击，填充渐变颜色，如图 3-29 所示。

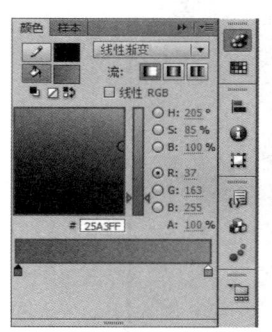

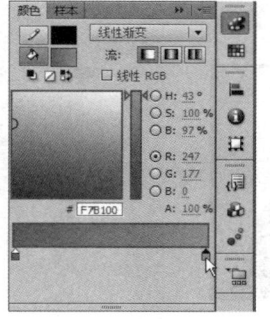

图 3-28　更改填充类型和颜色　　　　　　　图 3-29　填充衣服的渐变颜色

5 在默认的情况下，线性渐变颜色从左到右变化，此时可以使用【颜料桶工具】 在卡通插图衣服区域中从上到下拖动填充颜色，使颜色从上到下产生渐变，如图 3-30 所示。

6 打开调色板，再设置填充颜色为【红色】，然后使用【颜料桶工具】 在衣服的纽扣空白位置上单击，为纽扣填充红色，如图 3-31 所示。

图 3-30　更改渐变的方向　　　　　　　　　图 3-31　填充纽扣的颜色

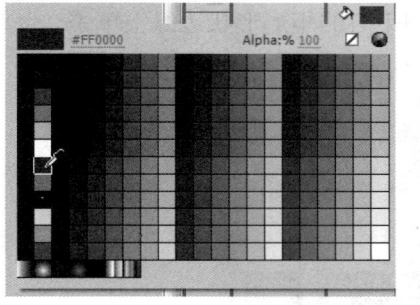

3.3.2　使用墨水瓶工具

【墨水瓶工具】 可以用于更改线条或形状轮廓的笔触颜色、宽度和样式，也可以为没有外部轮廓的图形添加外部轮廓线。

【墨水瓶工具】的使用非常简单，选择【墨水瓶工具】 后，单击舞台上的形状就能为其添加或更改笔触。

使用【墨水瓶工具】的【属性】面板还能设置笔触的颜色、粗细和样式等内容，设置这些属性后，可以应用到形状上，从而改变形状笔触的颜色和样式

上机实战　使用墨水瓶工具填充笔触

1 打开光盘中的"..\Example\Ch03\3.3.2.fla"练习文件，然后在工具箱中选择【墨水瓶工具】 ，在【颜色】面板中设置笔触颜色为【黑色】，如图 3-32 所示。

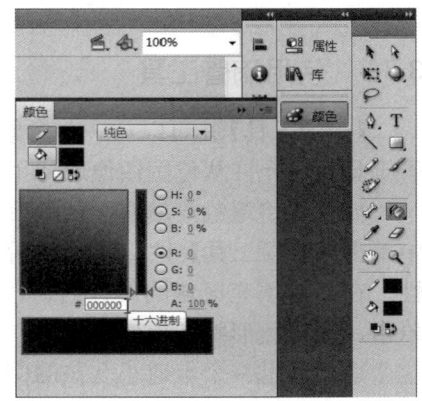

图 3-32　设置笔触颜色

2 打开【属性】面板,在【属性】面板上设置笔触高度为 5、样式为【实线】,接着在卡通插图的矩形形状边缘上单击,为其添加笔触,如图 3-33 所示。

图 3-33 为上方矩形形状添加笔触

3 单击工具箱下方选项组的笔触颜色方块,打开调色板后更改笔触颜色为【#FF00FF】,如图 3-34 所示。

4 在卡通插图下方的矩形形状边缘上单击,为其添加相同颜色的笔触,如图 3-35 所示。

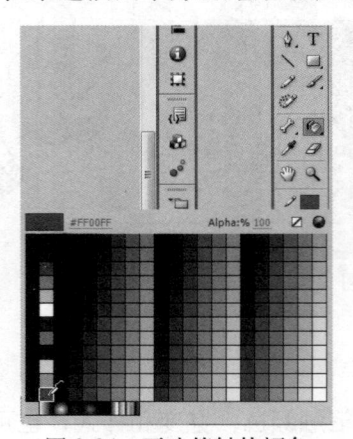

图 3-34 更改笔触的颜色 　　　　图 3-35 为下方矩形添加笔触

3.3.3 使用滴管工具

【滴管工具】可以从一个对象复制填充和笔触属性,然后将它们应用到其他对象上。【滴管工具】还允许从位图图像取样用作填充。

如果要将笔触或填充区域的属性应用到另一个笔触或填充区域,可以在【工具箱】面板中单击【滴管工具】按钮,然后单击要复制其属性的笔触或填充区域,即可复制目标的属性。在复制填充区域的属性后,该工具就自动变成【颜料桶工具】,此时在其他填充形状中单击,即可让形状应用属性。

下面通过一个卡通小女孩的例子,介绍使用【滴管工具】复制填充颜色并应用到其他形状对象上的方法。如图 3-36 所示为复制与应用填充颜色后的对比。

第 3 章　Flash 插图颜色的处理　59

上机实战　复制与应用填充和笔触

　　1　打开光盘中的"..\Example\Ch03\3.3.3.fla"练习文件，然后在工具箱中选择【滴管工具】 ，将鼠标移到舞台的插图的书本形状上，单击复制该形状的填充颜色，如图 3-37 所示。

图 3-36　复制与应用填充　　　　　　　　图 3-37　复制填充颜色

　　2　在复制形状的填充颜色后，鼠标将变成 图标并且工具箱切换到【颜料桶工具】 。此时将鼠标移到小女孩插图面部的空白位置上，单击填充复制到的颜色，如图 3-38 所示。

　　3　保持复制到颜色并可以应用的状态，使用步骤 2 的方法，为小女孩插图的其他身体部位应用填充颜色，结果如图 3-39 所示。

图 3-39　为其他身体部位应用填充颜色　　　　图 3-38　应用复制到的颜色

　　4　在工具箱中选择【滴管工具】 ，将鼠标移到插图的书包形状上，单击复制该形状的填充颜色，接着将鼠标移到小女孩插图鞋子和裤子形状上单击，填充复制到的颜色，如图 3-40 所示。

　　5　在工具箱中选择【滴管工具】 ，将鼠标移到插图的红色形状上，单击复制该形状的填充颜色，接着将鼠标移到小女孩插图的上衣和裤子下方的空白区域上单击，填充复制到的颜色，如图 3-41 所示。

图 3-40　复制并应用填充颜色

图 3-41　再次复制并应用填充颜色

> 使用【选择工具】选择形状 A 的填充区域（或笔触）后，再使用【滴管工具】复制形状 B 的填充颜色（或笔触颜色），A 的填充颜色（或笔触颜色）会自动变成 B 的填充颜色（或笔触颜色）。

3.4　填充颜色的修改

在为插图填充颜色后，可以更改填充颜色。

3.4.1　利用当前颜色样本修改渐变

通过【颜色】面板的【当前颜色样本】栏，可以修改图形的渐变颜色效果，包括修改渐变颜色，增加或删除渐变指针，调整渐变指针的位置等。

下面将通过使用【颜色】面板的【当前颜色样本】栏修改插图形状渐变颜色，如图 3-42 所示为原插图与修改渐变颜色后的插图。

图 3-42　原插图与修改渐变颜色后的插图

上机实战　使用当前颜色样本修改渐变颜色

1　打开光盘中的"..\Example\Ch03\3.4.1.fla"练习文件，然后在工具箱中选择【选择工具】，并选择舞台上卡通人物的衣服形状，如图 3-43 所示。

2　打开【颜色】面板，然后将填充类型更改为【线性渐变】，如图 3-44 所示。更改填充颜色的填充类型后，选定的形状颜色会随之变化。

3　选择【当前颜色样本】栏左端的颜色控点，然后在系统颜色选择器上单击选择一种合适的颜色（或者直接输入颜色的数值），接着选择【当前颜色样本】栏右端的颜色控点，设置另一种颜色，如图 3-45 所示。

图 3-43　选择修改颜色的形状对象　　　　　图 3-44　更改填充颜色类型

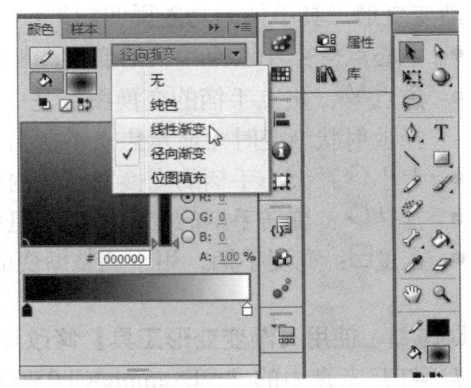

4 在【当前颜色样本】栏靠左的位置上单击，添加一个新的颜色控点，然后设置该控点的颜色，如图 3-46 所示。

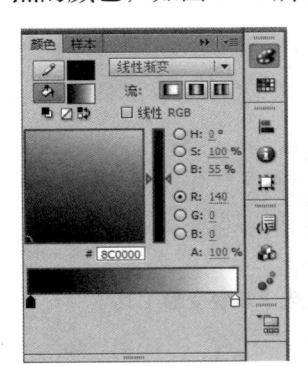

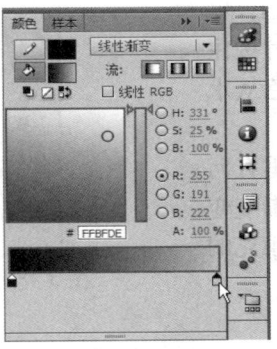

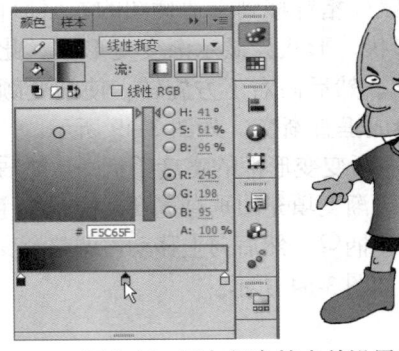

图 3-45　设置渐变颜色　　　　　　　　图 3-46　添加颜色控点并设置颜色

3.4.2　利用渐变变形工具修改渐变

【渐变变形工具】的作用是调整填充的大小、方向或者中心，使渐变填充产生变形，从而修改渐变填充颜色的效果。

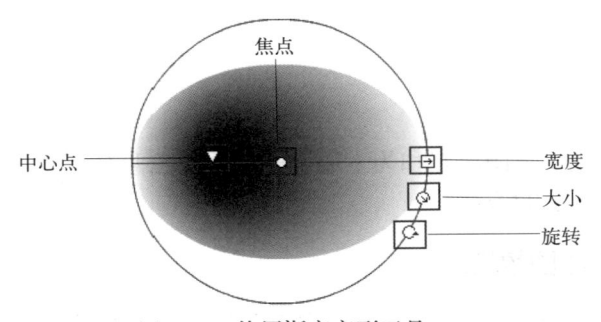

使用【渐变变形工具】作用在插图对象时，对象会显示变形框以及变形手柄，可以通过调整变形手柄来达到修改渐变颜色或位图的目的。如图 3-47 所示为编辑【径向渐变】类型的填充时出现的变形手柄。需要注意的是，并非所有填充的渐变变形框都会出现 5 个变形手柄，对于【线性】类型的渐变填充和位图填充，默认只会出现中心点、大小和焦点 3 个手柄。

图 3-47　使用渐变变形工具

渐变变形工具手柄的功能说明如下：
- 中心点⊕：中心点手柄的变换图标是一个四向箭头，用于调整渐变中心的位置。
- 焦点▽：焦点手柄的变换图标是一个倒三角形，用于调整渐变焦点的方向（仅在选择放射状渐变时才显示焦点手柄）。
- 大小⊙：大小手柄的变换图标是内部有一个箭头的圆圈，用于调整渐变范围的大小。
- 旋转↻：旋转手柄的变换图标是组成一个圆形的四个箭头，用于调整渐变的旋转。
- 宽度⇥：宽度手柄，用于调整渐变的宽度。

上机实战　使用【渐变变形工具】修改渐变

1　打开光盘中的 "..\Example\Ch03\3.4.2.fla" 练习文件，然后在工具箱中长按【任意变形工具】按钮，直到弹出列表框后，选择【渐变变形工具】，如图3-48所示。

2　将鼠标指针移到卡通插图的衣服形状上，单击选择到形状，形状会显示渐变变形框。此时按住旋转手柄↻，然后向右下方旋转，使渐变颜色从水平渐变转换成垂直渐变，如图3-49所示。

3　按住渐变变形框的宽度手柄⇥，然后垂直向下移动，扩大渐变填充的垂直宽度，接着按住渐变变形框的中心手柄⊕，然后向上移动，调整渐变填充的中心位置，如图3-54所示。

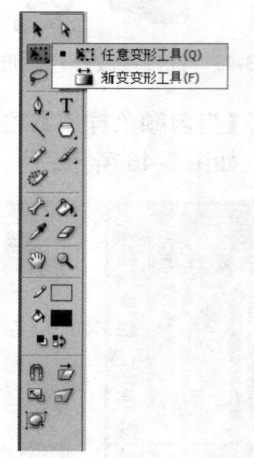

图3-48　选择渐变变形工具

图3-49　旋转渐变方向　　　　图3-50　调整渐变宽度和中心点位置

3.5　课堂实训

下面通过为插图应用位图填充和为卡通刷子插图上色两个范例，介绍在Flash CS6中为插图填充颜色和修改颜色的方法。

3.5.1　为插图应用位图填充

使用绘图工具创建插图时，一般会使用纯色或渐变颜色填充形状，但有时需要使用位图作为填充内容，此时可以通过【颜色】面板来设置位图填充，或将选定形状的填充更改为位图。

下面通过为卡通女孩更换花纹裙子，介绍通过【颜色】面板设置位图填充并应用位图填充的方法。如图 3-51 所示为卡通女孩更换花纹裙子的结果。

图 3-51　卡通女孩更换花纹连衣裙的对比效果

上机实战　为插图应用位图填充

1　打开光盘中的"..\Example\Ch03\3.5.1.fla"练习文件，然后打开【颜色】面板，更改填充颜色的类型为【位图填充】，接着在打开的【导入到库】对话框中选择位图文件，如图 3-52 所示。

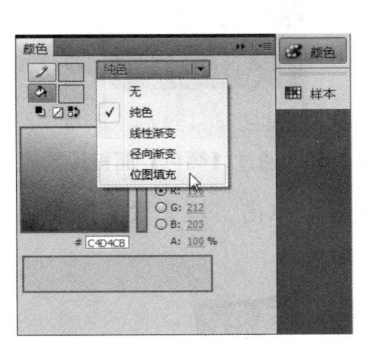

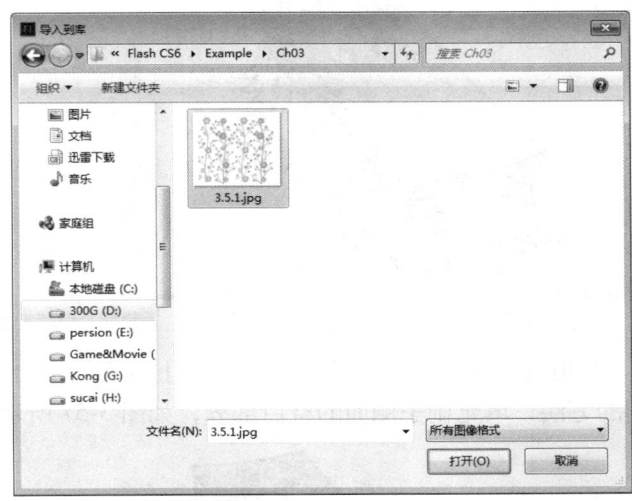

图 3-52　设置位图填充

2　在工具箱中选择【颜料桶工具】，然后打开【颜色】面板，按下【填充颜色】按钮并确认当前填充为位图，如图 3-53 所示。

3　将鼠标指针移到卡通女孩的裙子形状上，然后单击形状填充位图，接着将鼠标指针裙子的花边形状上，再次单击形状填充位图，使填充位图的形状构成连衣裙效果，如图 3-54 所示。

图 3-53 选择工具并设置当前填充 　　　　　　图 3-54 为形状填充位图

3.5.2 为卡通刷子插图上色

下面通过为卡通刷子填充和修改颜色，介绍使用【颜料桶工具】填充颜色和通过【颜色】面板修改填充的方法。如图 3-55 所示为卡通刷子填充颜色的结果。

上机实战　为卡通插图填充和修改颜色

1 打开光盘中的"..\Example\Ch03\3.5.2.fla"练习文件，然后打开【颜色】面板，更改填充颜色的类型为【纯色】，接着设置颜色为【#CC6600】，如图 3-56 所示。

图 3-55 为卡通刷子填充颜色的结果 　　　　图 3-56 通过【颜色】面板设置颜色

2 使用【颜料桶工具】 在刷子插图上表面的空白位置上单击，填充设置的颜色，使用相同的方法，填充刷子侧面的空白部分，如图 3-57 所示。

图 3-57 填充刷子手柄的颜色

3 使用步骤 1 和步骤 2 的方法，更改填充颜色为【#FFFF99】，然后为刷子的刷毛部分填充颜色，如图 3-58 所示。

4 更改填充颜色为【#FFCC00】，然后使用【颜料桶工具】为刷子手柄表面的眼睛空白区域进行填充颜色，结果如图 3-59 所示。

图 3-58　填充刷毛区域的颜色 　　　　　图 3-59　填充眼睛区域的颜色

5 使用【选择工具】选择到刷子表面的填充形状，然后打开【颜色】面板并更改填充类型为【线性渐变】，如图 3-60 所示。

图 3-60　选择填充形状并更改填充类型

6 选择【颜色】面板颜色样本轴左端的色标，然后设置该色标颜色为【#DB6402】，接着选择颜色样本轴右端的色标，并设置该色标的颜色为【#FFFF98】，如图 3-61 所示。

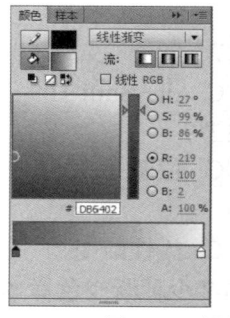

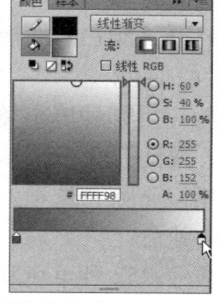

图 3-61　设置渐变颜色

7 在工具箱中长按【任意变形工具】按钮，直到弹出列表框后，选择【渐变变形工具】，然后将鼠标指针移到卡通刷子渐变填充形状上，单击选择形状，接着按住旋转手柄，再向右下方旋转，使渐变颜色从水平渐变转换成垂直渐变，如图 3-62 所示。

图 3-62　更改渐变颜色的方向

3.6　本章小结

本章主要介绍了 Flash 的颜色模型和颜色的选择以及填充和修改颜色等方法，其中包括使用【颜色】面板、【样本】面板和调色板选择颜色；使用多种工具填充颜色和修改颜色等。

3.7　习题

一、填充题

1. Flash 是通过＿＿＿＿和＿＿＿＿两种颜色模型来描述颜色的。
2. HSB 模式中的 H、S、B 分别表示＿＿＿＿、＿＿＿＿、＿＿＿＿。
3. RGB 颜色模型由＿＿＿＿、＿＿＿＿和＿＿＿＿ 3 种原色组合而成。
4. 在 Flash 中，一般使用＿＿＿＿来定义颜色，也就是说每种颜色都使用唯一的＿＿＿＿来表示。
5. 在默认的情况下，调色板是＿＿＿＿的 Web 安全调色板。

二、选择题

1. 按下什么快捷键可以打开【颜色】面板？　　　　　　　　　　　　　　　　　（　　）
 A. Shift+F8　　　　B. Ctrl+F8　　　　C. Alt+ Shift +F9　　　D. Shift+F9
2. 对直线或形状轮廓只能应用哪种填充类型？　　　　　　　　　　　　　　　　（　　）
 A. 纯色　　　　　　B. 线性渐变　　　　C. 位图　　　　　　　D. 径向渐变
3. 颜色的填充类型不包括以下哪种选项？　　　　　　　　　　　　　　　　　　（　　）
 A. 无　　　　　　　B. 纯色　　　　　　C. 线性渐变　　　　　D. 螺旋状渐变
4.【样本】面板默认放置了 252 种单色和多少种渐变色样本？　　　　　　　　　（　　）
 A. 5 种　　　　　　B. 7 种　　　　　　C. 10 种　　　　　　　D. 20 种

5. 以下哪个工具可以用于更改线条或形状轮廓的笔触颜色、宽度和样式？　　　　（　　）
   A. 墨水瓶工具　　　　　　　　　　B. 颜料桶工具
   C. 渐变边形工具　　　　　　　　　D. 选择工具

三、操作题

使用【颜色】面板和填充颜色的工具，为练习文件的插图草图填充颜色，如图3-63所示。

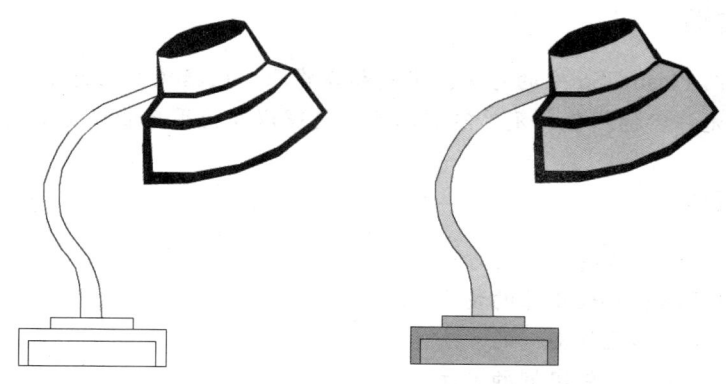

图3-63　为插图草图填充颜色的结果

提示：

（1）打开光盘中的"..\Example\Ch03\3.7.fla"练习文件，然后打开【颜色】面板，再更改填充颜色的类型为【纯色】，接着设置颜色。

（2）使用【颜料桶工具】在插图草图的空白位置上单击，填充设置的颜色。

（3）使用相同的方法，适当更改填充颜色，然后为插图草图的其他空白部分填充颜色。

第 4 章　元件、实例和库资源

教学提要

本章主要介绍 Flash CS6 中的元件、实例和库资源，包括文件的类型。元件的创建和编辑、交换和分离元件实例、各种元件实例的变形处理以及使用库管理资源的方法。

教学重点

- 掌握创建元件和编辑元件的方法
- 掌握使用【库】管理资源的技巧
- 掌握创建与编辑元件实例的方法
- 掌握交换和分离元件实例的方法
- 掌握各种元件实例变形处理的技巧

4.1　在 Flash 中使用元件

元件是指在 Flash 创作环境中或使用 Button（AS 2.0）、SimpleButton（AS 3.0）和 MovieClip 类创建过一次的图形、按钮或影片剪辑。当创建这些元件后，可以在整个文档或其他文档中重复使用这些元件。在 Flash 中，常用的元件有图形元件、按钮元件和影片剪辑元件。

4.1.1　元件的类型

在 Flash CS6 中，每个元件都有一个唯一的时间轴、舞台以及图层。可以将帧、关键帧和图层添加至元件时间轴，就像可以将它们添加至主时间轴一样。如图 4-1 所示为不同元件在【库】面板中的显示形式。

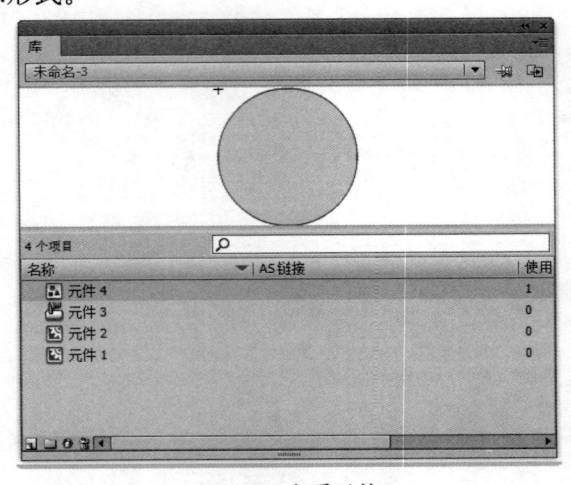

图 4-1　查看元件

在创建元件时，需要选择元件类型，具体元件类型说明如下。
- 图形元件■：可用于静态图像，并可用来创建连接到主时间轴的可重用动画片段。图形元件与主时间轴同步运行。另外，交互式控件和声音在图形元件的动画序列中是不起作用的，而且图形元件在 Flash 文件中的尺寸小于按钮或影片剪辑。
- 按钮元件■：可以创建用于响应鼠标单击、滑过或其他动作的交互式按钮。可以定义与各种按钮状态关联的图形，然后将动作指定给按钮实例。
- 影片剪辑元件■：可以创建可重用的动画片段。影片剪辑拥有各自独立于主时间轴的多帧时间，可以将多帧时间轴看作是嵌套在主时间轴内，它们可以包含交互式控件、声音甚至其他影片剪辑实例。另外，也可以将影片剪辑实例放在按钮元件的时间轴内创建动画按钮，甚至可以使用 ActionScript 对影片剪辑进行改编。

4.1.2 创建元件

在 Flash 中，可以通过舞台上选定的对象来创建元件，也可以创建一个空元件，然后在元件编辑模式下制作或导入内容，并在 Flash 中创建字体元件。

1. 将对象转换为元件

在舞台上选择需要转换为元件的对象（例如选择一个矢量图形），然后在对象上单击右键，并从打开的快捷菜单中选择【转换为元件】命令，接着在打开的【转换为元件】对话框中设置元件选项，最后单击【确定】按钮即可将选定的对象转换成元件，如图 4-2 所示。

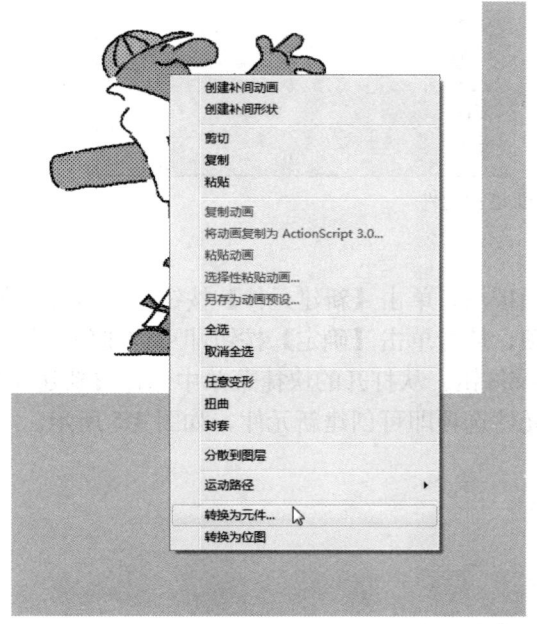

图 4-2　将矢量图形转换为图形元件

> 在【转换为元件】对话框中，可以单击【高级】按钮打开高级选项卡。可以在此设置更多元件属性选项，例如，元件链接标识符、共享 URL 地址、启用 9 切片缩放比例辅助线等，如图 4-3 所示。

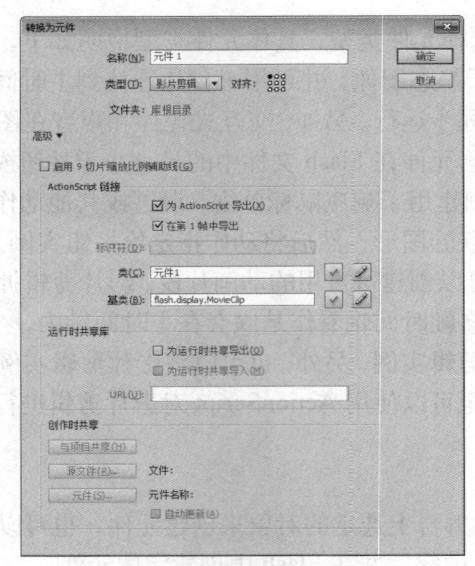

图 4-3　设置元件的高级属性

2. 通过菜单命令创建新元件

打开【插入】菜单，然后选择【新建元件】命令，或者按下 Ctrl+F8 快捷键，打开【创建新元件】对话框后，设置元件的名称、类型选项，接着单击【确定】按钮即可创建新元件，如图 4-4 所示。

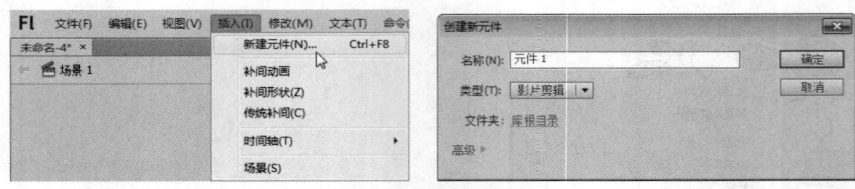

图 4-4　创建新元件

3. 通过【库】面板创建新元件

选择【窗口】|【库】命令，打开【库】面板后，单击【新建元件】按钮，打开【创建新元件】对话框，设置元件的名称、类型选项，接着单击【确定】按钮即可创建新元件。

此外，还可以单击【库】面板右上角的按钮，从打开的快捷菜单中选择【新建元件】命令，接着通过【创建新元件】对话框设置元件选项即可创建新元件，如图 4-5 所示。

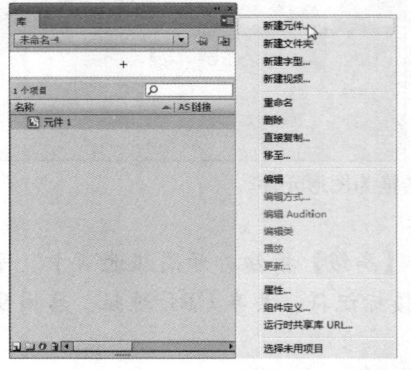

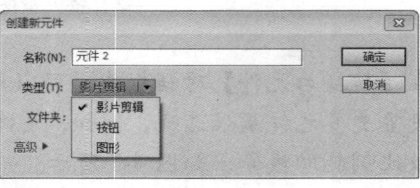

图 4-5　通过【库】面板创建新元件

4.1.3 创建按钮元件

按钮实际上是四帧的交互影片剪辑。在为元件选择按钮行为时，Flash 会创建一个包含四帧的时间轴，前三帧显示按钮的 3 种可能状态，第四帧定义按钮的活动区域，如图 4-6 所示。按钮元件的时间轴实际上并不播放，它只是对指针运动和动作做出反应，跳转到相应的帧。

图 4-6 按钮元件的编辑窗口

按钮元件的时间轴上的每一帧都有一个特定的功能：
（1）第一帧是弹起状态，代表指针没有经过按钮时该按钮的状态。
（2）第二帧是指针经过状态，代表指针滑过按钮时该按钮的外观。
（3）第三帧是按下状态，代表单击按钮时该按钮的外观。
（4）第四帧是点击状态，定义响应鼠标单击的区域。此区域在 SWF 文件中是不可见的。

本例通过创建一个弹起状态和指针经过状态下的图形颜色不相同的按钮元件，介绍创建按钮元件的方法。

上机实战 创建按钮元件的操作步骤如下。

1 打开光盘中的"..\Example\Ch04\4.1.3.fla"练习文件，然后选择【插入】|【新建元件】命令，在打开的【创建新元件】对话框中设置元件的名称、类型选项，接着单击【确定】按钮，如图 4-7 所示。

2 选择【窗口】|【库】命令，打开【库】面板后将【按钮图形 1】图形元件加入编辑窗口，如图 4-8 所示。

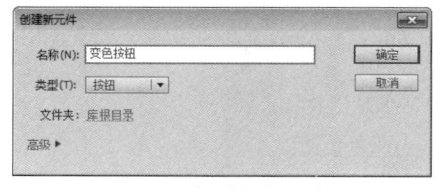

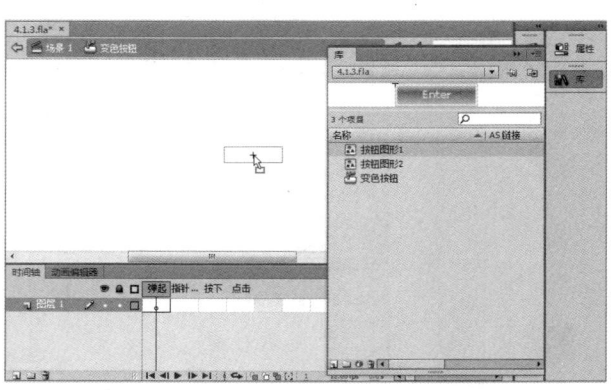

图 4-7 新建按钮元件　　　　　图 4-8 加入【按钮图形 1】图形元件

3 在"指针经过"状态帧上按下 F6 功能键插入关键帧,然后删除该状态帧下的图形元件,接着将【库】面板的【按钮图形 2】图形元件加入编辑窗口,如图 4-9 所示。

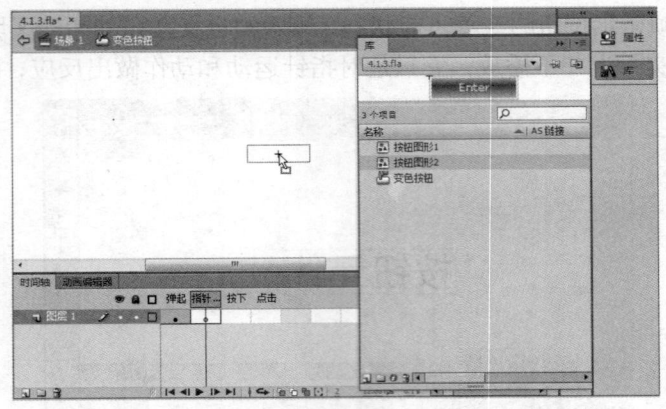

图 4-8 插入关键帧并加入【按钮图形 2】图形元件

4 在"点击"状态帧上插入关键帧,然后在工具箱中选择【矩形工具】,并设置笔触颜色为【无】、填充颜色为【红色】,接着在按钮图形上绘制一个矩形,作为按钮元件响应鼠标单击的区域,如图 4-10 所示。

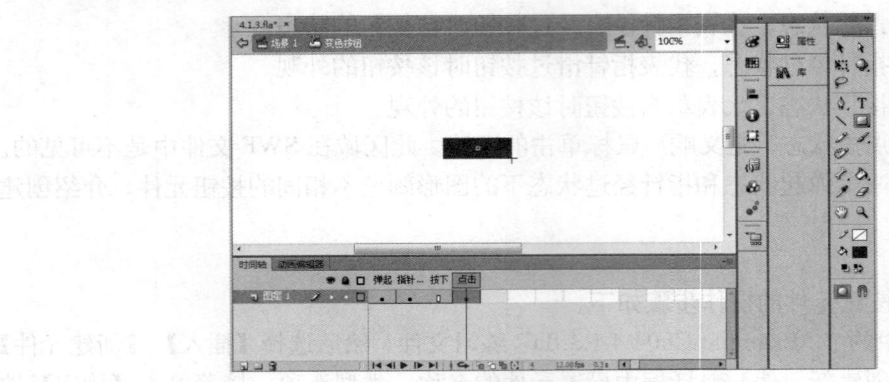

图 4-10 绘制响应鼠标单击的区域图形

5 单击编辑窗口上的【场景 1】按钮,返回场景中,然后将新增的按钮元件加入舞台,如图 4-11 所示。

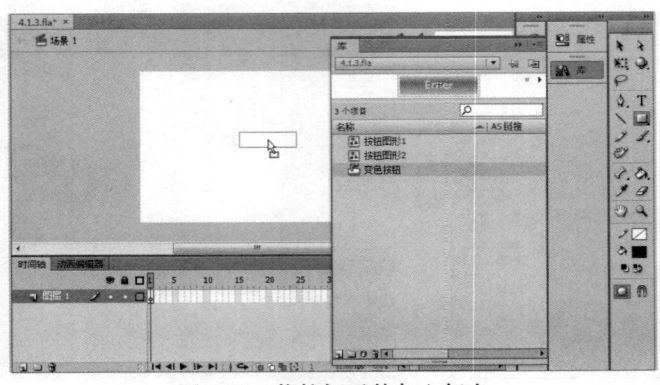

图 4-11 将按钮元件加入舞台

6 将按钮元件加入舞台后，按下 Ctrl+Enter 快捷键测试按钮播放的效果，如图 4-12 所示。

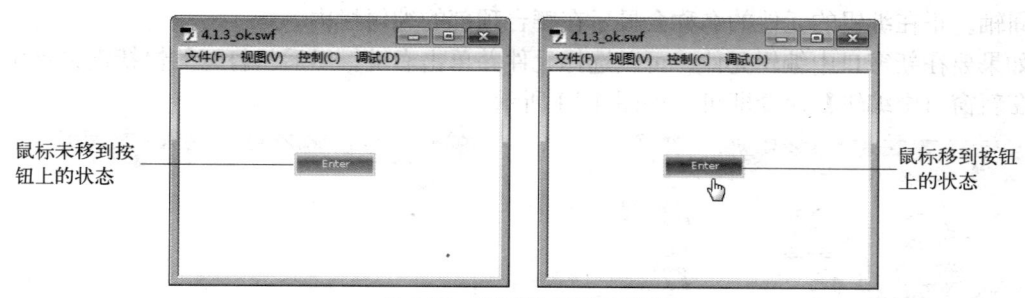

鼠标未移到按钮上的状态

鼠标移到按钮上的状态

图 4-12 测试按钮播放效果

> 默认情况下，Flash 在创建按钮时会将它们保持在场景中处于禁用状态，从而可以更容易选择和处理这些按钮。当按钮处于禁用状态时，单击该按钮就可以选择它。当按钮处于启用状态时，它会响应已指定的鼠标事件，就如同 SWF 文件正在播放时一样。因此，在将按钮元件加入舞台后，可以直接选择【控制】|【启用简单按钮】命令，启用按钮以便快速测试其效果。测试完成后，可以再次选择该命令，禁用按钮。

4.1.4 编辑元件

在编辑元件时，Flash 会更新文档中该元件的所有实例。可以通过以下方式编辑元件。

1. 在当前位置编辑

在当前位置编辑元件时，元件在舞台上可以与其他对象一起进行编辑，而其他对象以灰显方式出现，从而将它们和正在编辑的元件区别开来。正在编辑的元件的名称显示在舞台顶部的编辑栏内，位于当前场景名称的右侧。

如果要在当前位置编辑元件，可以选择元件，然后在选择【编辑】|【在当前位置编辑】命令，或者直接双击元件即可，如图 4-13 所示。

图 4-13 在当前位置编辑元件

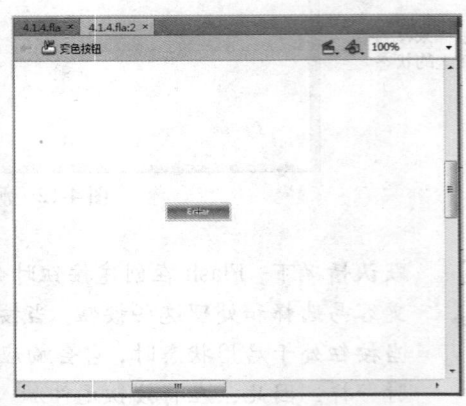

2. 在新窗口中编辑

在新窗口中编辑元件时，可以使元件在单独的窗口中编辑，方便用户同时看到该元件和主时间轴。正在编辑的元件的名称会显示在舞台顶部的编辑栏内。

如果要在新窗口中编辑元件，可以选择元件并单击右键，然后从打开的快捷键菜单中选择【在新窗口中编辑】命令即可，如图4-14所示。

图4-14 在新窗口中编辑元件

3. 使用元件编辑模式编辑元件

在使用元件编辑模式时，可以将窗口从舞台视图更改为只显示该元件的单独视图来编辑它。正在编辑的元件的名称会显示在舞台顶部的编辑栏内，位于当前场景名称的右侧。

如果要元件编辑模式编辑元件，可以选择元件并单击右键，然后从打开的快捷键菜单中选择【编辑】命令即可，如图4-15所示。

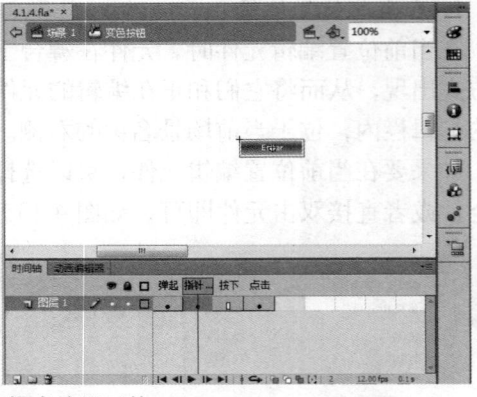

图4-15 使用元件编辑模式编辑元件

> **TIPS** 在编辑元件时，Flash将更新文档中该元件的所有实例，以反映编辑的结果。

4.2 使用【库】管理资源

Flash 文件中的【库】存储了在 Flash 创作环境中创建或在文件中导入的媒体资源，包括元件、位图、视频、声音等。

4.2.1 认识【库】面板

在菜单栏中选择【窗口】|【库】命令（或者按下 Ctrl+L 快捷键），可以打开【库】面板，如图 4-16 所示。【库】面板主要分为 4 个区域，最上方的列表框用于选择当前打开的 Flash 文件。中间的预览窗口用于显示被选择的库资源，下方的库资源列表列出了库中的所有对象，在此可以了解对象的名称、类型、使用次数和链接，面板底部为功能按钮组，包括【新建元件】、【新建文件夹】、【属性】、【删除】等按钮。

图 4-16 【库】面板

4.2.2 新建与使用库文件夹

用可以在【库】面板中使用文件夹来组织项目。当创建一个新元件时，它可以存储在指定的文件夹中。如果没有选定文件夹，该元件就会存储在库的根目录下。

1. 新建与删除文件夹

当库中保存了较多的元件时，可以在【库】面板中新建文件夹，以便组织和管理元件。只需单击【库】面板左下角的【新建文件夹】按钮新建文件夹，然后输入文件夹的名称即可（也可保留默认名称），如图 4-17 所示。删除文件夹的操作很简单，只需选择文件夹，然后单击【删除】即可。

2. 将现有的对象加入文件夹

如果【库】面板的根目录中已经存在元件及其他对象，在需要使用文件夹放置这些元件或对象时，可以选中对象，然后拖到指定的文件夹内，如图 4-18 所示。

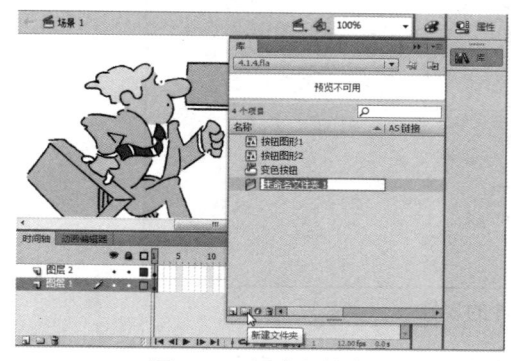

图 4-17 新建文件夹　　　　　图 4-18 将对象加入文件夹

3. 新建元件时指定文件夹

在新建文件夹后，可以在新建元件时指定保存在【库】面板的文件夹内，如图 4-19 所示。

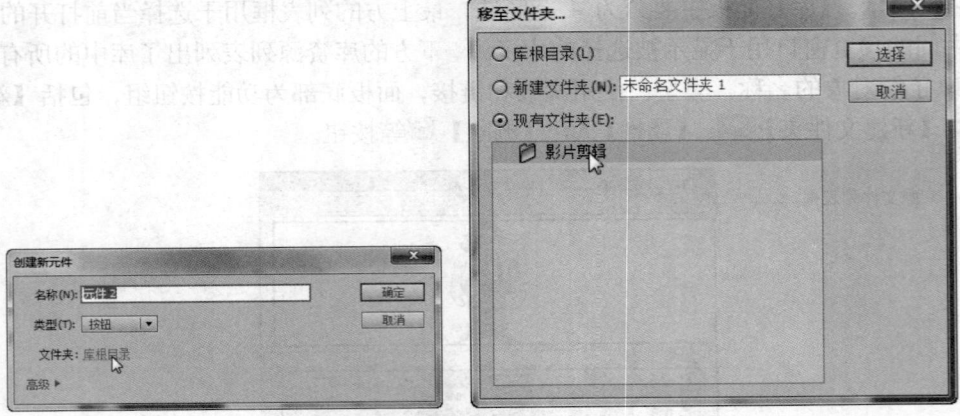

图 4-19 新建文件时指定文件夹

4.2.3 查看库项目的属性

在【库】面板中，可以根据需要查看每个对象的属性，例如查看位图的大小、像素等。在创建元件后，也可以通过【库】面板查看该元件的属性，例如查看元件的类型和设置。

选择该元件，然后单击【库】面板下方的【属性】按钮，或者在元件上单击右键并选择【属性】命令，此时将打开【元件属性】对话框，通过此对话框可以查看元件的属性，如图 4-17 所示。

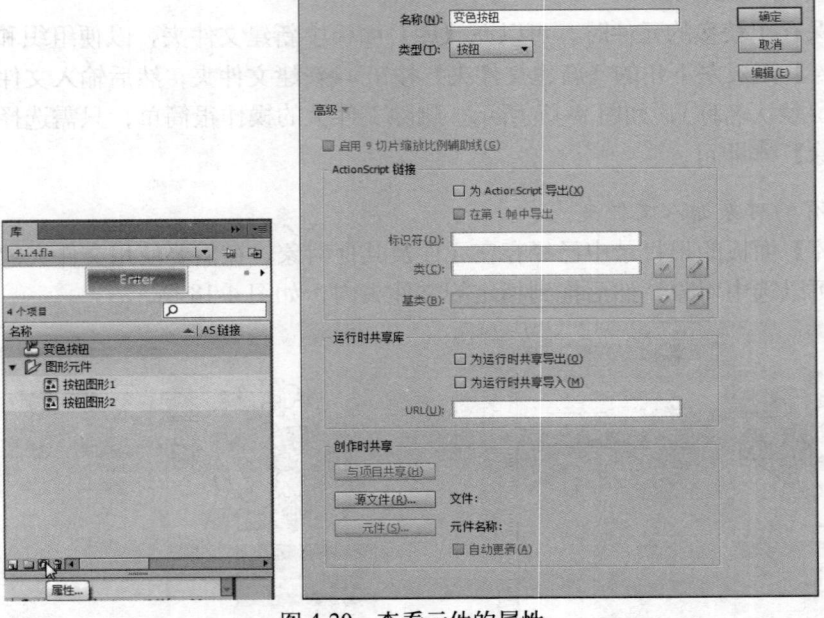

图 4-20 查看元件的属性

如果库项目是位图，则会打开【位图属性】对话框，如图 4-21 所示。

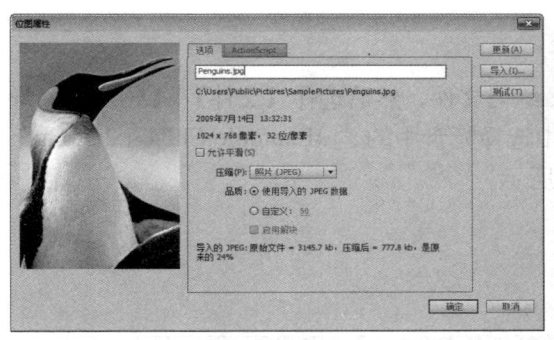

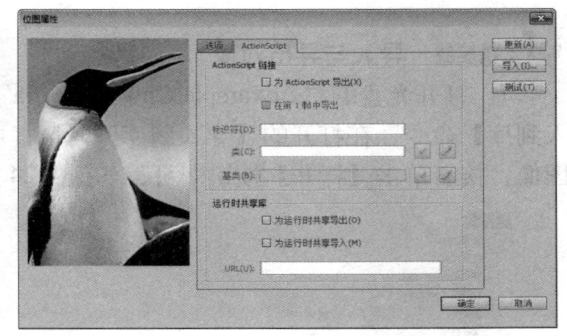

图 4-22　【位图属性】对话框

4.2.4　寻找未使用的库项目

当完成 Flash 文件的编辑后，可以根据需求组织文件，例如查看未使用的库项目，然后将这些项目删除。但需要注意，无须通过删除未使用的库项目来缩小 Flash 文档的文件大小，因为未使用库的项目并不包含在 SWF 文件中。

打开【库】面板，然后单击【库】面板右上角的 按钮，并从打开的快捷菜单中选择【选择未用项目】命令，此时【库】面板窗口中将选中未使用的库项目，如图 4-23 所示。

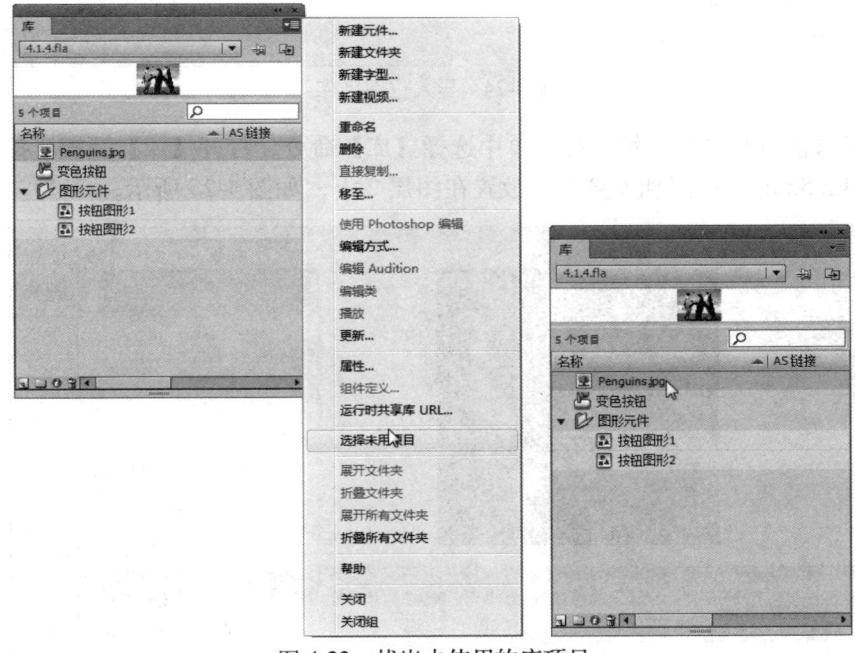

图 4-23　找出未使用的库项目

4.2.5　导入与导出对象

在设计 Flash 动画过程中，可能会用到外部素材，例如使用一些位图素材作为设计的对象。此时，就要通过"导入"功能将外部的对象导入到【库】中。同样，可以将【库】面板中的元件导出成独立的文件。

本例通过将保存在练习文件夹中的位图素材导入到【库】面板，然后将【库】面板中的影片剪辑元件导出，介绍在【库】中导入与导出对象的方法。

上机实战　导入与导出对象

1 打开光盘的 "..\Example\Ch04\4.2.5.fla" 练习文件，然后选择【文件】|【导入】|【导入到库】命令，在打开的【导入到库】对话框中选择光盘中的 "..\Example\Ch04\4.2.5.png" 图像，接着单击【打开】按钮即可，如图 4-24 所示。

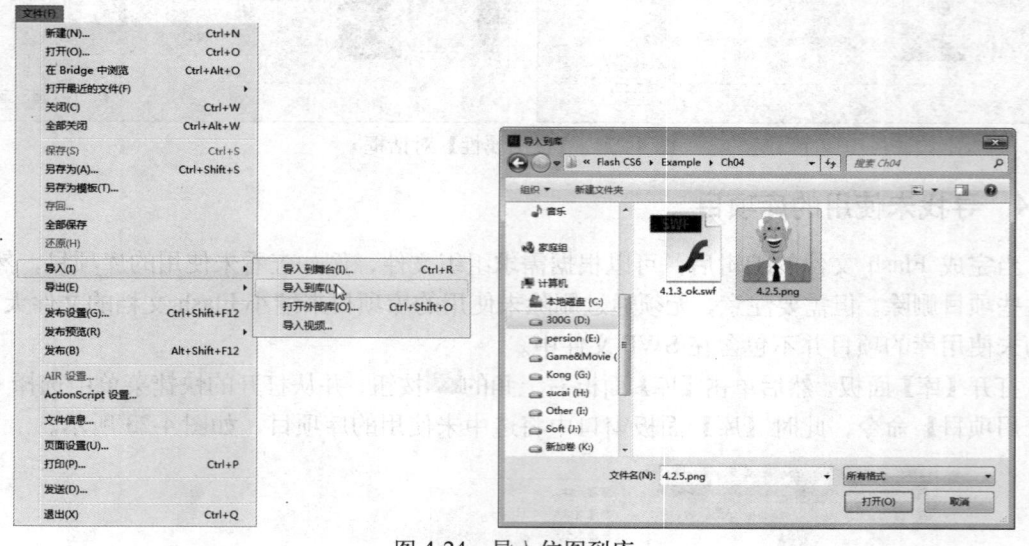

图 4-24　导入位图到库

2 打开【窗口】菜单，然后在菜单中选择【库】命令，打开【库】面板，接着将【库】面板中的 "4.2.5.png" 位图加入舞台并放置在图层 2 上，如图 4-25 所示。

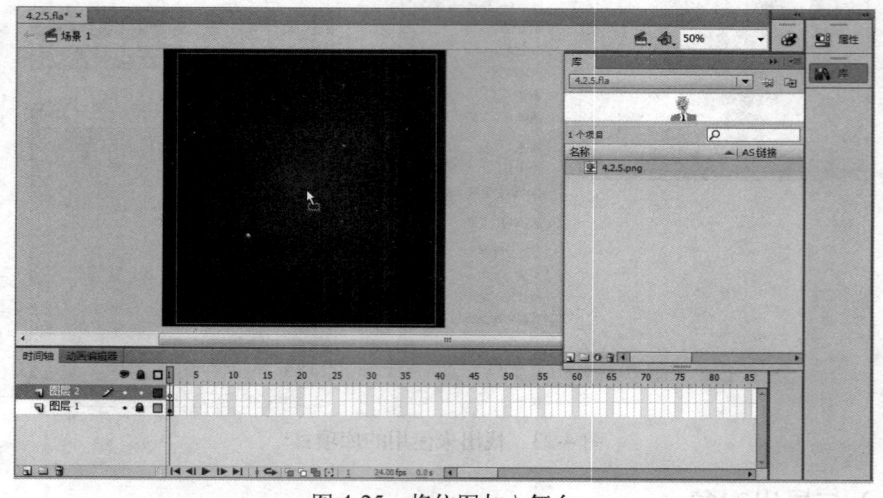

图 4-25　将位图加入舞台

> **TIPS**：在【导入】菜单中，还包括了【导入到舞台】和【导入视频】命令，可以通过【导入到舞台】命令将对象导入到 Flash 文件的舞台上，并将该对象保存在库内，通过【导入视频】命令则可以将视频素材导入到 Flash 文件。

3 在需要从库中导出对象时，可以在【库】面板中选择需要导出的对象，然后单击右键，并从打开的菜单中选择【导出 SWF】命令或【导出 SWC 文件】命令，此时将打开【导出文件】对话框，在此设置文件目录和名称，单击【保存】按钮即可，如图 4-26 所示。

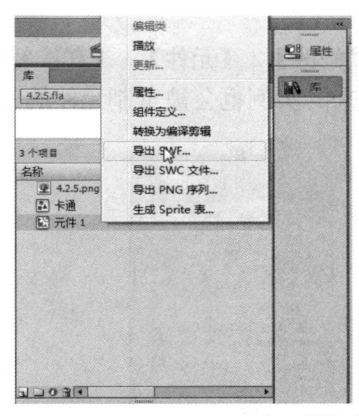

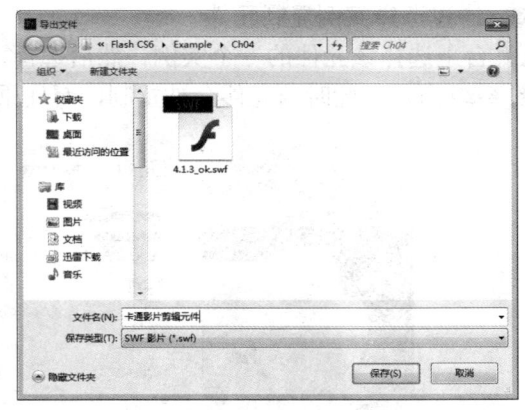

图 4-26　将对象导出成文件

> SWC 文件包含可重用的 Flash 组件的动画文件。SWF 文件包含一个编译剪辑、组件的 ActionScript 类文件以及描述组件的其他文件。

4.2.6　复制与移动元件

如果要制作一个和已有元件 A 相同或相似的元件 B，最便捷的方法就是复制元件 A，然后将 A 的副本修改为元件 B。默认情况下，【库】面板中的元件 B 会位于元件 A 的下方，也可以将其移至合适的文件夹中。

1. 复制元件

上机实战　复制元件

1　在【库】面板中需要复制的元件上方单击右键，打开快捷菜单后，选择【直接复制】命令，如图 4-27 所示。

2　打开【直接复制元件】对话框后，在【名称】文本框中输入新元件的名称，然后选择合适的元件类型，最后单击【确定】按钮，如图 4-28 所示。

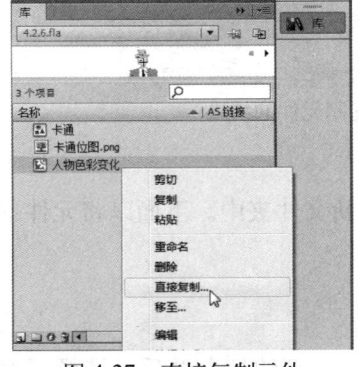

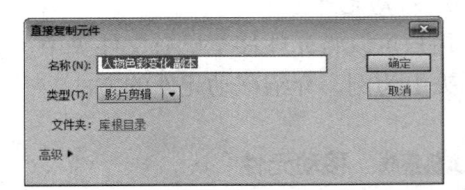

图 4-27　直接复制元件　　　　　　　　图 4-28　设置生成元件的属性

2. 通过选择实例复制元件

上机实战　通过选择实例复制元件

1　在舞台上选择该元件的一个实例，然后选择【修改】|【元件】|【直接复制元件】命令，如图 4-29 所示。此时该元件会被重制，而且原来的实例也会被重制元件的实例代替。

图 4-29　通过实例复制元件

2　此时，Flash 会打开【直接复制元件】对话框，可以根据需要设置元件的新名称、元件类型以及元件保存位置等属性，最后单击【确定】按钮即可，如图 4-30 所示。

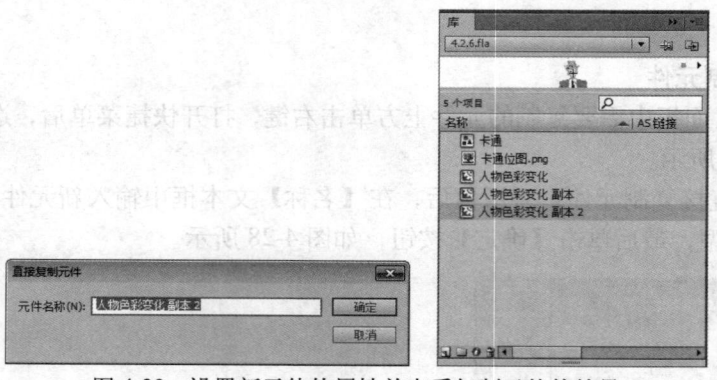

图 4-30　设置新元件的属性并查看复制元件的结果

3. 移动元件

用户可以将元件移至已有文件夹中，或者将其移至新文件夹中。下面以将元件移至新建文件夹中为例，介绍移动元件的方法。

上机实战　移动元件

1　在【库】面板中需要移动的元件上方单击右键，打开快捷菜单后，选择【移至】命令，如图 4-31 所示。

2　打开【移至】对话框后，可以选择将元件移到新文件夹内，或者移到现有的文件夹内。如果需要移到新文件夹内，则可以选择【新建文件夹】单选项，并设置文件夹的名称，接着单击【选择】按钮即可，如图 4-32 所示。

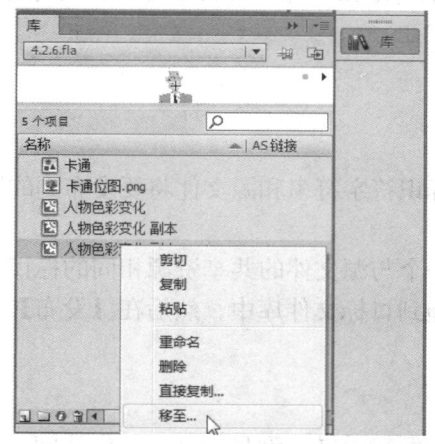

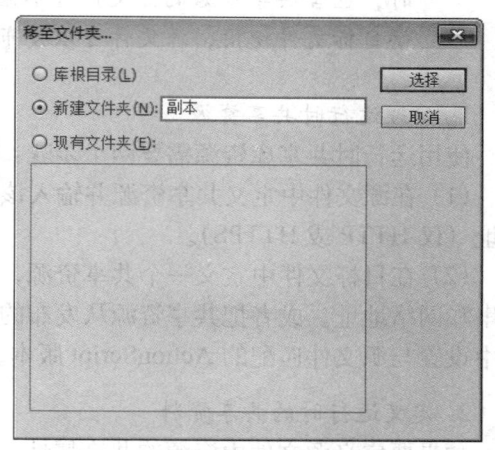

图 4-31　移动元件　　　　　　　　图 4-32　将元件移到新文件夹内

除了上面的方法外，如果要将元件移至已有文件夹中，只需在元件名称上方按住左键，再将其拖至目标文件夹中即可，如图 4-33 所示。

图 4-33　将元件移至已有文件夹中

4.2.7　定义源文件共享库资源

共享库资源允许在某个 Flash 文件中使用来自其他 Flash 文件的资源。在下列情况下此功能非常有用：

（1）当多个 Flash 文件需要使用同一图稿或其他资源时。

（2）当设计人员和开发人员希望能够在单独的 Flash 文件中为一个联合项目编辑图稿和 ActionScript 代码时。

对于运行时共享资源，源文件的资源是以外部文件的形式链接到目标文件中的。运行时资源在文件播放期间（即在运行时）加载到目标文件中。在创作目标文件时，包含共享资源的源文件并不需要在本地网络上。为了使共享资源在运行时可供目标文件使用，源文件可以发布到互联网上。

1. 处理运行时共享资源

使用运行时共享库资源需要两个步骤：

（1）在源文件中定义共享资源并输入该资源的标识符字符串和源文件将要发布到的网络地址（仅 HTTP 或 HTTPS）。

（2）在目标文件中定义一个共享资源，并输入一个与源文件的共享资源相同的标识符字符串和网络地址。或者把共享资源从发布的源文件拖到目标文件库中，然后在【发布】对话框中设置与源文件匹配的 ActionScript 版本。

2. 定义运行时的共享资料

如果要定义源文件中资源的共享属性，并使该资源能够链接到目标文件以供访问，可以通过【元件属性】对话框或【链接属性】对话框设置。

上机实战　定义运行时的共享资料

1 打开光盘中的 "..\Example\Ch04\4.2.7.fla" 练习文件，再打开【库】面板，然后执行下列操作之一：

（1）在【库】面板中选择一个影片剪辑、按钮或图形元件，然后从【库】面板的快捷菜单中选择【属性】命令，打开【元件属性】对话框，如图 4-34 所示（本例执行此操作）。

图 4-34　打开【元件属性】对话框

（2）选择一个字体元件、声音或位图，然后从【库】面板的快捷菜单中选择【链接】命令，打开【链接属性】对话框。

2 打开【元件属性】对话框后，单击【高级】按钮，然后选择【为运行时共享导出】复选框，使该资源可以链接到目标文件。

3 为元件输入一个标识符,注意不要包含空格,如图 4-35 所示。这是 Flash 在链接到目标文件时用于标识资源的名称。

4 输入将要包含共享资源的 SWF 文件的 URL,然后单击【确定】按钮,如图 4-35 所示。

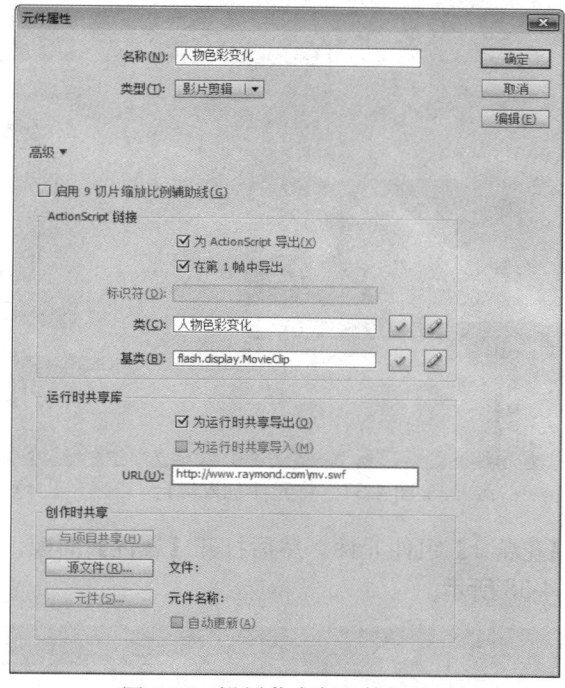

图 4-35 设置共享与链接属性

4.3 使用元件实例

在创建元件后,元件还保存在【库】面板中,并没有应用到舞台。所以在需要使用元件时需要将元件加入舞台上。这个放置在舞台上的元件,就称为 Flash 文件的元件实例。

4.3.1 创建元件的实例

创建元件之后,可以在文档中任何地方(包括在其他元件内)创建该元件的实例。当修改元件时,Flash 会更新元件的所有实例。

上机实战 创建元件实例

1 打开光盘中的"..\Example\Ch04\4.3.1.fla"练习文件,然后在【花】图层上插入一个新图层,并命名为【花蕾】,如图 4-36 所示。

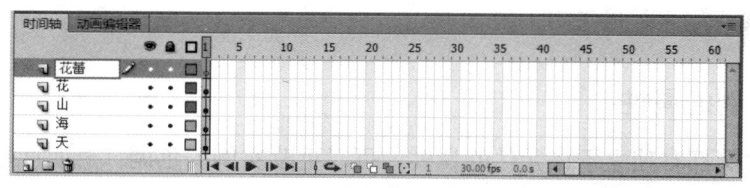

图 4-36 插入图层

2 选择【窗口】|【库】命令打开【库】面板，然后将【花蕾 1】组件元件拖到舞台左侧，如图 4-37 所示。

图 4-37 将元件加入舞台

3 选择舞台上的【花蕾 1】组件元件，然后打开【属性】面板，在【实例名称】文本框中输入实例名称，如图 4-38 所示。

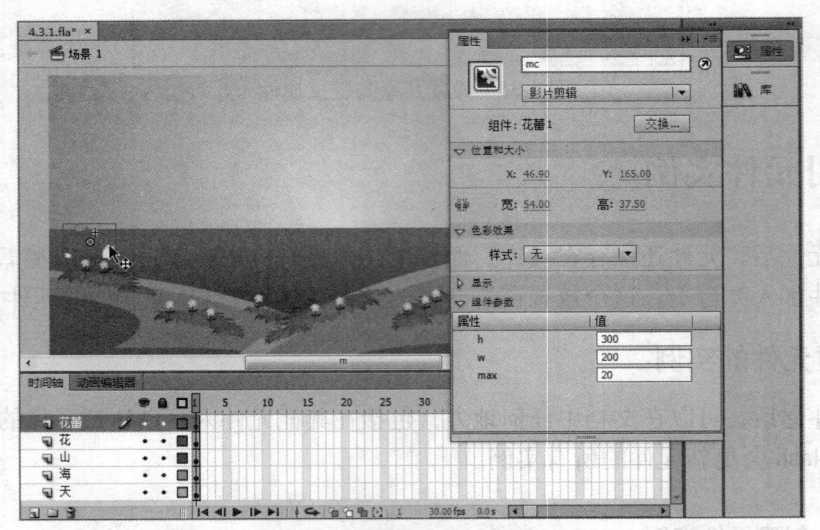

图 4-38 设置元件的实例名称

> 用户可以在属性检查器中为实例提供名称，实例名称的作用是在 ActionScript 中使用该名称来引用实例。

4.3.2 编辑实例的属性

每个元件实例都有独立于该元件的属性，可以更改实例的色调、透明度和亮度，甚至重新定义实例的行为（例如将图形更改为影片剪辑）。

上机实战　编辑元件实例属性

1　打开光盘中的"..\Example\Ch04\4.3.2.fla"练习文件，然后在舞台上选择【山】影片剪辑元件，接着打开【实例行为】列表框并选择【图形】选项，将影片剪辑的行为定义为图形元件，如图4-39所示。

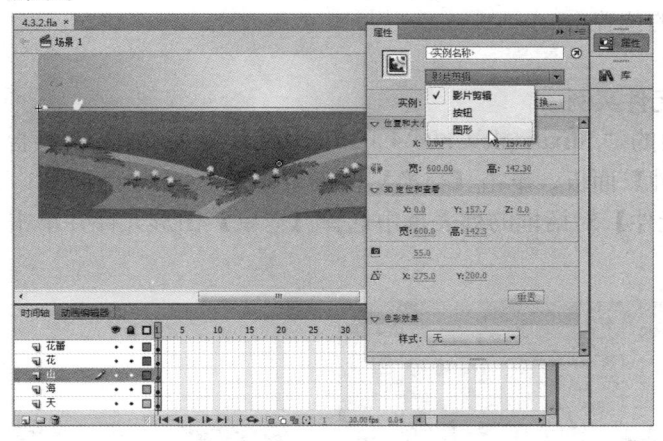

图4-39　更改实例行为

2　选择【山】图形元件，然后在【属性】面板中打开【样式】列表框，选择【高级】选项，设置元件的Alpha和色调属性，如图4-40所示。

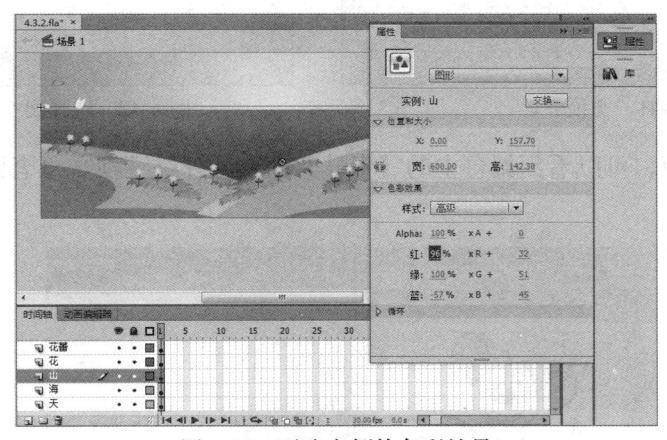

图4-40　更改实例的色彩效果

> 在【属性】面板中，色彩效果的【样式】菜单的选项说明如下：
> - 亮度：调整图像的相对亮度或暗度，度量范围是从黑（-100%）到白（100%）。
> - 色调：用相同的色相为实例着色。如果要设置色调百分比（从透明到完全饱和），可以使用色调滑块来处理。如果要选择颜色，可以在各自的框中输入红色、绿色和蓝色的值；或者单击【颜色】控件，然后从【颜色选择器】中选择一种颜色。
> - Alpha：调整实例的透明度，调整范围是从透明（0%）到完全饱和（100%）。
> - 高级：分别调整实例的红色、绿色、蓝色和透明度值。对于在位图这样的对象上创建和制作具有微妙色彩效果的动画，此选项非常有用。

4.3.3 交换元件实例

如果要在舞台上显示不同的实例并保留所有的原始实例属性（如色彩效果或按钮动作），可以为实例分配不同的元件。例如，假定正在使用 A 元件创建一个卡通形象作为影片中的角色，但后来决定将该角色改为 B。那么，可以用 B 元件替换 A 元件，并使更新的角色出现在所有帧中大致相同的位置上。

上机实战　交换元件实例

1　打开光盘中的"..\Example\Ch04\4.3.3.fla"练习文件，然后在舞台上选择【青蛙】图形元件，打开【属性】面板，单击【交换】按钮，如图 4-41 所示。

2　在【交换元件】对话框的列表框中选择【老鼠】图形元件并单击【确定】按钮，如图 4-42 所示。

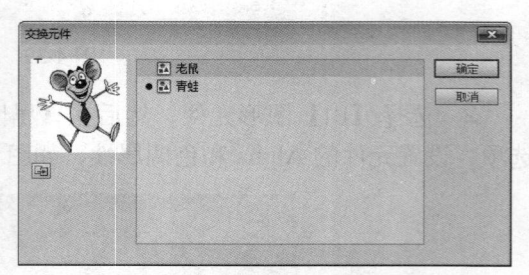

图 4-41　交换元件　　　　　　图 4-42　选择要交换的元件

3　返回场景中，可以看到舞台上的【青蛙】图形元件被更换成【老鼠】图形元件，如图 4-43 所示。

图 4-43　交换元件后的结果

TIPS　如果从一个【库】面板中将与待替换元件同名的元件拖到正编辑的 Flash 文件的【库】面板中，然后在弹出的对话框中单击【替换】按钮，可以将当前文件中同名的元件替换成拖进【库】面板的元件。

4.3.4 分离元件实例

如果要断开一个实例与一个元件之间的链接，将该实例放入未组合形状和线条的集合中，可以通过"分离"的方法处理该实例。分离元件实例的功能，对于实质性更改实例而不影响任何其他实例非常有用。

在舞台上选择元件实例，然后选择【修改】|【分离】命令，或按下 Ctrl+B 快捷键即可分离元件实例，如图 4-44 所示。

图 4-44　分离元件实例

分离元件实例和取消元件实例组合对象是两个不同的概念。取消组合对象是将组合的元件实例分开，使对象返回到组合之前的状态，此时对象可能为分离状态（形状），也可能为组合状态（组）。而分离元件实例是指将元件实例分散为可单独编辑的元素，分离后对象的任意部分都可以单独进行编辑。

4.4　元件实例的变形

在 Flash 中，在对元件实例进行编辑时，常常会涉及对象的缩放、倾斜、旋转等操作。这些操作需要使用工具箱的【任意变形工具】和【变形】面板来完成，也可以通过【修改】|【变形】菜单中的命令来处理，如图 4-45 所示。

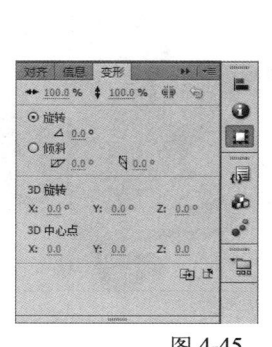

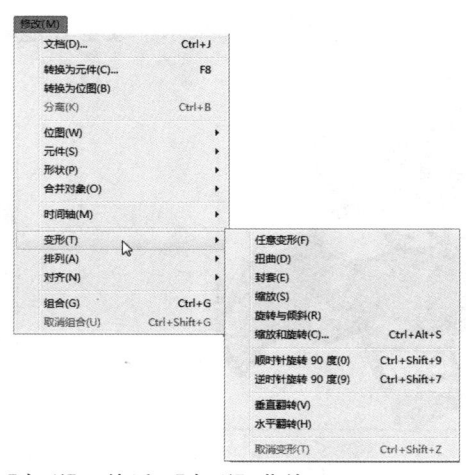

图 4-45　【变形】面板和【变形】菜单

4.4.1 任意变形处理

使用【任意变形工具】可以单独执行某个变形操作，也可以将移动、旋转、缩放、倾斜和扭曲等多个变形操作组合在一起执行。

在舞台上选择元件，然后在【工具箱】面板中单击【任意变形工具】按钮，此时选定的元件实例周围将出现变形框。当在所选元件实例的变形框上移动指针时，鼠标指针会发生变化，并指明可以进行哪种变形操作。

为对象进行任意变形时指针不同显示的作用说明如下：

- ：移动对象。当指针放在变形框内的对象上，即出现图标，此时可以将该对象拖到新位置，如图 4-46 所示。
- ：设置旋转或缩放的中心。当指针放在变形框的中心点时，即出现图标，此时可以将变形点拖到新位置，如图 4-47 所示。

图 4-46　移动对象　　　　　　　　图 4-47　设置旋转或缩放中心

- ：旋转所选的对象。当指针放在变形框的角手柄的外侧时，即出现图标，此时拖动鼠标即可使对象围绕变形点旋转，如图 4-48 所示。如果按住 Shift 键并拖动鼠标即可以 45°为增量进行旋转；如果要围绕对角旋转，可以按住 Alt 键进行旋转处理。
- ：缩放所选对象。当指针放在变形框的角手柄上，即出现图标，此时沿对角方向拖动角手柄，即可沿着两个方向缩放尺寸，如图 4-49 所示。如果按住 Shift 键拖动鼠标，可以按比例调整大小。如果水平或垂直拖动角手柄或边手柄，可以沿各自的方向进行缩放。

图 4-48　旋转对象　　　　　　　　图 4-49　缩放对象

- ⇼：倾斜所选对象。当指针放在变形框的轮廓上，即出现 ⇼ 图标，此时拖动鼠标即可倾斜对象，如图 4-50 所示。
- ▷：扭曲对象。当按住 Ctrl 键时拖动角手柄或边手柄，可以扭曲对象的形状，如图 4-51 所示。

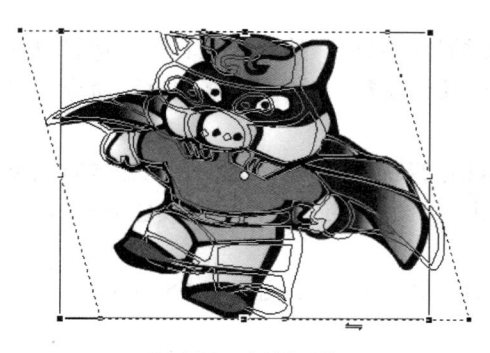

图 4-50 倾斜对象　　　　　　　　　图 4-51 扭曲对象

- ▷：锥化对象，将所选的角及其相邻角从它们的原始位置起移动相同的距离。当同时按住 Shift 键和 Ctrl 键，并单击和拖动角部的手柄可以锥化对象，如图 4-52 所示。

除了上述几种处理变形的方法外，还可以针对【任意变形工具】设置一种变形处理，例如只允许进行旋转或倾斜处理。先选择【任意变形工具】，接着在工具箱下方按下【旋转与倾斜】按钮，然后对实例执行变形处理即可，如图 4-53 所示。

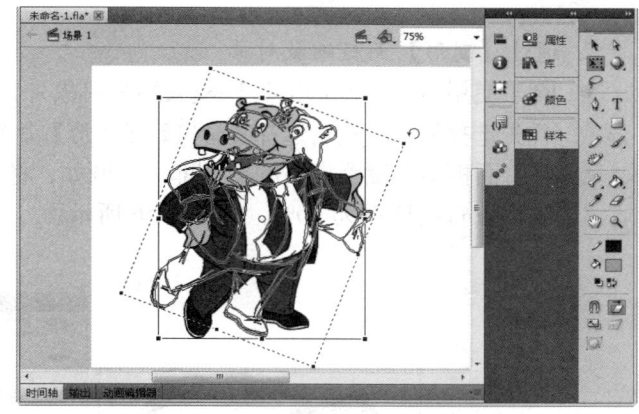

图 4-52 锥化对象　　　　　　　　　图 4-53 设置只限于缩放变形

> 关于【任意变形工具】的工具选项说明如下：
> - 旋转与倾斜：设置只限于对对象进行旋转与倾斜变形。
> - 缩放：设置只限于对对象进行缩放处理。
> - 扭曲：设置只限于对对象进行扭曲变形处理。此项设置只限于对图形可用。
> - 封套：设置只限于对对象进行封套变形处理。此项设置只限于对图形可用。

4.4.2 缩放元件实例

在 Flash 中，可以根据设计的要求沿水平方向、垂直方向或同时沿两个方向放大或缩小元件实例。

1. 通过变形框缩放对象

如果要通过变形框缩放对象，可以先选择需要缩放的对象，然后在工具箱中选择【任意变形工具】，并按下【缩放】按钮，或者选择【修改】|【变形】|【缩放】命令，当对象出现变形框后，即可通过以下操作缩放对象：

（1）如果要沿水平和垂直方向缩放对象，可以拖动某个角手柄，这种方法缩放时长宽比例保持不变，如图 4-54 所示。如果需要进行长宽比例不一致的缩放，可以按住 Shift 键后拖动角手柄。

（2）如果要沿水平或垂直方向缩放对象，可以拖动中心手柄，如图 4-55 所示。

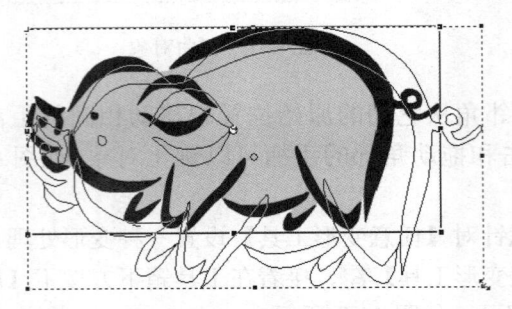

图 4-54　沿水平和垂直方向缩放对象 　　　　图 4-55　沿水平或垂直方向缩放对象

2. 通过【变形】面板缩放对象

- 除了使用【任意变形工具】来缩放对象外，还可以通过【变形】面板来缩放对象。首先选择对象，然后选择【窗口】|【变形】命令（或者按下 Ctrl+T 快捷键），打开【变形】面板后，设置宽高的比例即可。例如，将对象沿水平和垂直方向缩小 1 倍，则可以设置宽高比例为 50%，如图 4-56 所示。

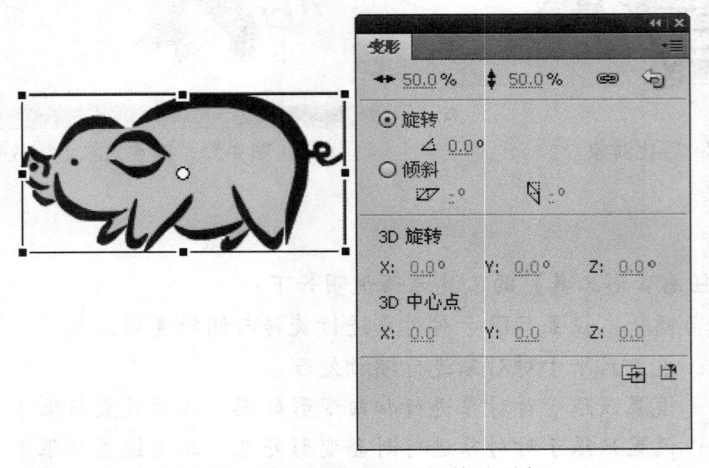

图 4-56　通过【变形】面板缩放对象

4.4.3 翻转元件实例

翻转是指沿垂直或水平轴翻转对象而不改变其在舞台上的相对位置的操作。

翻转元件实例的方法如下：

（1）水平翻转实例：选择实例，再选择【修改】|【变形】|【水平翻转】命令，结果如图4-57所示。

（2）垂直翻转实例：选择实例，再选择【修改】|【变形】|【垂直翻转】命令，结果如图4-58所示。

图4-57 水平翻转实例　　　　　图4-58 垂直翻转实例

4.5 课堂实训

下面通过使用公用库制作按钮和制作卡通插图变色效果两个范例，介绍在 Flash CS6 中元件、实例和库资源和应用。

4.5.1 使用公用库制作按钮

本例将利用 Flash 的公用库，为动画创建一个按钮元件实例，然后通过实例的编辑模式，修改按钮元件的文本和形状颜色，制作成一个鼠标移入和按下时会产生变化的按钮，如图 4-59 所示。

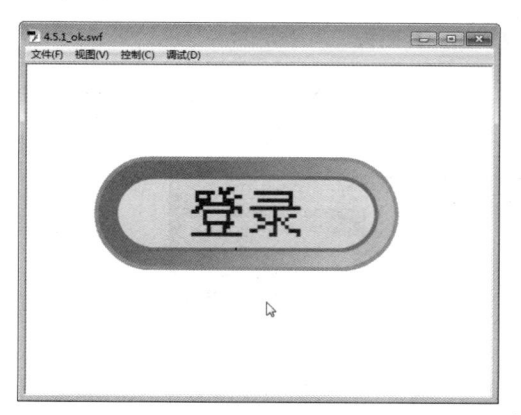

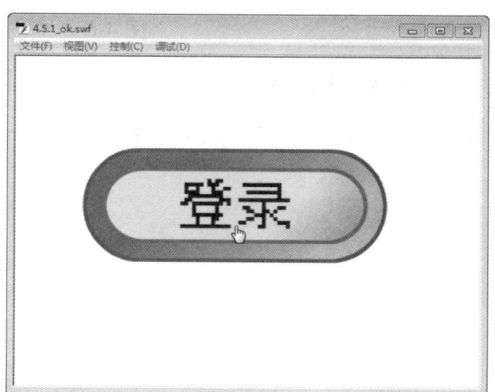

图4-59 放置在舞台的按钮

上机实战　用公用库制作按钮

1 打开 Flash CS6 应用程序，在【欢迎屏幕】窗口上单击【ActionScript 2.0】按钮，新

建一个基于 ActionScript 2.0 脚本的 Flash 文件，如图 4.56 所示。

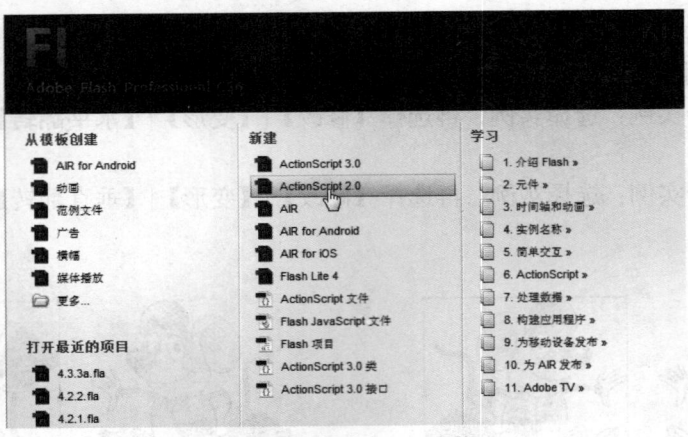

图 4-60　新建 Flash 文件

2　打开【窗口】菜单，然后选择【公用库】|【按钮】命令，打开【公用库】面板，如图 4-61 所示。

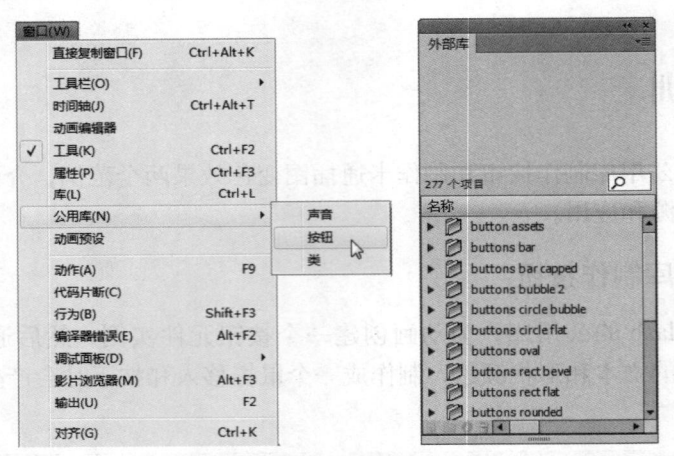

图 4-61　打开【公用库】面板

3　单击【公用库】面板的【buttons bubble 2】左侧的三角形按钮，打开【buttons bubble 2】列表，再选择【bubble 2 green】按钮元件并拖到舞台上，如图 4-62 所示。

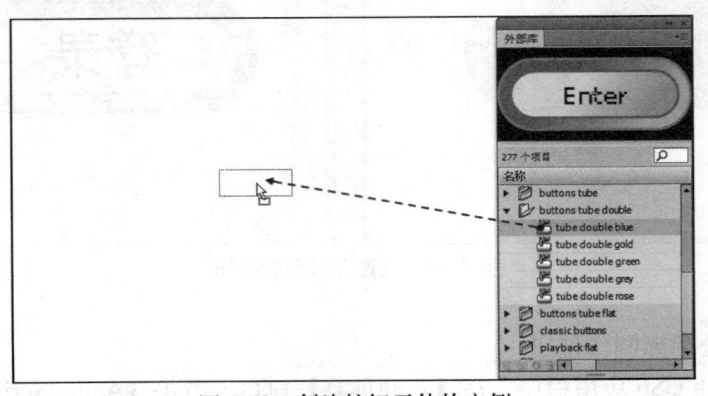

图 4-62　创建按钮元件的实例

4 在工具箱中选择【任意变形工具】，然后按下【缩放】按钮，再选择舞台上的按钮元件实例并放大该实例，如图 4-63 所示。

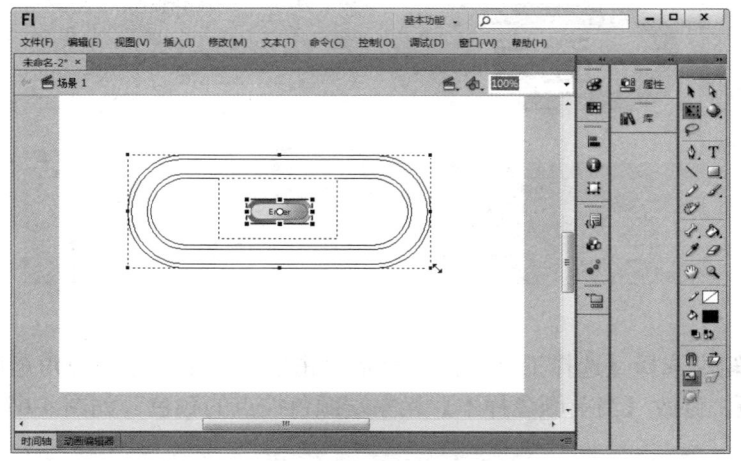

图 4-63　放大实例

5 选择放大后的实例，打开【编辑】菜单，选择【在当前位置编辑】命令，准备编辑实例的元件，如图 4-64 所示。

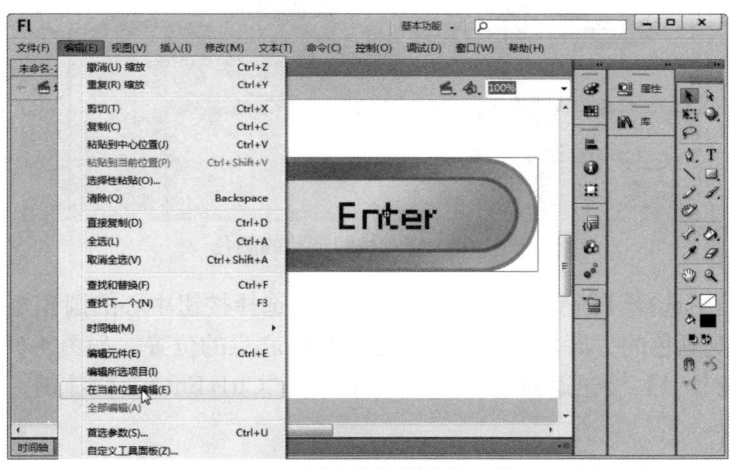

图 4-64　在当前位置编辑元件

6 舞台进入元件编辑模式后，打开【时间轴】面板，再单击两次面板上方的【锁定或解除锁定所有图层】按钮，以解除锁定所有图层，如图 4-65 所示。

7 在工具箱中选择【文本工具】，然后在【时间轴】面板上选择【text】图层的【弹起】状态帧，在舞台上选择文本并修改文本的内容和字体大小，如图 4-66 所示。

图 4-65　解除锁定所有图层

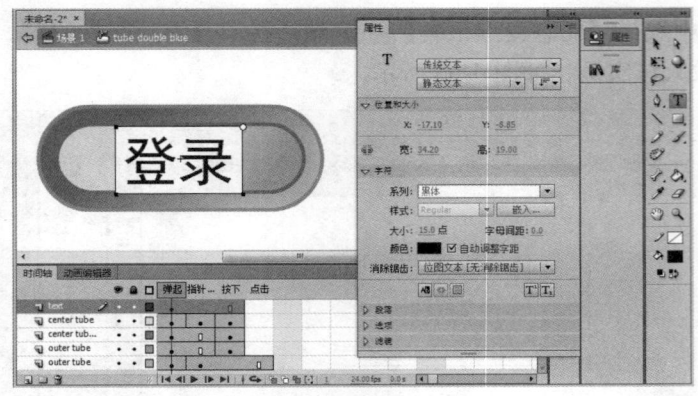

图 4-66 修改按钮文本

8 在工具箱中选择【选择工具】，然后单击选中按钮中心的圆角矩形形状，接着打开【颜色】面板，修改【当前颜色样本】栏左端颜色控点的颜色，如图 4-67 所示。

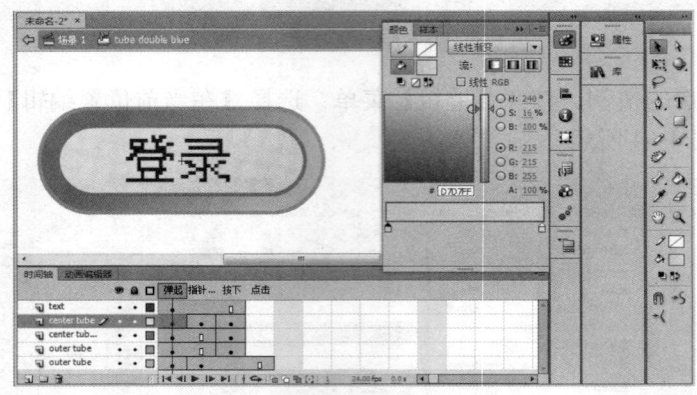

图 4-67 修改按钮形状的颜色

9 在工具箱中选择【渐变变形工具】，然后选择按钮中心的圆角矩形形状对象，旋转手柄以改变渐变颜色的方向，接着调整渐变颜色中心点的位置，如图 4-68 所示。

10 单击【场景 1】按钮返回场景 1，然后按下"Ctrl+Enter"快捷键，打开播放器预览动画的按钮效果。

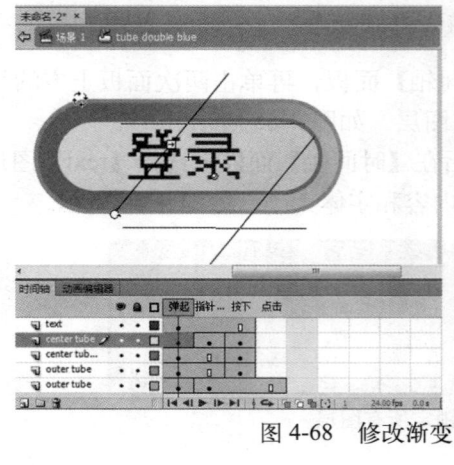

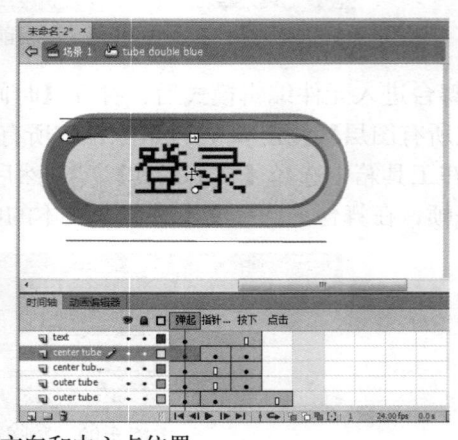

图 4-68 修改渐变方向和中心点位置

4.5.2 制作卡通插图变色效果

本例首先将卡通插图中的头部形状转换为影片剪辑元件，再通过编辑元件的方式，通过【属性】面板设置元件在不同关键帧的色彩效果，从而制作出插图中卡通老鼠脸色不断变化的动画效果，如图4-69所示。

图4-69 制作卡通插图变色的效果

上机实战　制作卡通插图变色效果

1　打开光盘中的"..\Example\Ch04\4.5.2.fla"练习文件，在工具箱中选择【选择工具】，按住 Shift 键后单击卡通插图的脸部和额头的形状，将脸部和额头的形状都选取到，如图4-70所示。

图4-70 选择头部的形状

2　打开【修改】菜单，再选择【转换为元件】命令，将衣服形状转换成名称为【脸色】的影片剪辑元件，如图4-71所示。

3　打开【库】面板，可以看到经过转换而创建的影片剪辑元件在【库】面板中，选择该元件并单击右键，然后选择【编辑】命令，如图4-72所示。

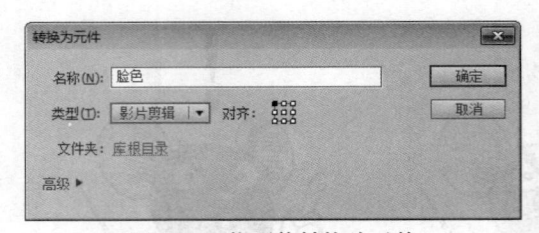

图 4-71 将形状转换为元件　　　　　图 4-72 编辑影片剪辑元件

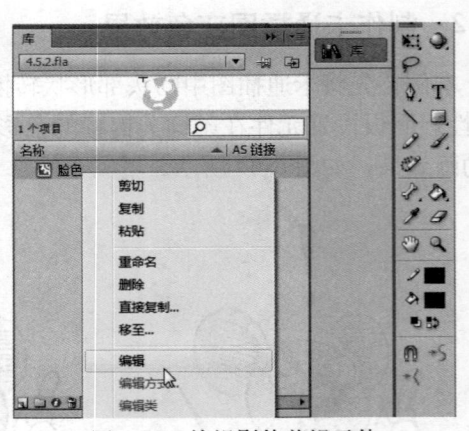

4 进入元件的编辑窗口后,再按下 Ctrl+A 快捷键选择元件内的全部形状,然后选择【修改】|【转换为元件】命令,将选定的形状对象转换为图形元件,以便后续对图形元件设置色彩效果,如图 4-73 所示。

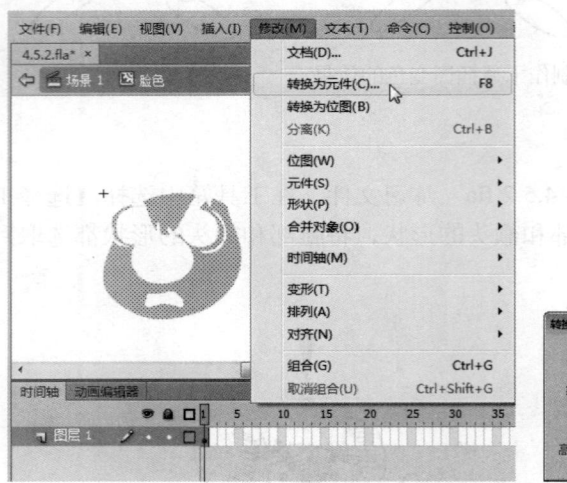

图 4-73 将形状转换为图形元件

5 打开【时间轴】面板,分别在图层 1 的第 10 帧、第 20 帧、第 30 帧、第 40 帧上按下 F6 功能键插入关键帧,如图 4-74 所示。

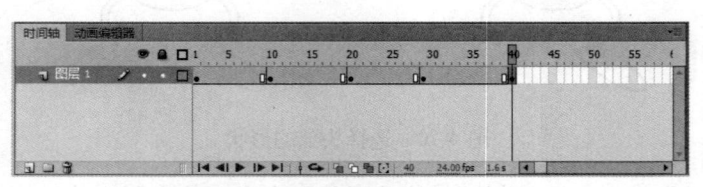

图 4-74 在时间轴上插入关键帧

6 选择图层 1 的第 10 帧,再选择舞台上的图形元件,打开【属性】面板,设置色彩效果的【样式】选项为【色调】,拖动滚动按钮设置色调和各个颜色的参数,如图 4-75 所示。

图 4-75 设置第 10 帧的图形元件颜色效果

7　选择图层 1 的第 20 帧，再选择舞台上的图形元件，通过【属性】面板设置色彩效果的【样式】选项为【高级】，然后设置各个颜色的参数，如图 4-76 所示。

图 4-76 设置第 20 帧的图形元件色彩效果

8　选择图层 1 的第 30 帧，再选择舞台上的图形元件，通过【属性】面板设置色彩效果的【样式】选项为【亮度】，设置图形元件的亮度参数为-40%，如图 4-77 所示。

图 4-77 设置第 30 帧的图形元件色彩效果

9 选择图层 1 的第 40 帧，再选择舞台上的图形元件，通过【属性】面板设置色彩效果的【样式】选项为【色调】，拖动滚动按钮设置色调和各个颜色的参数，如图 4-78 所示。

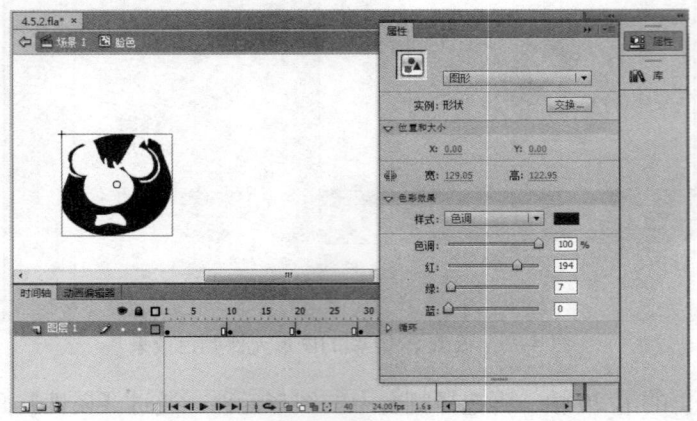

图 4-78 设置第 40 帧的图形元件色彩效果

4.6 本章小结

本章主要介绍了在 Flash 中使用元件和元件实例以及利用【库】管理资源的方法，其中包括创建和编辑元件、【库】面板的使用、创建与编辑元件实例、元件实例变形处理等内容。

4.7 习题

一、填充题

1. 当为元件选择按钮行为时，Flash 会创建一个包含四帧的时间轴，前三帧显示按钮的_____，第四帧定义按钮的_____。

2. SWC 文件即是_____的动画文件。

3. _____的作用是在 ActionScript 中使用该名称来引用实例。

4. 要断开一个实例与一个元件之间的链接，并将该实例放入未组合形状和线条的集合中，可以通过_____的方法处理该实例。

5. 对元件实例进行编辑时，可以使用工具箱的_____和_____面板来完成，也可以通过_____菜单中的命令来处理。

二、选择题

1. 按下什么快捷键，可以打开【创建新元件】对话框？ （   ）
   A. Ctrl+F1　　　　B. Ctrl+F8　　　　C. Ctrl+F9　　　　D. Shift+F8

2. 旋转对象时按住什么键，对象将以 45°角为增量进行旋转？ （   ）
   A. F1　　　　　　B. Ctrl　　　　　C. Alt　　　　　　D. Shift

3. 顺时针旋转 90°的快捷键是什么？ （   ）
   A. Ctrl+Shift+9　　B. Ctrl+Shift+7　　C. Ctrl+Shift+8　　D. Ctrl+Shift+6

4. 使用【任意变形工具】变形元件时，当鼠标指针变成 ↻ 图示，则代表可以对元件进行什么变形处理？ （   ）

A. 倾斜　　　　B. 缩放　　　　C. 旋转　　　　D. 翻转
5. 分离元件实例的快捷键是什么？　　　　　　　　　　　　　　　　　　　（　　）
A. Ctrl+F1　　　B. Ctrl+F8　　　C. Ctrl+B　　　D. Ctrl+J

三、操作题

将舞台上的形状转换成一个名为【动物 1】的图形元件实例，然后复制另外一个相同的图形元件实例，接着将复制出的图形元件加入舞台，并使用【变形】菜单水平翻转元件实例，最后适当调整元件实例位置，结果如图 4-79 所示。

图 4-79　操作题结果

提示：

(1) 打开光盘中的"..\Example\Ch04\4.7.fla"文件，然后选择舞台上的所有形状对象。

(2) 在选定的形状对象上单击右键，并从打开的菜单中选择【转换为元件】命令，打开【转换为元件】对话框后，设置名称为【动物 1】、类型为【图形】，最后单击【确定】按钮。

(3) 打开【库】面板并选择【动物 1】图形元件，单击右键并从弹出菜单中选择【直接复制】命令。

(4) 弹出【直接复制元件】对话框后，设置名称为【动物 2】、类型为【图形】，然后单击【确定】按钮。

(5) 将【动物 2】图形元件加入舞台，再选择【修改】|【变形】|【水平翻转】命令。

(6) 最后适当调整元件实例的位置即可。

第 5 章　绘制与编辑草图 Flash 动画创作基础

教学提要

Flash CS6 提供了多种方法用来创建动画，为创作精彩的动画内容提供了多种可能。本章将介绍 Flash 时间轴的应用以及 Flash 中各种动画创建的基础知识。

教学重点

- 了解 Flash 时间轴应用和动画基础
- 了解 Flash 补间动画的概念和作用
- 了解传统补间与补间动画之间的差异
- 了解补间形状的概念及其作用对象
- 了解反向运动姿势动画的概念和基础
- 了解逐帧动画的制作和查看
- 掌握播放和测试影片的方法

5.1　关于 Flash 时间轴

时间轴是组织 Flash 动画的重要元素，掌握时间轴的应用，对于学习创作 Flash 动画非常重要。

5.1.1　时间轴概述

时间轴用于组织和控制一定时长内的图层和帧中的内容。Flash 文件将时长分为帧，而图层就像堆叠在一起的多张幻灯胶片一样，每个图层都包含一个显示在舞台中的不同图像，通过创建动画功能，Flash 会自动产生一个补间动画，将不同的图像作为动画的各个状态进行播放。

在【时间轴】面板上，可以通过颜色分辨创建的动画类型，如图 5-1 所示。

- 浅绿色的补间帧：表示为形状补间动画。
- 淡紫色的补间帧：表示为传统补间动画。
- 淡蓝色的补间帧：表示为 Flash CS6 新的补间动画，可称为项目动画补间帧。

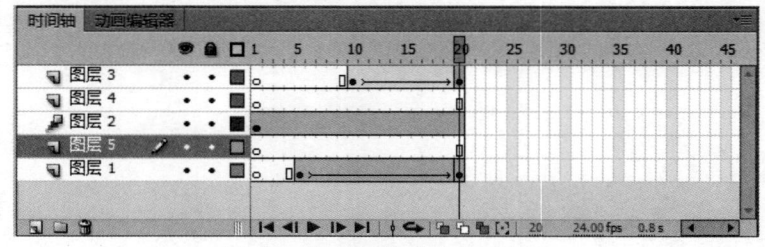

图 5-1　时间轴显示的动画类型

默认情况下，【时间轴】面板显示在程序窗口下方。如果要更改其位置，可以将【时间轴】面板与程序窗口分离，然后在单独的窗口中使【时间轴】面板浮动，或将其停放在选择的任何其他面板上，如图 5-2 所示。

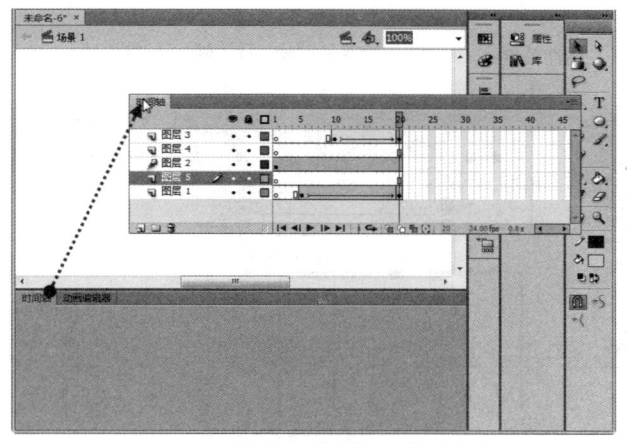

图 5-2　使用【时间轴】面板浮动

如果要更改显示的图层数和帧数，可以调整【时间轴】面板的大小。如果要在【时间轴】面板中加长或缩短图层名字段，可以拖动时间轴中分隔图层名和帧部分的栏，如图 5-3 所示。

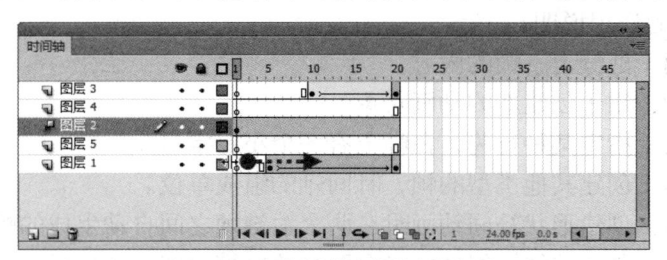

图 5-3　加长或缩短图层名字段

如果创建补间动画后【时间轴】面板上没有以彩色显示补间帧，可以打开【帧视图】菜单，选择【彩色显示帧】命令即可，如图 5-4 所示。

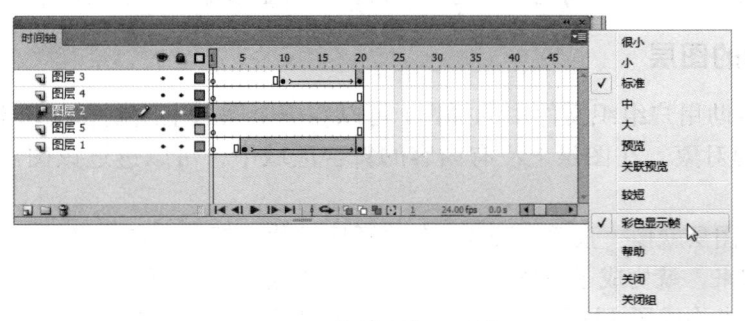

图 5-4　设置彩色显示帧

5.1.2　时间轴的帧

在时间轴中，帧是用来组织和控制文件的内容。在时间轴中放置帧的顺序将决定帧内对象在最终内容中的显示顺序。

帧是 Flash 动画中的最小单位，类似于电影胶片中的小格画面。如果说图层是空间上的概念，图层中放置了组成 Flash 动画的所有元素，那么帧就是时间上的概念，不同内容的帧串联组成了运动的动画。如图 5-5 所示为 Flash 各种类型的帧。

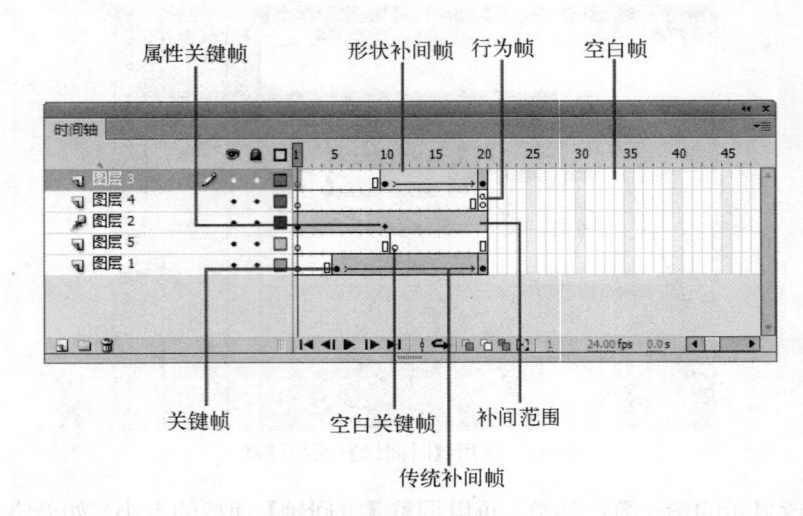

图 5-5　Flash 各种类型的帧

下面是各种帧的作用说明：
- 关键帧：用于延续上一帧的内容。
- 空白关键帧：用于创建新的动画对象。
- 行为帧：用于指定某种行为，在帧上有一个小写字母 a。
- 空白帧：用于创建其他类型的帧，时间轴的组成单位。
- 形状补间帧：创建形状补间动画时在两个关键帧之间自动生成的帧。
- 传统补间帧：创建传统补间动画时在两个关键帧之间自动生成的帧。
- 补间范围：是时间轴中的一组帧，它在舞台上对应的对象的一个或多个属性可以随着时间而改变。
- 属性关键帧：是在补间范围中为补间目标对象显示定义一个或多个属性值的帧。

5.1.3　时间轴的图层

图层可以帮助用户组织文件中的插图，可以在一个图层上绘制和编辑对象，而不会影响其他图层上的对象。在图层上没有内容的舞台区域中，可以透过该图层看到下面图层的内容。

举个例子，图层就像一张透明胶片，每张透明胶片上都有内容，将所有的透明胶片按照一定顺序重叠起来，就构成了整体画面（透过上层的透明部分可以看到下层的内容）。Flash 中的图层重叠起来构成了 Flash 影片，改变图层的排列顺序和属性可以改变影片的最终显示效果。

图层位于【时间轴】面板的左侧，如图 5-6 所示。通过在时间轴中单击图层名称可以激活相应图层，时间轴中图层名称旁边的铅笔图标表示该图层处于活动状态。可以在激活的图层上编辑对象和创建动画，此时并不会影响其他图层上的对象。

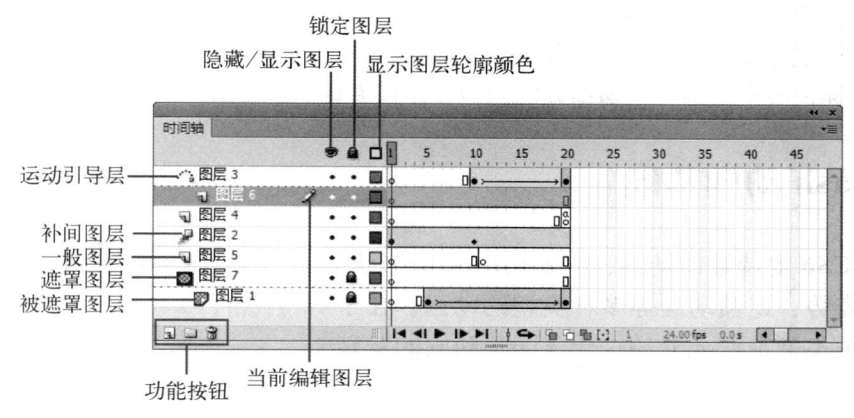

图 5-6　各种图层及相关图层处理功能

5.1.4 时间轴的绘图纸功能

时间轴的绘图纸功能包括"绘图纸外观"、"绘图纸外观轮廓"、"编辑多个帧"、"修改标记"4 个功能，这些功能的按钮都放置在【时间轴】面板的下方，如图 5-7 所示。

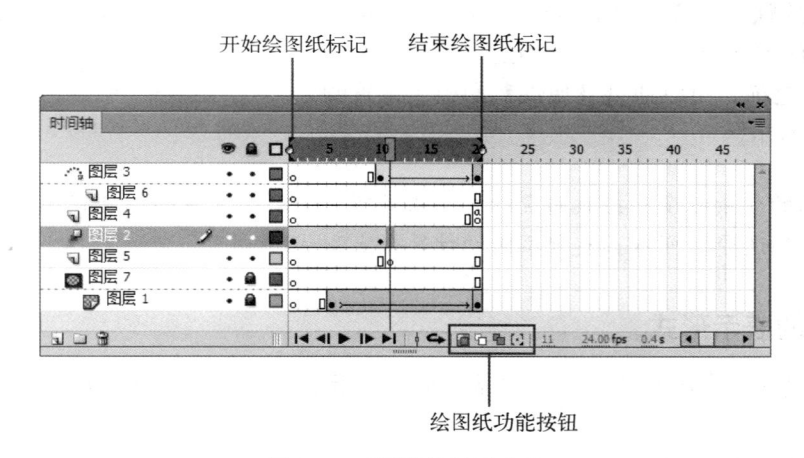

图 5-7　时间轴的辅助功能

下面分别对这些功能进行说明。
- 绘图纸外观：可以显示对象在每个帧下的位置和状态，可以用于查看对象在产生动画效果时的变化过程。
- 绘图纸外观轮廓：可以显示对象在每个帧下的外观轮廓，同样可以用于查看对象在产生动画效果时的变化过程。
- 编辑多个帧：可以编辑绘图纸外观标记之间的所有帧。
- 修改标记：用于修改绘图纸标记的属性。
  - ➤ 始终显示标记：不管绘图纸外观是否打开，都会在时间轴标题中显示绘图纸外观标记。
  - ➤ 锚定标记：将绘图纸外观标记锁定在时间轴标题中的当前位置。通常情况下，绘图纸外观范围是和当前帧指针以及绘图纸外观标记相关的。通过锁定绘图纸外观标记，可以防止它们随当前帧指针移动。

> 标记范围 2：在当前帧的两边各显示 2 个帧。
> 标记范围 5：在当前帧的两边各显示 5 个帧。
> 标记整个范围：在当前帧的两边显示所有帧。

5.2 Flash 动画基础

Flash CS6 支持补间动画、传统补间、补间形状、反向运动姿势、逐帧动画等多种类型的动画。在了解这些动画类型前，先介绍关于 Flash 动画的基础知识。

5.2.1 帧频

帧频是动画播放的速度，以每秒播放的帧数（fps）为度量单位。帧频太慢会使动画看起来一顿一顿的，帧频太快会使动画的细节变得模糊。24 fps 的帧速率是 Flash 文档的默认设置，通常能够在 Web 上提供最佳效果。因为只给整个 Flash 文件指定一个帧频，在开始创建动画之前，可以通过【属性】面板先设置帧频，如图 5-8 所示。

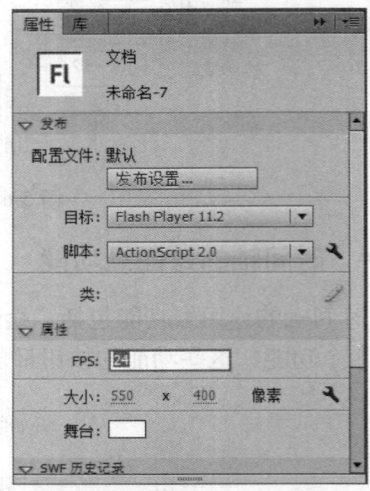

图 5-8 设置 Flash 文件的帧频

> **TIPS**：动画的复杂程度和播放动画的计算机的速度会影响回放的流畅程度。如果要确定最佳帧速率，可以在各种不同的计算机上测试动画。

5.2.2 动画的表示形式

Flash 通过在包含内容的每个帧中显示不同的指示符来区分时间轴中的逐帧动画和补间动画。

下面是【时间轴】面板中帧内容指示符标识动画的说明：

- ：一段具有蓝色背景的帧表示补间动画。补间范围的第一帧中的黑点表示补间范围分配有目标对象。黑色菱形表示最后一个帧和任何其他属性关键帧。属性关键帧是包含由用户定义属性更改的帧。
- ：第一帧中的空心点表示补间动画的目标对象已删除。补间范围仍包含其属性关键帧，并可应用新的目标对象。
- ：一段具有绿色背景的帧表示反向运动（IK）姿势图层。姿势图层包含 IK 骨架和姿势，每个姿势在时间轴中显示为黑色菱形。当创建反向运动姿势动画后，Flash 在姿势之间内插帧中骨架的位置。
- ：带有黑色箭头和蓝色背景的起始关键帧处的黑色圆点表示传统补间。
- ：虚线表示传统补间是断开的或不完整的，例如在最后的关键帧已丢失时，或者关键帧上的对象已经被删除时。

- ![img]：带有黑色箭头和淡绿色背景的起始关键帧处的黑色圆点表示补间形状。
- ![img]：一个黑色圆点表示一个关键帧。单个关键帧后面的浅灰色帧包含无变化的相同内容。这些帧带有垂直的黑色线条，而在整个范围的最后一帧还有一个空心矩形。
- ![img]：关键帧上如出现一个小"a"符号，表示已使用【动作】面板为该帧分配了一个帧动作。
- ![img]：红色的小旗表示该帧包含一个标签。如图 5-9 所示为设置帧标签的方法。
- ![img]：绿色的双斜杠表示该帧包含注释。

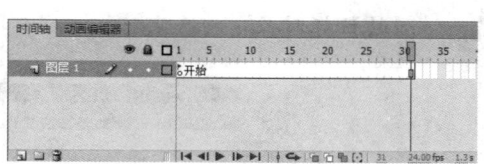

图 5-9　设置帧标签及其结果

5.3　补间动画

使用补间动画可以设置对象的属性，例如在一个帧中以及另一个帧中的位置和 Alpha 透明度。当创建补间动画后，Flash 在中间内插帧的属性值。对于由对象的连续运动或变形构成的动画，补间动画非常有用。另外，补间动画在时间轴中显示为连续的帧范围，默认情况下可以作为单个对象进行选择。

5.3.1　补间

补间是通过为一个帧中的对象属性指定一个值，并为另一个帧中的相同属性指定另一个值创建的动画。Flash 会计算这两个帧之间该属性的值，从而在两个帧之间插入补间属性帧。

例如，可以在时间轴第 1 帧的舞台左侧放置一个图形元件，然后将该元件移到第 20 帧的舞台右侧。在创建补间时，Flash 将计算指定的左侧和右侧这两个位置之间的舞台上影片剪辑的所有位置，最后会得到"从第 1 帧到第 20 帧，图形元件从舞台左侧移到右侧"这样的动画。其中，在中间的每个帧中，Flash 将影片剪辑在舞台上移动十分之一的距离，如图 5-10 所示。

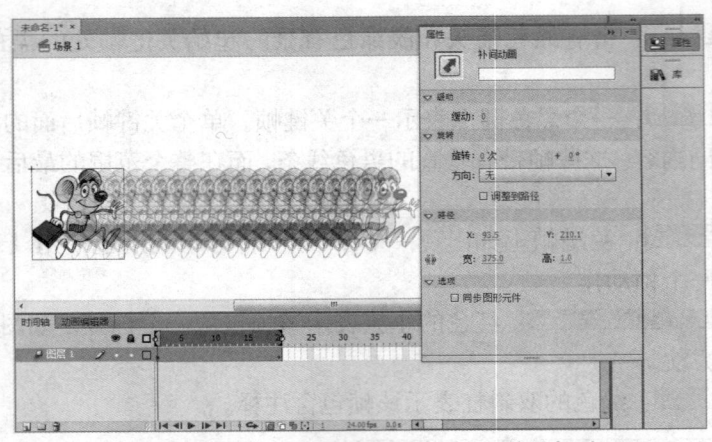

图 5-10　图形元件从舞台左侧移到右侧的补间动画

5.3.2　补间范围和属性关键帧

补间范围在时间轴中显示为具有蓝色背景的单个图层中的一组帧，其中的某个对象具有一个或多个随时间变化的属性。可以将这些补间范围作为单个对象进行选择，并从时间轴中的一个位置拖到另一个位置，包括拖到另一个图层，如图 5-11 所示。

> **TIPS**　在每个补间范围中，只能对舞台上的一个对象进行动画处理，此对象称为补间范围的目标对象。

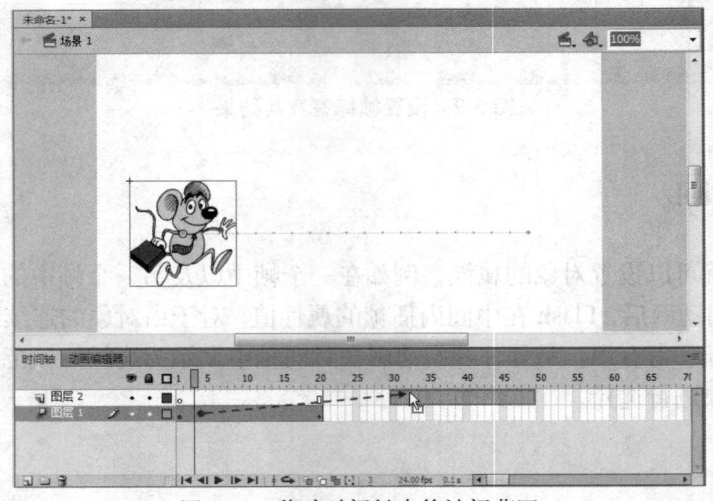

图 5-11　移动时间轴中的补间范围

属性关键帧是在补间范围中为补间目标对象显示定义一个或多个属性值的帧。用户定义的每个属性都有它自己的属性关键帧。如果在单个帧中设置了多个属性，则其中每个属性的属性关键帧会驻留在该帧中。另外，可以在动画编辑器中查看补间范围的每个属性及其属性关键帧。

在上面的示例中，在将影片剪辑从第 1 帧到第 20 帧，从舞台左侧补间到右侧时，第 1 帧和第 20 帧是属性关键帧。可以在所选择的帧中指定这些属性值，而 Flash 会将所需的属性关键帧添加到补间范围，即 Flash 会为所创建的属性关键帧之间的帧中的每个属性内插属性值。

从 Flash CS4 开始,"关键帧"和"属性关键帧"的概念有所不同。在 Flash CS6 中,"关键帧"是指时间轴中其元件实例首次出现在舞台上的帧;而新增的术语"属性关键帧"是指在补间动画的特定时间或帧中定义的属性值。如图 5-12 所示为"关键帧"(黑色圆点)和"属性关键帧"(黑色菱形)。

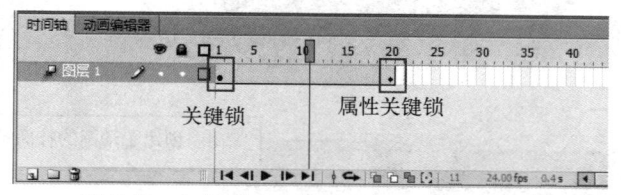

图 5-12　补间动画中的关键帧和属性关键帧

5.3.3　可补间的对象和属性

在 Flash CS6 中,可补间的对象类型包括影片剪辑、图形和按钮元件以及文本字段。可补间的对象的属性包括以下项目:

(1) 平面空间的 X 和 Y 位置。
(2) 三维空间的 Z 位置(仅限影片剪辑)。
(3) 平面控制的旋转(绕 z 轴)。
(4) 三维空间的 X、Y 和 Z 旋转(仅限影片剪辑)。
(5) 三维空间的动画要求 Flash 文件在发布设置中面向 ActionScript 3.0 和 Flash Player 10 的属性。
(6) 倾斜的 X 和 Y。
(7) 缩放的 X 和 Y。
(8) 颜色效果。颜色效果包括 Alpha(透明度)、亮度、色调和高级颜色设置(只能在元件上补间颜色效果。如果要在文本上补间颜色效果,需要将文本转换为元件)。
(9) 滤镜属性(不包括应用于图形元件的滤镜)。

5.4　传统补间

传统补间与补间动画类似,但是创建起来更复杂。传统补间允许一些特定的动画效果,使用基于范围的补间不能实现这些效果。

5.4.1　关于传统补间

从原理上来说,在一个特定时间定义一个实例、组、文本块、元件的位置、大小和旋转等属性,然后在另一个特定时间更改这些属性。当两个时间进行交换时,属性之间就会随着补间帧进行过渡,从而形成动画,这种补间帧的生成就是依照传统补间功能来完成的,如图 5-13 所示。

传统补间可以实现两个对象之间的大小、位置、颜色(包括亮度、色调、透明度)变化。这种动画可以使用实例、元件、文本、组合和位图作为动画补间的元素,形状对象只有"组合"后才能应用到补间动画中。

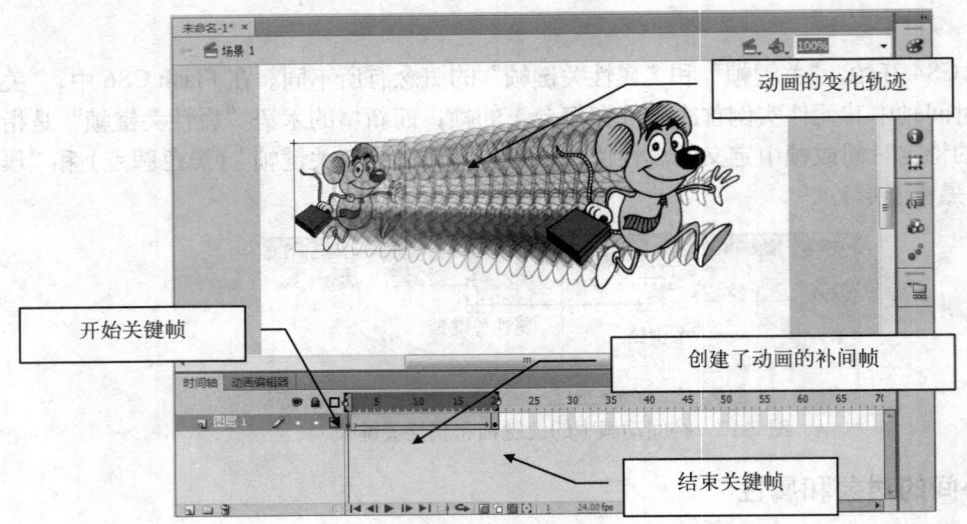

图 5-13　更改对象属性的补间动画过程

5.4.2　补间动画和传统补间之间的差异

　　补间动画是从 Flash CS4 版本开始引入的，其功能强大且易于创建。通过补间动画可以对补间的动画进行最大限度的控制。传统补间（包括在早期版本的 Flash 中创建的所有补间）的创建过程更为复杂。补间动画提供了更多的补间控制，而传统补间提供了一些用户可能希望使用的某些特定功能。

　　补间动画和传统补间之间的差异包括：

　　（1）传统补间使用关键帧。关键帧是显示对象的新实例的帧。补间动画只能具有一个与之关联的对象实例，并使用属性关键帧而不是关键帧。

　　（2）补间动画在整个补间范围上由一个目标对象组成。

　　（3）补间动画和传统补间都只允许对特定类型的对象进行补间。如果应用补间动画，则在创建补间时会将所有不允许的对象类型转换为影片剪辑，而应用传统补间会将这些对象类型转换为图形元件。

　　（4）补间动画会将文本视为可补间的类型，而不会将文本对象转换为影片剪辑。传统补间会将文本对象转换为图形元件。

　　（5）在补间动画范围上不允许帧脚本。传统补间则允许帧脚本。

　　（6）补间目标上的任何对象脚本都无法在补间动画范围的过程中更改。

　　（7）如果可以在时间轴中对补间动画范围进行拉伸和调整大小，并将它们视为单个对象。

　　（8）如果要在补间动画范围中选择单个帧，必须按住 Ctrl 键，然后单击帧。

　　（9）对于传统补间，缓动可应用于补间内关键帧之间的帧组。对于补间动画，缓动可应用于补间动画范围的整个长度。若要仅对补间动画的特定帧应用缓动，则需要创建自定义缓动曲线。

　　（10）利用传统补间，可以在两种不同的色彩效果（如色调和 Alpha 透明度）之间创建动画。而补间动画可以对每个补间应用一种色彩效果。

　　（11）只可以使用补间动画来为 3D 对象创建动画效果，无法使用传统补间为 3D 对象创建动画效果。

(12) 只有补间动画才能保存为动画预设。

(13) 对于补间动画，无法交换元件或设置属性关键帧中显示的图形元件的帧数。应用了这些技术的动画要求是使用传统补间。

5.5 补间形状

补间形状动画是常用于制作图形变化的动画类型。

5.5.1 关于补间形状

在补间形状中，在一个特定时间绘制一个形状，然后在另一个特定时间更改该形状或绘制另一个形状，当创建补间形状后，Flash 会自动插入二者之间的帧的值或形状来创建动画，这样就可以在播放补间形状动画中看到形状逐渐过渡的过程，从而形成形状变化的动画，如图 5-14 所示。

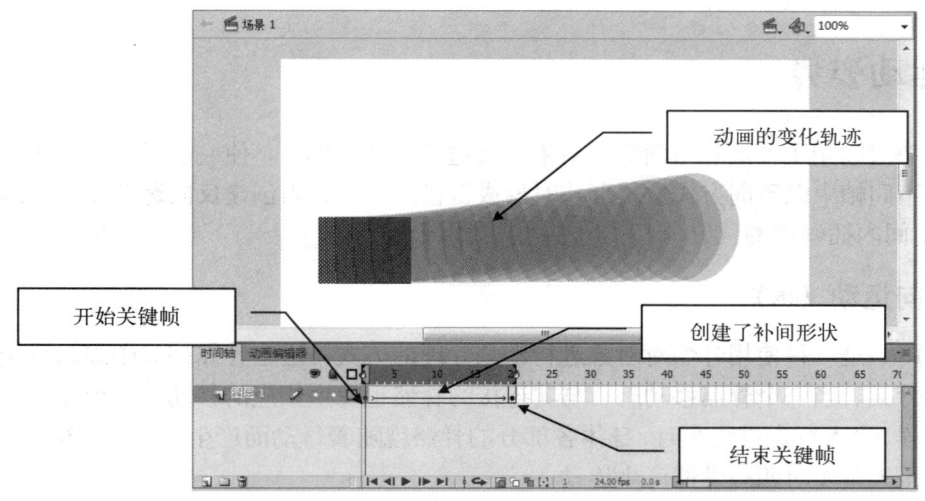

图 5-14　更改图形形状的补间形状过程

5.5.2 补间形状的作用对象

补间形状可以实现两个形状之间的大小、颜色、形状和位置的相互变化。这种动画类型只能使用形状对象作为形状补间动画的元素，其他对象（如实例、元件、文本、组合等）必须先分离成形状才能应用到补间形状动画。

换言之，补间动画可以实现两个对象之间的大小、位置、颜色（包括亮度、色调、透明度）变化。这种动画可以使用实例、元件、文本、组合和位图作为动画补间的元素，形状对象只有"组合"后才能应用到补间动画中。补间形状则可以实现两个形状之间的大小、颜色、形状和位置的相互变化。这种动画类型只能使用形状对象作为形状补间动画的元素，其他对象（如实例、元件、文本、组合等）必须先分离成形状才能应用到补间形状动画。

补间动画创建失败是初学者经常遇到的问题，主要原因有两个：(1) 选择了不合适的补间类型，例如为形状创建传统补间动画，如图 5-15 所示；(2) 没有参照创建补间动画的方法，随意添加或删除动画对象，或者增加了多余的帧。

新编中文版 Flash CS6 标准教程

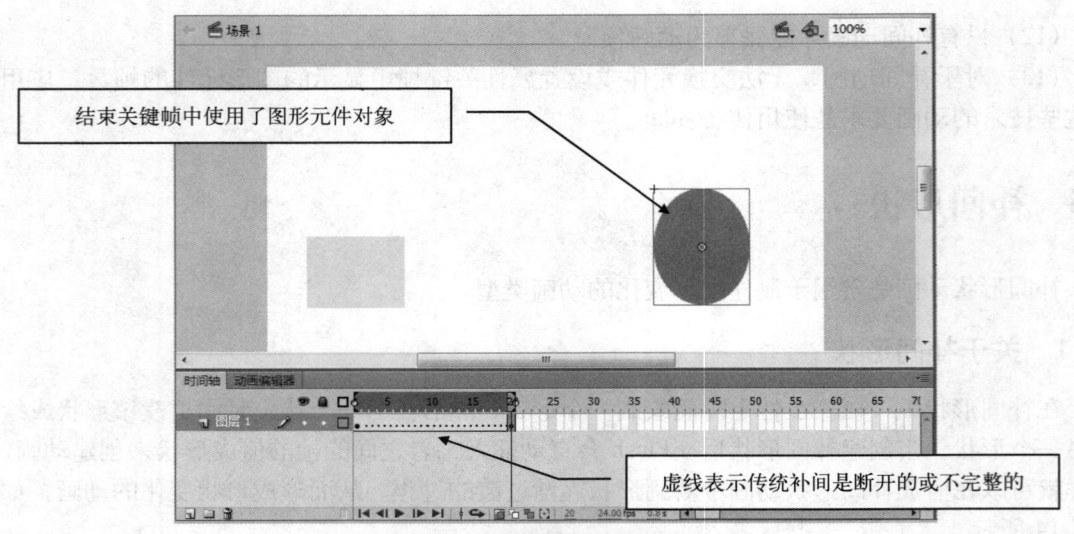

结束关键帧中使用了图形元件对象

虚线表示传统补间是断开的或不完整的

图 5-15　创建失败的传统补间动画

5.6　反向运动姿势

反向运动姿势可以用于伸展和弯曲形状对象以及链接元件实例组，使它们以自然方式一起移动。可以在不同帧中以不同方式放置形状对象或链接的实例，当创建反向运动姿势动画后，Flash 将在中间内插帧中的位置。

5.6.1　关于反向运动（IK）

反向运动（IK）是一种使用骨骼对对象进行动画处理的方式，这些骨骼按父子关系链接成线性或枝状的骨架。当一个骨骼移动时，与其连接的骨骼也发生相应的移动。这个原理就如同人体骨骼一样，当人行走或跑步时，身体各部分的骨骼就随着行动而产生连动。如图 5-16 所示，以木偶示范人跑步时四肢骨骼产生连动。

图 5-16　人跑步时四肢骨骼产生连动

骨骼链称为骨架，在父子层次结构中，骨架中的骨骼彼此相连，骨架可以是线性的或分支的。源于同一骨骼的骨架分支称为同级，骨骼之间的连接点称为关节，如图 5-17 所示。

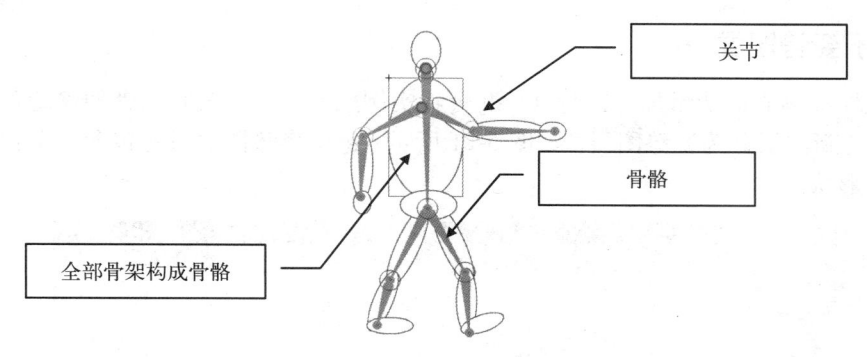

图 5-17　附加 IK 骨骼的元件

5.6.2　使用 IK 的方式

使用反向运动可以方便地创建自然运动。如果要使用反向运动进行动画处理，只需在时间轴上指定骨骼的开始和结束位置。此时，Flash 自动在起始帧和结束帧之间对骨架中骨骼的位置进行内插处理，使骨骼生成连续的规律动作，如图 5-18 所示。

图 5-18　Flash 使骨骼生成连续的动作

在 Flash 中，可以通过两种方式使用 IK。

（1）使用形状作为多块骨骼的容器。例如，可以在"对象绘制"模式下绘图，向恐龙的插图中添加骨骼。通过骨骼可以移动形状的各个部分并对其进行动画处理，即可使恐龙逼真地行走，而无须绘制形状的不同版本或创建补间形状，如图 5-19 所示。

（2）将元件实例链接起来。例如，可以将显示躯干、手臂、前臂和手的影片剪辑链接起来，使其彼此协调而逼真地移动。如图 5-20 所示为使用三个影片剪辑元件构成手臂，并添加手臂骨骼。

在使用反向运动时，Flash 文件必须是基于 ActionScript 3.0 脚本语言的文件，因此在使用反向运动前，需要新建 ActionScript 3.0 的 Flash 文件。

图 5-19　使用形状作为多块骨骼的容器 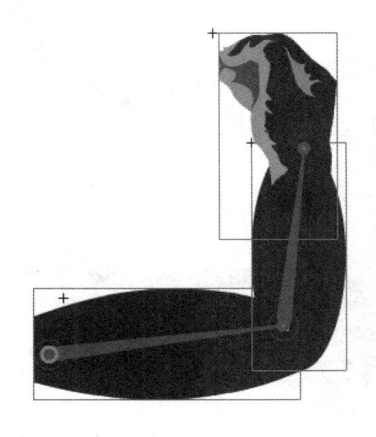　　图 5-20　使用 3 个影片剪辑元件构成手臂并添加了骨骼

5.6.3 关于姿势图层

在向元件实例或形状添加骨骼时，Flash 会将实例或形状以及关联的骨架移动到时间轴中的新图层，此新图层称为姿势图层，如图 5-21 所示。每个姿势图层只能包含一个骨架及其关联的实例或形状。

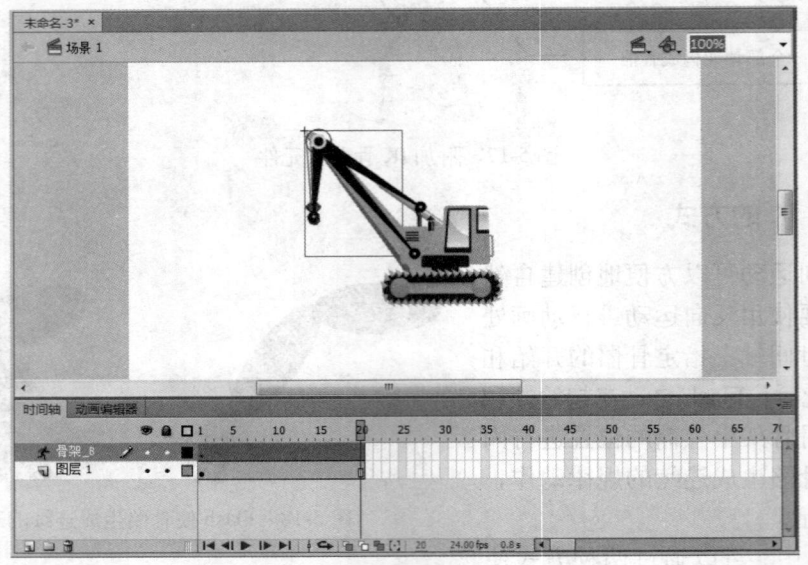

图 5-21 添加骨骼时所产生的姿势图层

在添加骨骼之前，元件实例可以位于不同的图层上，当添加骨骼时，Flash 将它们添加到姿势图层上，如图 5-22 所示。

在 Flash CS6 中，每个姿势图层只能包含一个骨架及其关联的实例或形状。但在 Flash CS5.5 版本中，除了一个或多个骨架外，姿势图层还可以包含其他对象。

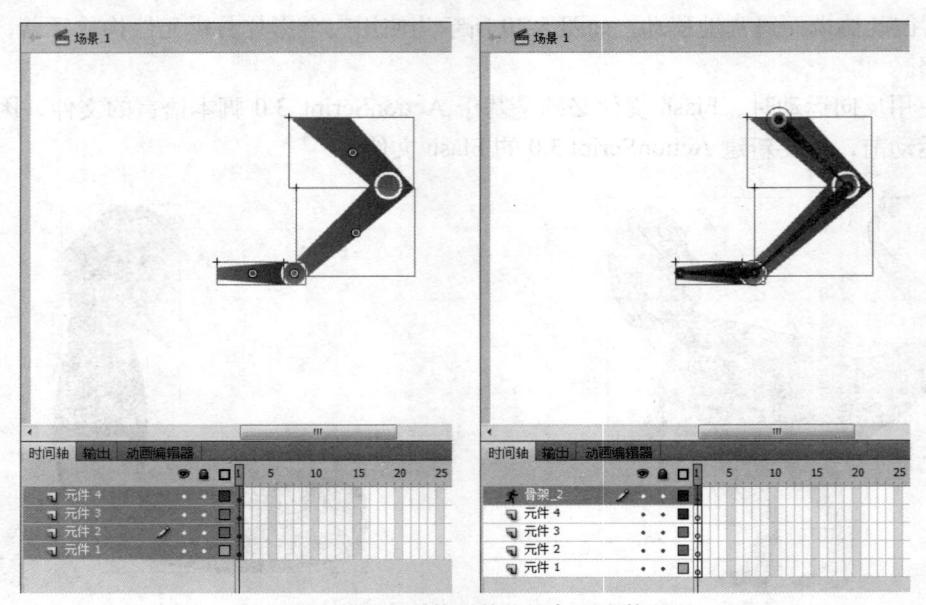

图 5-22 不同图层的元件均添加到姿势图层

5.6.4 处理 IK 的工具

Flash 提供了【骨骼工具】和【绑定工具】两个用于处理 IK 的工具。可以使用【骨骼工具】向元件实例和形状添加骨骼，如图 5-23 所示；可以使用【绑定工具】调整形状对象的各个骨骼和控制点之间的关系。

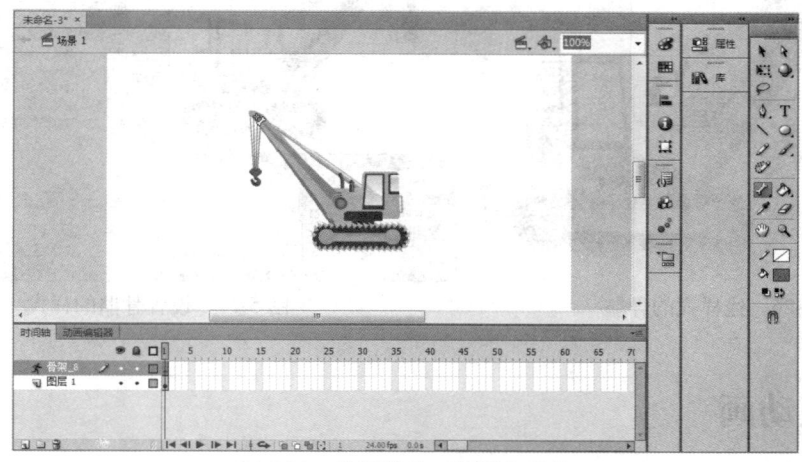

图 5-23 使用骨骼工具添加骨骼

5.6.5 骨骼使用的样式

Flash 可以使用 4 种方式在舞台上绘制和显示骨骼：

（1）无：不显示骨骼样式。

（2）实线：这是默认样式，即是纯色样式，如图 5-24 所示。

（3）线框：此样式显示为实线轮廓显示骨骼，如图 5-25 所示。线框样式在实线样式遮住骨骼下的插图太多时非常有用。

（4）线：此样式只以一条细实线显示骨骼，对于较小的骨架非常有用，如图 5-26 所示。

图 5-24 实线样式的骨骼　　　　图 5-25 线框样式的骨骼

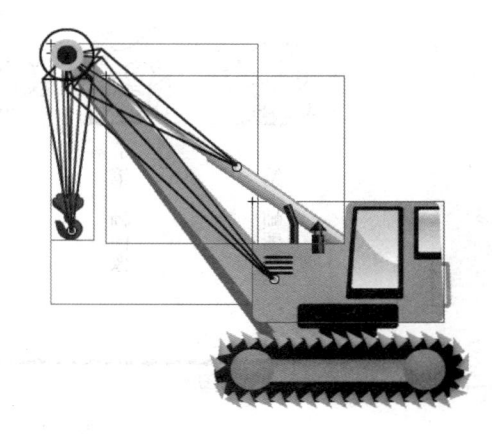

如果要设置骨骼样式，可以在【时间轴】面板上选择 IK 范围，然后从【属性】面板的【选项】部分中的【样式】菜单中选择样式，如图 5-27 所示。

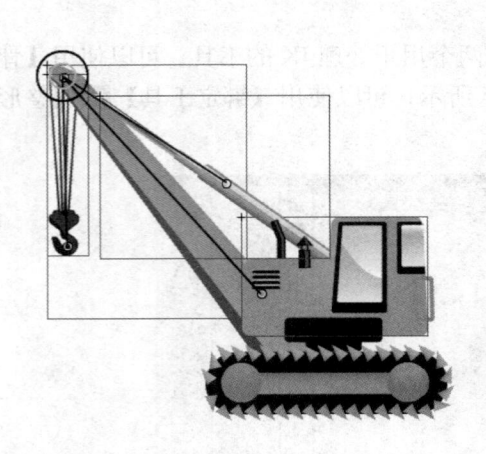

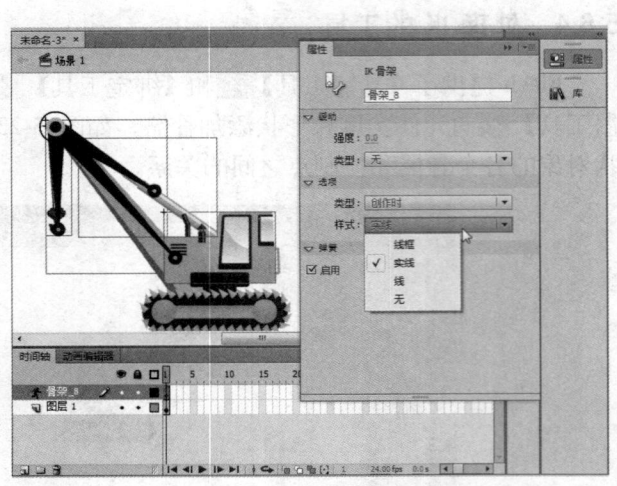

图 5-26　线样式的骨骼　　　　　　　　　图 5-27　设置骨骼的样式

5.7　逐帧动画

逐帧动画在每一帧中都会更改舞台内容，它最适合于图像在每一帧中都在变化，而不仅仅是在舞台上移动的复杂动画。使用逐帧动画技术可以创建与快速连续播放的影片帧类似的效果。对于每个帧的图形元素必须不同的复杂动画而言，此技术非常有用。

5.7.1　创建逐帧动画

如果要创建逐帧动画，可以将每个帧都定义为关键帧，然后为每个帧创建不同的图像。每个新关键帧最初包含的内容和它前面的关键帧是一样的，因此可以递增地修改动画中的帧。如图 5-28 所示为兔子奔跑的逐帧动画。

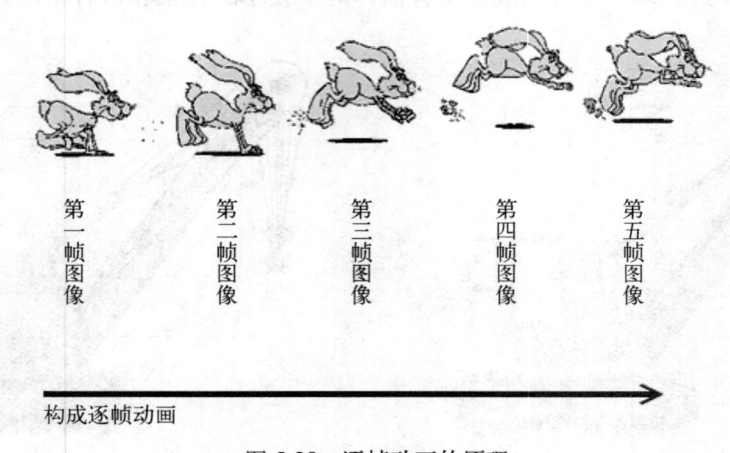

第一帧图像　　第二帧图像　　第三帧图像　　第四帧图像　　第五帧图像

构成逐帧动画

图 5-28　逐帧动画的原理

TIPS　逐帧动画增加文件大小的速度比补间动画快得多。另外，在逐帧动画中，Flash 会存储每个完整帧的值。

5.7.2 查看与编辑多个帧

通常情况下，在某个时间舞台上仅显示动画序列的一个帧。为便于定位和编辑逐帧动画，可以在舞台上一次查看两个或更多的帧。

如果要查看逐帧动画的多个帧，可以在【时间轴】面板上单击【绘图纸外观】按钮，此时播放头下面的帧用全彩色显示，但是其余的帧是暗淡的，看起来就好像每个帧是画在一张半透明的绘图纸上，而且这些绘图纸相互层叠在一起，如图5-29所示。

如果要编辑逐帧动画的多个帧，可以在【时间轴】面板上单击【编辑多个帧】按钮。

图 5-29　查看逐帧动画的多个帧

5.8　播放与测试影片

播放与测试影片是 Flash 创作过程中不可或缺的环节，可以在播放过程中观察动画的效果，找出其中不尽如人意的地方并加以改正。另外，通过测试动画，可以了解各种网络环境中动画的下载情况，观察各种数值的变化，同时还可以检测动画中是否存在 AcitonScript 语法的错误。

5.8.1　播放场景

"播放场景"功能允许用户在编辑环境中预览动画。在播放场景时，播放头将按照预设的帧速在时间轴中移动，顺序显示各帧内容产生动画效果。此时不支持按钮元件和脚本语言的交互功能，也就是无法使用按钮，也无法交互控制影片。

如果要播放场景，可以在菜单栏中选择【控制】|【播放】命令（或者按下 Enter 键）。此时将在播放头指示的当前帧开始播放动画，如图 5-30 所示。如果要暂停播放场景，可以按下 Esc 键，或单击时间轴中的任意帧。

图 5-30 播放场景

> **TIPS**: 默认情况下，动画在播放到最后一帧后停止。如果想重复播放，可以在菜单栏选择【控制】|【循环播放】命令，动画结束后将从第一帧开始继续播放。

5.8.2 通过播放器测试影片

通过播放器测试影片时，Flash 软件会自动生成 SWF 文件，并且将 SWF 动画文件放置在当前 Flash 文件所在的文件夹中，然后在 Flash Play 中打开影片并附加相关的测试功能。

在菜单栏中选择【控制】|【测试影片】命令（或者按下"Ctrl+Enter"快捷键），即可打开 Flash Play 来测试影片，如图 5-31 所示。

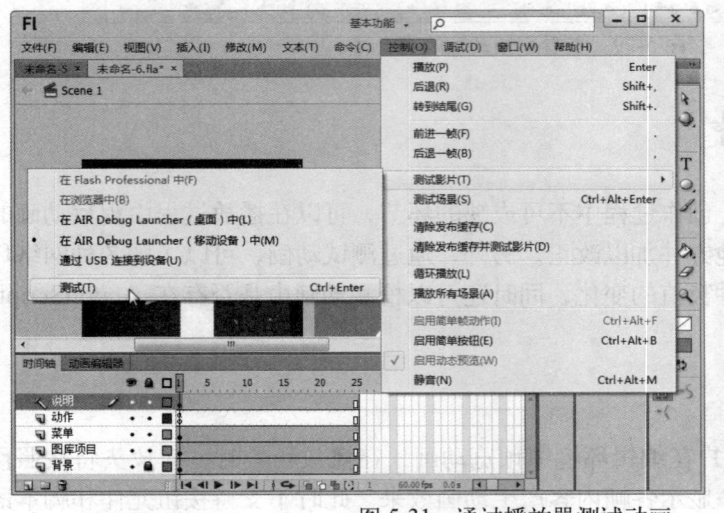

图 5-31 通过播放器测试动画

> **TIPS**: 如果只想测试当前场景，可以在菜单栏选择【控制】|【测试场景】命令，或者按下"Ctrl+Alt+Enter"快捷键。

5.9 本章小结

本章介绍了 Flash 动画制作的入门知识，包括 Flash 动画的基础以及补间动画、传统补间、补间形状、反向运动姿势、逐帧动画 5 种动画类型的概念和基础，最后介绍了播放和测试动画的基本方法。

5.10 习题

一、填空题

1. Flash CS6 支持_____、_____、_____、_____、_____等多种类型的动画。
2. 帧频是动画播放的速度，以每秒播放的_____（fps）为度量单位。
3. 补间是通过为一个帧中的_____指定一个值，并为另一个帧中的_____指定另一个值创建的动画。
4. 补间范围是时间轴中的_____，它在舞台上对应的对象的_____可以随着时间而改变。
5. 属性关键帧是在_____中为_____显示定义一个或多个属性值的帧。
6. 补间形状可以实现两个形状之间的_____、_____、____和_____的相互变化。

二、选择题

1. 在图层上，红色的小旗表示图层上的帧包含什么？   （ ）
   A. 动作   B. 标签   C. 注释   D. 没有包含任何东西
2. 在 Flash CS6 中，不可补间的对象类型是什么？   （ ）
   A. 影片剪辑   B. 图形   C. 文本字段   D. 矢量图形
3. 源于同一骨骼的骨架分支称为同级，骨骼之间的连接点称为什么？   （ ）
   A. 连接点   B. 衔接点   C. 关节   D. 节点
4. 用户可以使用什么工具向元件实例和形状添加骨骼？   （ ）
   A. 骨骼工具   B. 骨架工具   C. 绑定工具   D. 骨骼结构工具
5. 带有黑色箭头和淡绿色背景的起始关键帧处的黑色圆点表示什么？ （ ）
   A. 补间元件   B. 补间形状   C. 传统补间   D. 姿势图层

三、操作题

使用已经提供的位图素材，制作出卡通气泡人舞动的逐帧动画，效果如图 5-32 所示。

图 5-32　制作的逐帧动画预览效果

提示：

（1）打开光盘中的"..\Example\Ch05\5.8.fla"练习文件，然后选择【文件】|【导入】|【导入到库】命令，打开【导入到库】面板后，选择"..\Example\Ch05\逐帧动画图片"文件夹内所有的素材文件，再单击【打开】按钮。

（2）导入素材文件后，可以打开【库】面板。此时可以看到素材位图已经保存在【库】面板，Flash 将每个位图自动转换成了图形元件。

（3）打开【时间轴】面板，选择图层 1 的第 1 帧，再打开【库】面板，选择第一个图形元件，将此元件拖到舞台上创建实例。

（4）选择舞台上的元件实例，然后打开【属性】面板，再打开【位置和大小】选项组，分别设置 X 和 Y 的值为 0。设置 X 和 Y 的值为 0 的作用是使实例贴齐舞台的左上边缘，后续的实例也应该按照此位置放置。

（5）选择图层 1 的第 4 帧，然后按下 F7 功能键插入空白关键帧，再次打开【库】面板，选择第二个图形元件，接着将此元件拖到舞台上，创建该元件的实例。

（6）选择舞台上的元件实例，然后打开【属性】面板，再打开【位置和大小】选项组，同样分别设置 X 和 Y 的值为 0。

（7）使用（3）～（6）的方法，在【时间轴】面板上为图层 1 分别每隔 3 个帧就插入关键帧并设置对应关键帧的实例，接着在最后一个关键帧的后 4 帧上按下 F5 功能键插入动画帧。经过上述操作后，逐帧动画即可完成。

第 6 章　基本 Flash 动画创作

教学提要

补间动画、传统补间和补间形状是 Flash 的基本动画，本章将介绍这 3 种类型动画的创建和编辑方法。

教学重点

- 掌握创建与编辑补间动画的方法
- 掌握使用动画编辑器编辑补间动画的方法
- 了解传统补间动画和补间形状动画的属性设置
- 掌握制作各种传统补间动画的方法
- 掌握制作各种补间形状动画的方法

6.1　创建与编辑补间动画

补间动画是通过为一个帧中的对象属性指定一个值，并为另一个帧中的相同属性指定另一个值创建的动画。由此可知，通过为对象设置不同的属性，即可制作出各种效果的补间动画。本节将为读者介绍制作多种补间动画的操作方法。

> 补间应用于元件实例和文本字段，因此在制作补间动画时，需要注意只能补间元件实例和文本字段。如果将补间应用于所有其他对象类型时，不能将这些对象包装在元件中。

6.1.1　制作直线路径动画

制作直线路径的动画，其实就是改变目标对象的位置属性，这种补间动画是最常见的 Flash 动画效果之一。在时间轴中以关键帧设置对象的开始位置，再创建补间动画，然后以属性关键帧改变目标对象的位置属性即可。

上机实战　制作直线运动补间动画

1　打开光盘中的"..\Example\Ch06\6.1.1.fla"练习文件，选择舞台上的"鸟"群组对象，在对象上单击右键，从打开的菜单中选择【转换为元件】命令，在打开的对话框中设置元件名称和类型，最后单击【确定】按钮，如图 6-1 所示。

2　选择图层 2 的第 40 帧，然后按下 F5 功

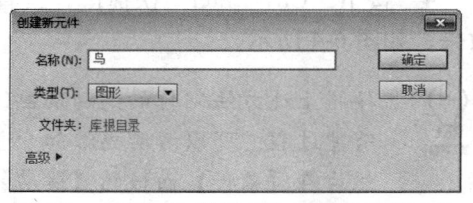

图 6-1　将"鸟"群组对象转换为图形元件

能键插入帧，接着选择该图层第 1 帧并单击右键，从打开的菜单中选择【创建补间动画】命令，创建补间动画，如图 6-2 所示。

图 6-2　插入帧并创建补间动画

3　选择图层 1 第 40 帧，然后按下 F6 功能键插入属性关键帧，接着将舞台上的【鸟】图形元件移到舞台右上方，如图 6-3 所示。经过上面的操作，【鸟】元件从舞台左下方向舞台右上方进行直线运动。

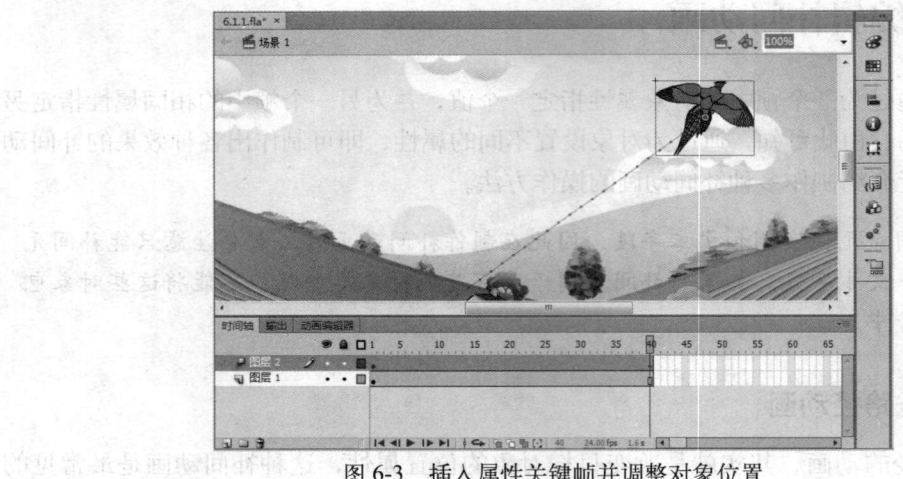

图 6-3　插入属性关键帧并调整对象位置

> **TIPS**　按住 Shift 键拖动，可以限制对象沿水平或垂直方向移动。

4　按下"Ctrl+Enter"快捷键，或者选择【控制】|【测试影片】命令，测试动画播放效果，如图 6-4 所示。

> **TIPS**　按照上述方法制作的运动动画，鸟是匀速前进的。如果要使动画的开始或结束有缓冲过程，可以为动画添加介于-100～100 之间的缓动值。其选择补间动画范围，然后在【属性】面板的【缓动】文本框中输入数值即可，如图 6-5 所示。数值为正表示缓慢结束，数值为负表示缓慢开始。

图 6-4　测试影片

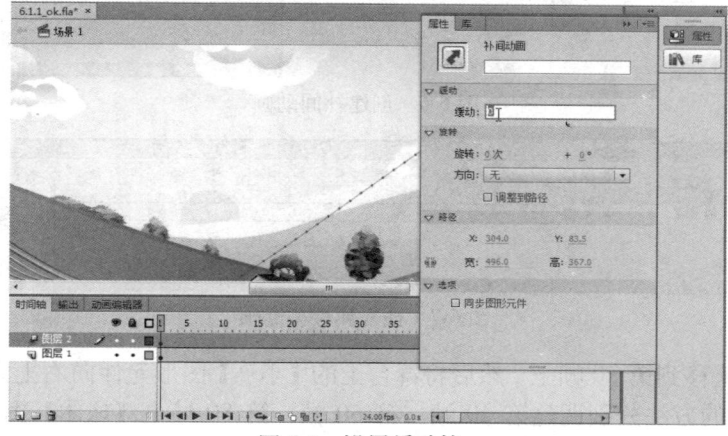

图 6-5　设置缓动值

6.1.2　制作多段线路径的动画

所谓多段线路径，就是一个运动路径中，目标对象沿着多个路径段进行运动。对于这类补间动画制作上来说，其实就是在直线运动的补间动画的基础上延伸，即添加其他不同方向的运动路径即可。

上机实战　制作多段线运动的动画

1　打开光盘中的"..\Example\Ch06\6.1.2.fla"练习文件，在时间轴上选择图层 2 第 80 帧，然后按下 F5 功能键插入帧。

2　选择图层 2 第 1 帧并单击右键，再从打开的菜单中选择【创建补间动画】命令，创建补间动画，如图 6-6 所示。

> **TIPS**　如果补间对象是图层上的唯一对象，Flash 将包含该对象的图层转换为补间图层。如果图层上没有其他任何对象，Flash 插入图层以保存原始对象堆叠顺序，并将补间对象放在自己的图层上。

3　在图层 2 第 20 帧上按下 F6 功能键插入属性关键帧，使用相同的方法分别为第 40、60、80 帧插入属性关键帧，如图 6-7 所示。

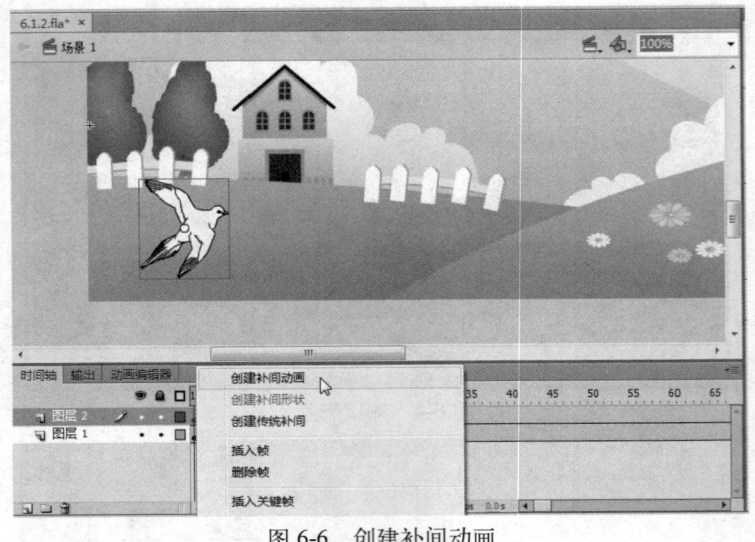

图 6-6 创建补间动画

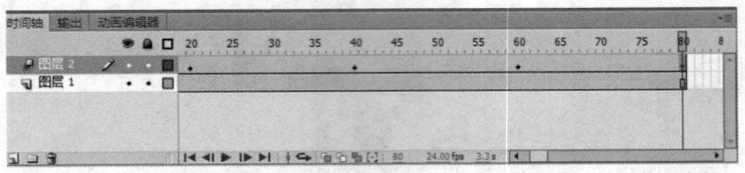

图 6-7 插入属性关键帧

4 将播放头移到第 20 帧上，然后将舞台上的【小鸟】图形元件向右上方移动，如图 6-8 所示。使用相同的方法分别调整第 40 帧、第 60 帧、第 80 帧上【球体】图形元件的位置，形成一个多段线运动路径，结果如图 6-9 所示。

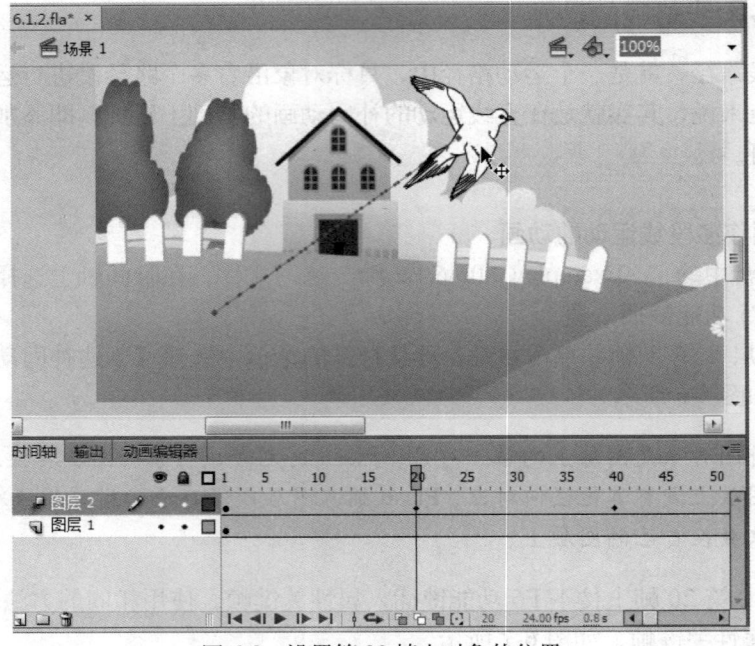

图 6-8 设置第 20 帧上对象的位置

图 6-9　设置其他属性关键帧上的对象位置

5 按下"Ctrl+Enter"快捷键，或者选择【控制】|【测试影片】命令，测试动画播放效果。此时可以看到小球沿着 W 字形的路径运动，如图 6-10 所示。

图 6-10　测试影片播放的效果

6.1.3　编辑补间的运动路径

在 Flash CS6 中，可以使用多种方法编辑补间的运动路径。

1. 更改对象的位置

通过更改对象的位置来更改运动路径，是最简单的编辑运动路径操作。在创建补间动画后，就可以调整属性关键帧目标对象的位置来改变补间动画的运动路径，如图 6-11 所示。

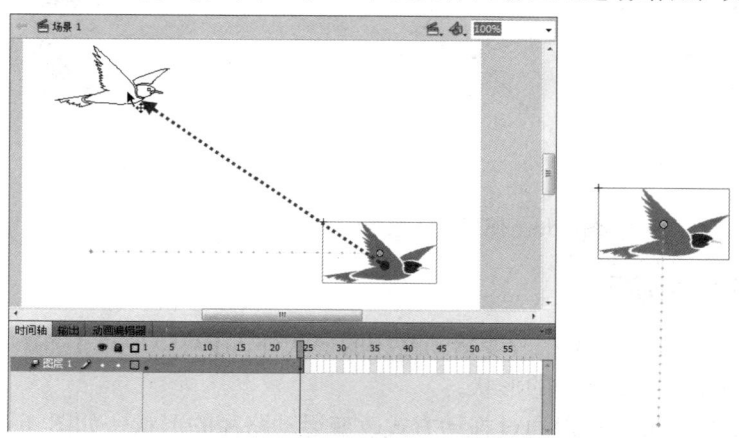

图 6-11　通过改变目标对象的位置达到改变路径的目的

2. 移动整个运动路径的位置

如果要移动整个运动路径，可以在舞台上拖动整个运动路径，也可以在【属性】面板中设置其位置。其中通过拖动的方式调整整个运动路径的方法最常用。

如果要使用工具移动运动路径，可以在工具箱中选择【选择工具】▶，然后单击选中运动路径，接着将路径拖到舞台上所需的位置，如图 6-12 所示。

如果要通过【属性】面板移动运动路径，同样在在工具箱中选择【选择工具】▶，然后在【属性】面板中设置路径的 X 和 Y 值。

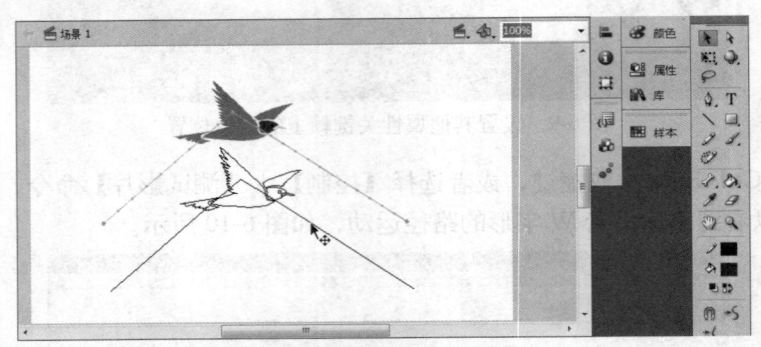

图 6-12 移动整个运动路径

> 除了使用【选择工具】▶移动运动路径外，还可以通过上下左右箭头键来调整路径的位置。

3. 使用【任意变形工具】更改路径的形状或大小

在 Flash CS6 中，可以使用【任意变形工具】来编辑补间动画的运动路径，如缩放、倾斜或旋转路径，如图 6-13 所示。

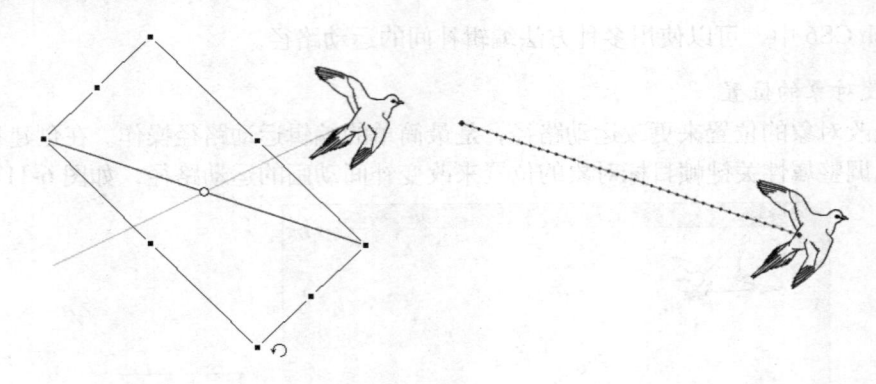

图 6-13 使用【任意变形工具】旋转路径

6.1.4 制作曲线路径动画

除了使用【任意变形工具】改变运动路径的形状外，还可以使用【选择工具】▶和【部分选取工具】▶来改变运动路径的形状。

使用【选择工具】▶，可以通过拖动方式改变运动路径的形状，如图 6-14 所示。补间中的属性关键帧将显示为路径上的控制点，因此也可以使用【部分选取工具】▶显示路径上对应于每个位置属性关键帧的控制点和贝塞尔手柄，并可以使用这些手柄改变属性关键帧点周围路径的形状。

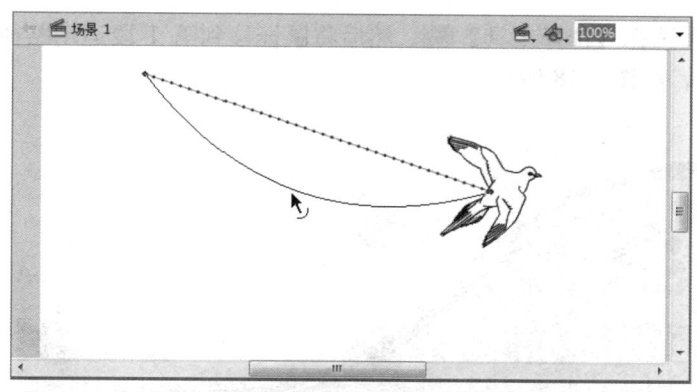

第 6 章 基本 Flash 动画创作 **125**

图 6-14 使用选择工具改变运动路径的形状

上机实战　制作曲线运动路径动画

1 打开光盘中的 "..\Example\Ch06\6.1.4.fla" 练习文件，在时间轴上选择图层 2 第 50 帧，然后按下 F5 功能键插入帧。

2 选择图层 2 第 1 帧并单击右键，从打开的菜单中选择【创建补间动画】命令创建补间动画，如图 6-15 所示。

3 在图层 2 第 15 帧上按下 F6 功能键插入属性关键帧，使用相同的方法分别为第 30、50 帧插入属性关键帧，如图 6-16 所示。

图 6-15 创建补间动画 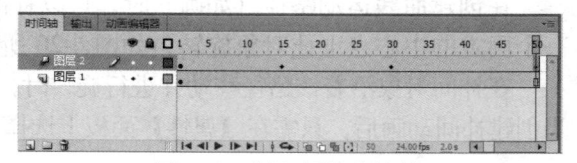　　　　　　　　图 6-16 插入属性关键帧

4 分别调整第 15 帧、第 30 帧、第 50 帧上【蝴蝶】图形元件的位置，结果如图 6-17 所示。

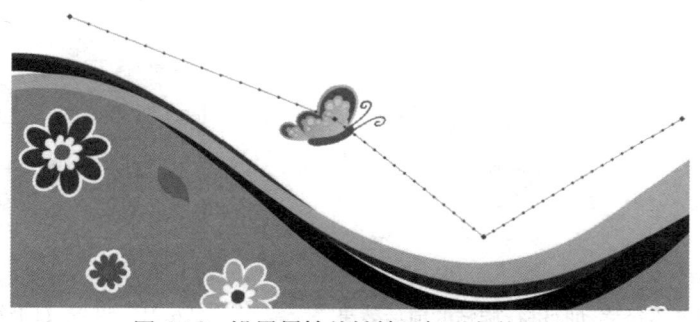

图 6-17 设置属性关键帧目标对象的位置

5　在工具箱中选择【选择工具】 ，然后将鼠标移到第 1 段运动路径上，向上拖动路径，使之变成弧形，如图 6-18 所示。

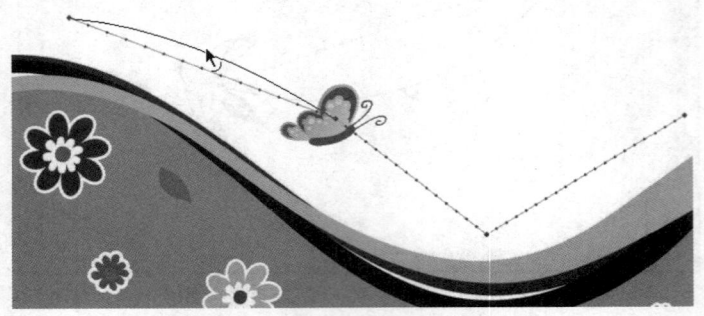

图 6-18　调整第 1 段运动路径的形状

6　使用步骤 5 的方法，分别调整其他两段运动路径的形状，从而制作蝴蝶沿着曲线运动的补间动画效果，如图 6-19 所示。

图 6-19　调整其他运动路径的形状

6.1.5　让对象调整到路径

在创建曲线运动路径（如圆）时，可以补间对象沿着该路径移动时进行旋转，就如同在一个固定的中心点上让对象旋转，如图 6-20 所示。

在补间对象沿着该路径移动并进行旋转时，使可以让对象相对于该路径的方向保持不变。当创建补间动画后，只需在【属性】面板上选择【调整到路径】复选项即可，如图 6-21 所示。

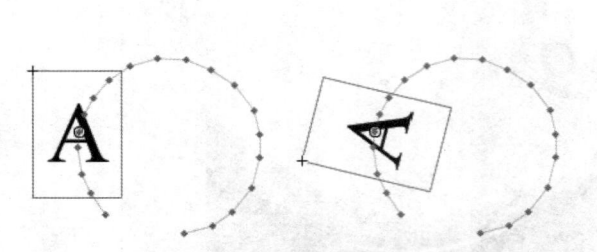

图 6-20　设置沿着路径移动时进行旋转的前后效果 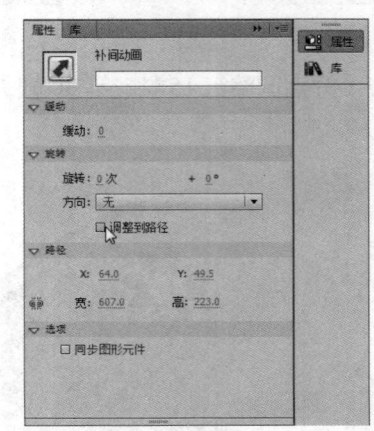　　　　图 6-21　设置【调整到路径】属性

6.1.6 使用浮动属性关键帧

浮动属性关键帧是与时间轴中的特定帧无任何联系的关键帧。Flash 将调整浮动关键帧的位置，使整个补间中的运动速度保持一致。

浮动关键帧仅适用于空间属性 X、Y 和 Z。在通过将补间对象拖动到不同帧中的不同位置的方式对舞台上的运动路径进行编辑之后，浮动关键帧非常有用。在按照此方式编辑运动路径时，通常会创建一些路径片段，这些路径片段中的运动速度比其他片段中的运动速度要更快或更慢。这是因为路径段中的帧数会比其他路径段中的帧数更多或更少，如图 6-22 所示。

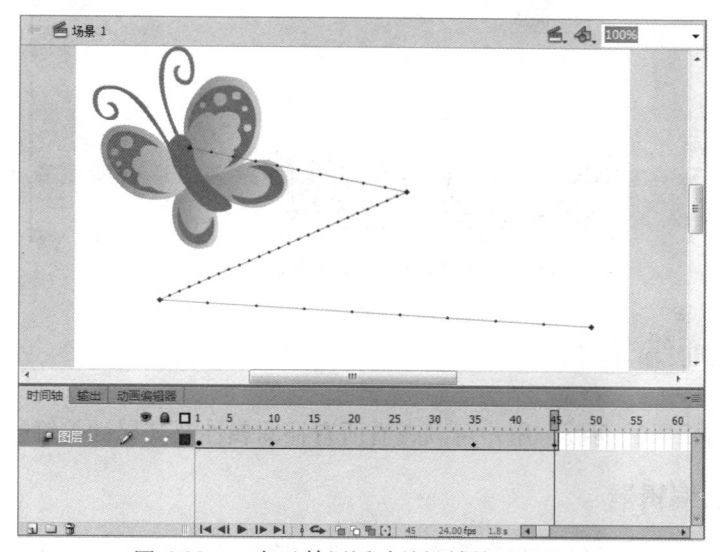

图 6-22　一条已禁用浮动关键帧的运动路径

使用浮动属性关键帧有助于确保整个补间中的动画速度保持一致。当属性关键帧设置为浮动时，Flash 会在补间范围中调整属性关键帧的位置，以便补间对象在补间的每个帧中移动相同的距离。然后，可以通过缓动来调整移动，使补间开头和结尾的加速效果显得很逼真。

选择补间范围并单击右键，然后在打开的菜单中选择【运动路径】|【将关键帧切换为浮动】命令即可为整个补间启用浮动关键帧，如图 6-23 所示。

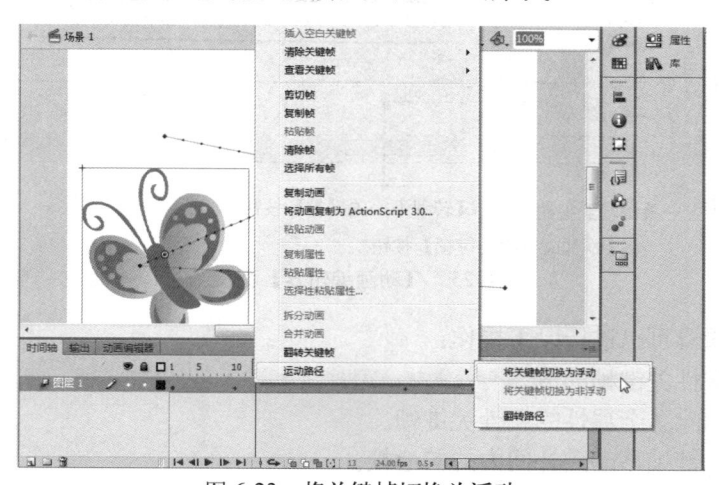

图 6-23　将关键帧切换为浮动

在将补间动画的关键帧切换成浮动属性关键帧后,舞台上的运动路径的帧会变得分布均匀,如图 6-24 所示。

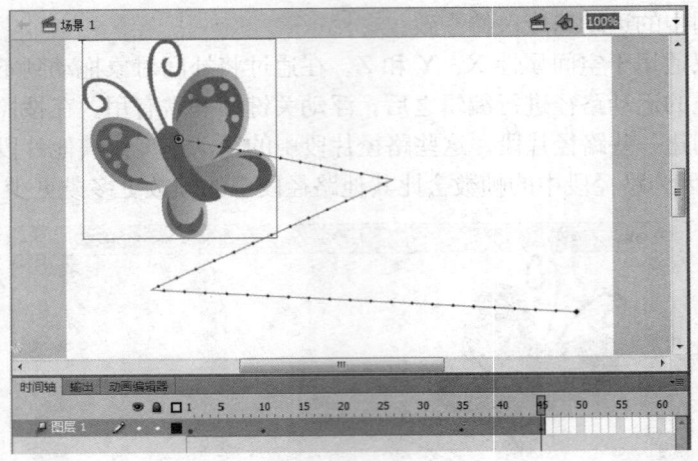

图 6-24 已启用浮动关键帧的运动路径

6.2 使用动画编辑器

通过【动画编辑器】面板,用户可以查看所有补间属性及其属性关键帧。

6.2.1 关于动画编辑器

动画编辑器显示当前选定的补间的属性,在时间轴中创建补间后,动画编辑器允许用户以多种不同的方式来控制补间。如图 6-25 所示为【动画编辑器】面板。

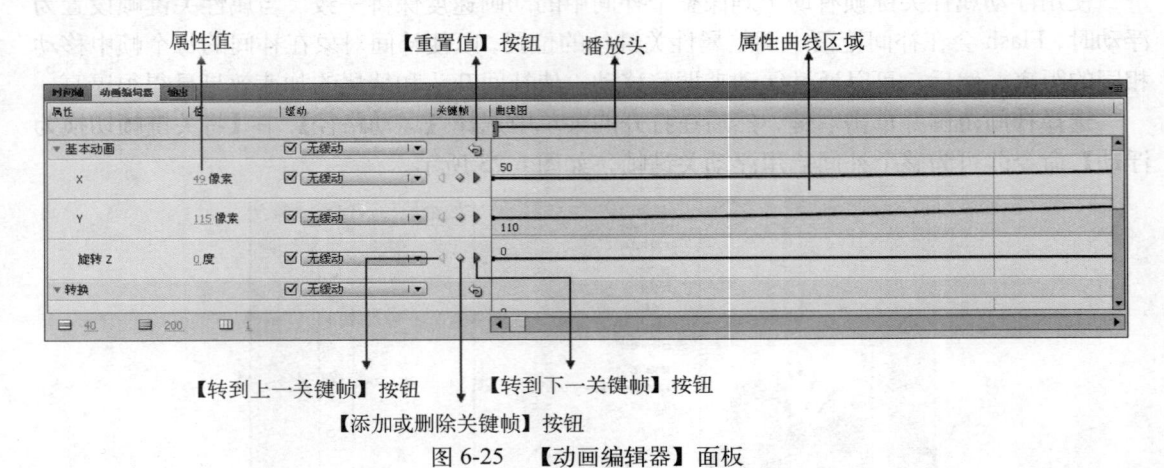

图 6-25 【动画编辑器】面板

使用动画编辑器可以进行以下操作:
(1) 设置各属性关键帧的值。
(2) 添加或删除各个属性的属性关键帧。
(3) 将属性关键帧移动到补间内的其他帧。
(4) 将属性曲线从一个属性复制并粘贴到另一个属性。

(5)翻转各属性的关键帧。
(6)重置各属性或属性类别。
(7)使用贝赛尔控件对大多数单个属性的补间曲线的形状进行微调(X、Y和Z属性没有贝赛尔控件)。
(8)添加或删除滤镜或色彩效果并调整其设置。
(9)向各个属性和属性类别添加不同的预设缓动。
(10)创建自定义缓动曲线。
(11)将自定义缓动添加到各个补间属性和属性组中。
(12)对X、Y和Z属性的各个属性关键帧启用浮动。

6.2.2 编辑属性曲线的形状

通过动画编辑器,可以精确控制补间的每条属性曲线的形状。对于所有其他属性,可以使用标准贝塞尔控件编辑每个图形的曲线,使用这些控件与使用选取工具或钢笔工具编辑笔触的方式类似,如图6-26所示。

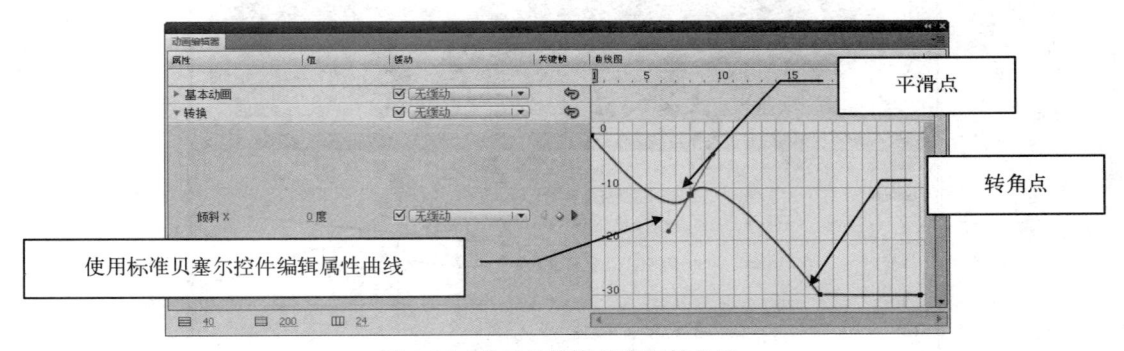

图6-26 动画编辑器编辑属性曲线

动画编辑器上的属性曲线代表了补间动画中目标对象的属性,在调整属性曲线形状时,将同时改变对象的属性。因此,通过编辑属性曲线可以达到不同的目的。
(1)创建复杂曲线以实现复杂的补间效果。
(2)在属性关键帧上调整属性值。
(3)沿整条属性曲线增加或减小属性值。
(4)向补间添加附加关键帧。
(5)将各个属性关键帧设置为浮动或非浮动。

> **TIPS** 属性曲线的控制点可以是平滑点或转角点。属性曲线在经过转角点时会形成夹角,在经过平滑点时会形成平滑曲线。

下面将通过编辑【动画编辑器】面板上的属性曲线改变补间动画的对象属性,达到改变补间动画效果的目的。

上机实战 编辑属性曲线形状

1 打开光盘中的"..\Example\Ch06\6.2.2.fla"练习文件,在选择【窗口】|【动画编辑器】命令,打开【动画编辑器】面板。

2 在工具箱中选择【选择工具】 ，然后在舞台上选择补间动画的运动路径，此时可以在【动画编辑器】面板的属性曲线区域看到补间对象的属性曲线，如图 6-27 所示。

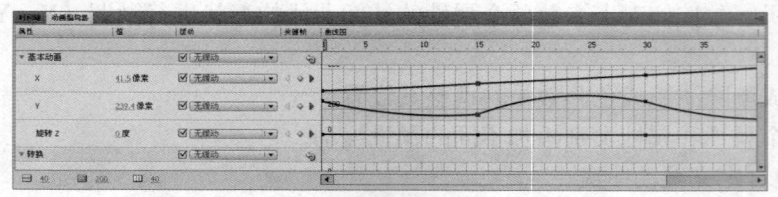

图 6-27 【动画编辑器】面板的属性曲线

3 选择【基本动画】组上的【Y】行的第 15 帧上的属性关键帧，然后向上拖动属性关键帧，此时 Y 的数值同时在增加，而补间对象在舞台上对应改变位置，如图 6-28 所示。

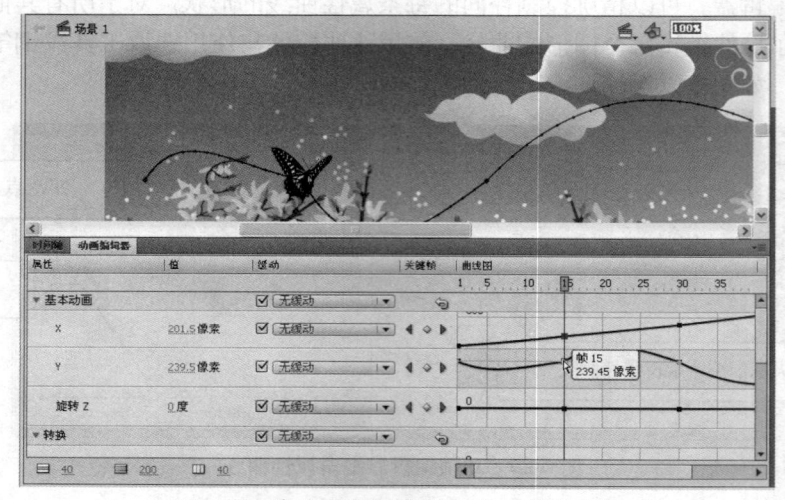

图 6-28 移动 Y 行属性曲线第 15 帧的位置

4 在【基本动画】组上的【Y】行的第 40 帧上单击右键，从打开的菜单中选择【添加关键帧】命令，在此帧上添加属性关键帧，如图 6-29 所示。

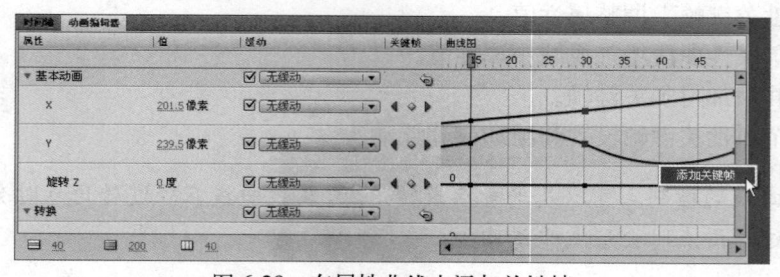

图 6-29 在属性曲线上添加关键帧

5 选择【基本动画】组上的【Y】行的第 40 帧上的属性关键帧，然后向下拖动属性关键帧，此时 Y 的数值同时在减少，而补间对象在舞台上对应改变位置，如图 6-30 所示。

6 选择【基本动画】组上的【X】行的第 30 帧上的属性关键帧，然后向右拖动第 35 帧上，此时 X 的数值同时在减少，如图 6-31 所示。

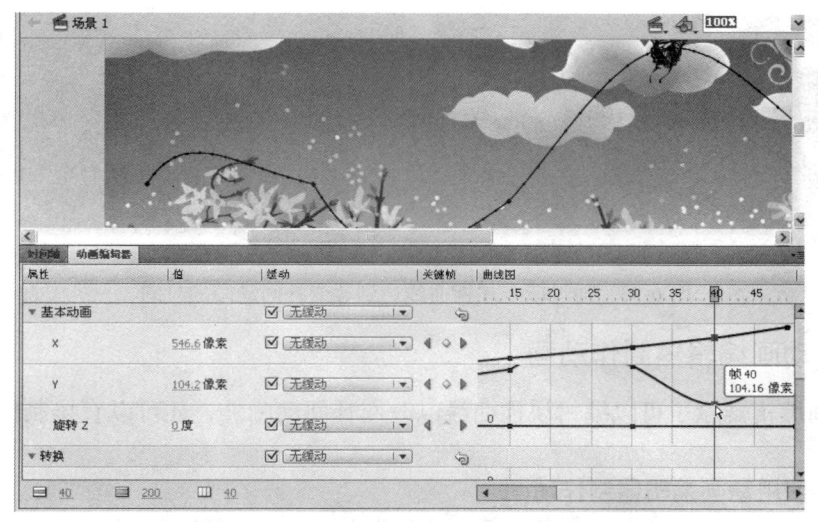

图 6-30 移动 Y 行属性曲线第 40 帧的位置

图 6-31 移动 X 行属性曲线的属性关键帧位置

7 打开【基本动画】组上的【X】行的【已选的缓动】列表框,选择【简单(慢)】选项,为补间对象在 X 轴上的运动设置缓动,如图 6-32 所示。

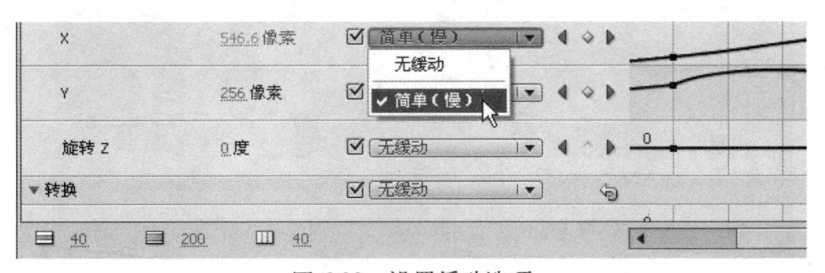

图 6-32 设置缓动选项

8 经过上述操作,原来补间动画的对象位置就被改变了,同时运动路径也产生了变化,如图 6-33 所示。

图 6-33 通过改变属性曲线达到改变补间动画的目的

6.2.3 使用动画编辑器制作动画

使用动画编辑器除了可以编辑属性曲线以改变补间动画外,还可以直接制作动画效果。

上机实战 使用动画编辑器制作动画

1 打开光盘中的"..\Example\Ch06\6.2.3.fla"练习文件,在选择【窗口】│【动画编辑器】命令,打开【动画编辑器】面板。

2 在【时间轴】面板上选择图层 1 任意帧,然后单击右键并从打开的菜单中选择【创建补间动画】命令,创建补间动画。

3 切换到【动画编辑器】面板,然后在【基本动画】组的 X 和 Y 行第 10 帧、第 20 帧、第 30 帧上分别插入属性关键帧,如图 6-34 所示。

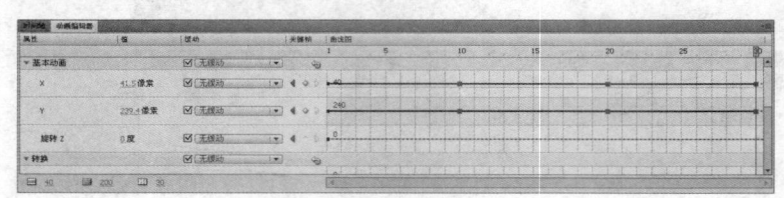

图 6-34 插入关键帧

4 分别调整 X 和 Y 行第 10 帧、第 20 帧、第 30 帧上的关键帧位置,设置补间对象在动画中的运动路径,如图 6-35 所示。

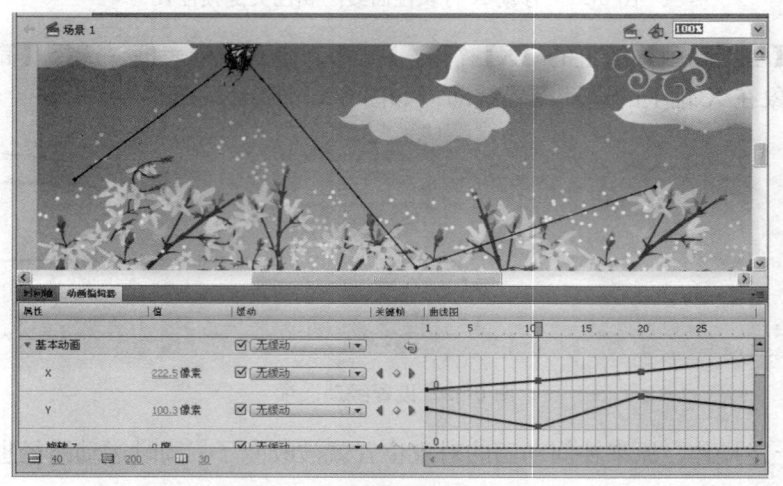

图 6-35 调整关键帧的位置创建对象的运动路径

5 在【动画编辑器】面板中单击【色彩效果】行的【添加】按钮 ，然后在打开的列表框中选择【Alpha】选项，如图 6-36 所示。

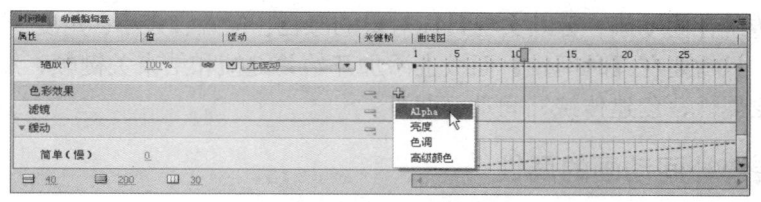

图 6-36 添加色彩效果的属性项

6 在【色彩效果】组的【Alpha 数量】行的第 10 帧上插入属性关键帧，然后设置 Alpha 数量为 50，如图 6-37 所示。

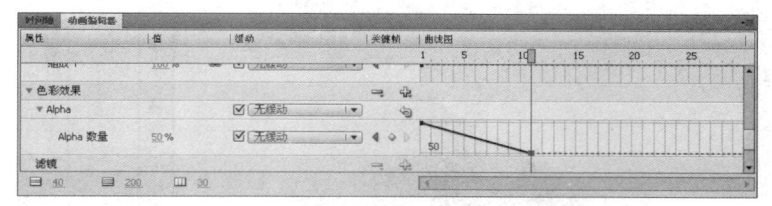

图 6-37 设置第 10 帧的 Alpha 数量

7 接着在【色彩效果】组的【Alpha 数量】行的第 20 帧上插入属性关键帧，然后设置 Alpha 数量为 100，如图 6-38 所示。

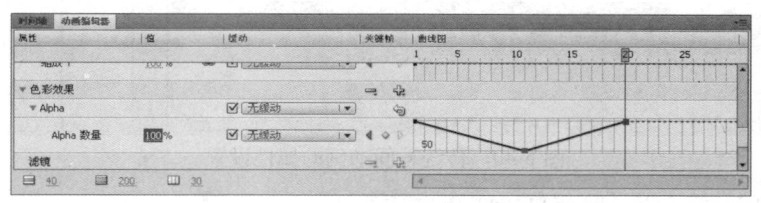

图 6-38 设置第 20 帧的 Alpha 数量

8 经过上述操作即可完成补间动画的制作。按下"Ctrl+Enter"键播放动画，测试播放的效果，如图 6-39 所示。

图 6-39 测试动画播放效果

6.3 制作传统补间动画

通过制作传统补间动画，可以实现目标对象的颜色、位置、大小、角度、透明度的变化。在制作动画时，只需要在【时间轴】面板上添加开始关键帧和结束关键帧，然后通过舞台更改关键帧的对象属性，创建传统补间动画即可。

6.3.1 关于传统补间动画的属性

为开始关键帧和结束关键帧之间创建传统补间动画后，可以通过【属性】面板设置传统补间动画的选项，例如缩放、旋转、缓动等，如图 6-40 所示。

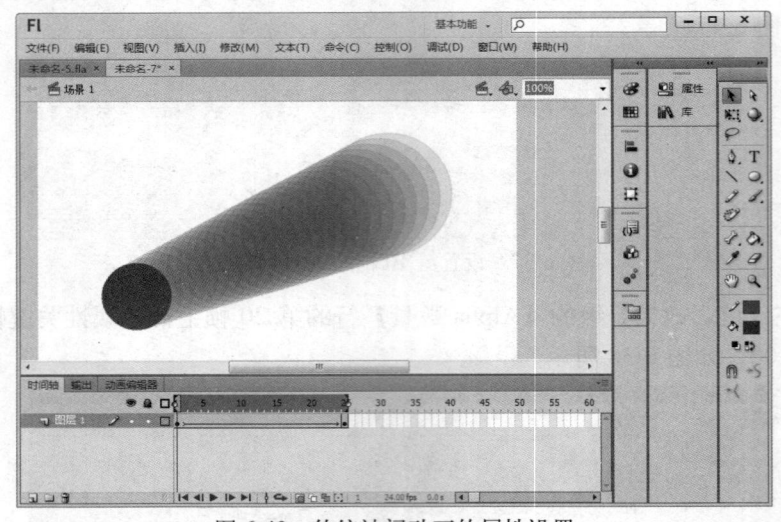

图 6-40 传统补间动画的属性设置

关于传统补间动画的设置项目说明如下。

- 缓动：设置动画类似于运动缓冲的效果。可以使用【缓动】文本框输入缓动值或拖动滑块设置缓动值。缓动值大于 0，则运动速度逐渐减小；缓动值小于 0，则运动速度逐渐增大。
- 【编辑缓动】按钮：提供自定义缓动样式。单击此按钮将打开【自定义缓入/缓出】对话框，如图 6-41 所示。在该对话框中直线的斜率表示缓动程度，可以使用鼠标拖动直线，改变缓动值。
- 旋转：可以设置关键帧中的对象在运动过程中是否旋转、怎么旋转。包括【无】、【自动】、【顺时针】、【逆时针】4 个选项。在使用【顺时针】和【逆时针】样式后，会激活一个【旋转数】文本框，在该文本框中输入对象在【补间动画】包含的所有帧中旋转的次数。
  - ➢ 【无】：对象在【补间动画】包含的所有帧中不旋转。
  - ➢ 【自动】：对象在【补间动画】包含的所有帧中自动旋转，旋转次数也自动产生。
  - ➢ 【顺时针】：对象在【补间动画】包含的所有帧中沿着顺时针方向旋转。
  - ➢ 【逆时针】：对象在【补间动画】包含的所有帧中沿着逆时针方向旋转。
- 调整到路径：将靠近路径的对象移到路径上。
- 同步：同步处理元件。

- 贴紧：使对象贴紧到辅助线上。
- 缩放：可以对对象应用缩放属性。

6.3.2 制作大小变化的移动动画

大小变化并产生移动是通过传统补间改变对象位置和大小属性的动画。其中，产生移动的位置变化动画是指随着播放时间的推移，对象的位置逐渐变化的动画。例如向前行走的汽车、正在走路的人等。

上机实战　制作大小变化的移动动画

1 打开光盘中的"..\Example\Ch06\6.3.2.fla"练习文件，选择图层 1 的第 60 帧，然后在这个帧中按下 F6 功能键插入关键帧。

2 选择第 60 帧，使用【选择工具】将【鸭子】图形元件移到舞台的右下方，如图 6-42 所示。

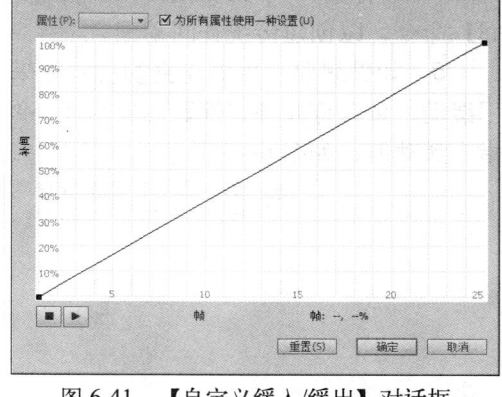

图 6-41　【自定义缓入/缓出】对话框

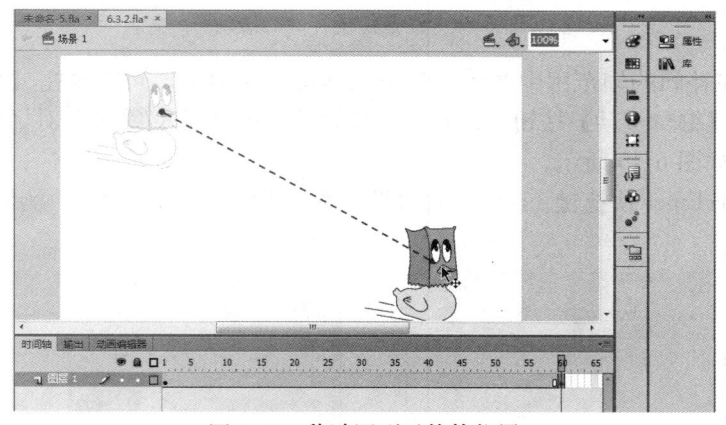

图 6-42　移动图形元件的位置

3 选择第 60 帧上的【鸭子】图形元件，在工具箱中选择【任意变形工具】，等比例放大【鸭子】图形元件，如图 6-43 所示。

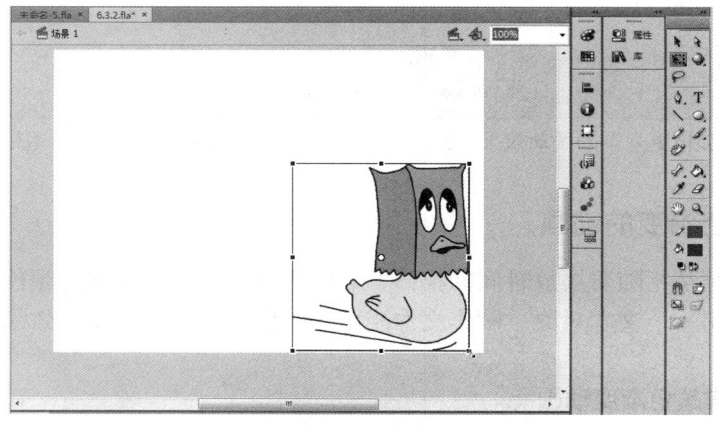

图 6-43　等比例放大【鸭子】图形元件

4 选择第 1 个关键帧,在该关键帧上单击右键,并从打开的菜单中选择【创建传统补间】命令,以创建传统补间动画。

5 如果想要产生更逼真的动画效果,可以对传统补间应用缓动。如果要对传统补间应用缓动,可以打开【属性】面板的【补间】栏,然后在【缓动】字段上为所创建的传统补间指定缓动值,如图 6-44 所示。

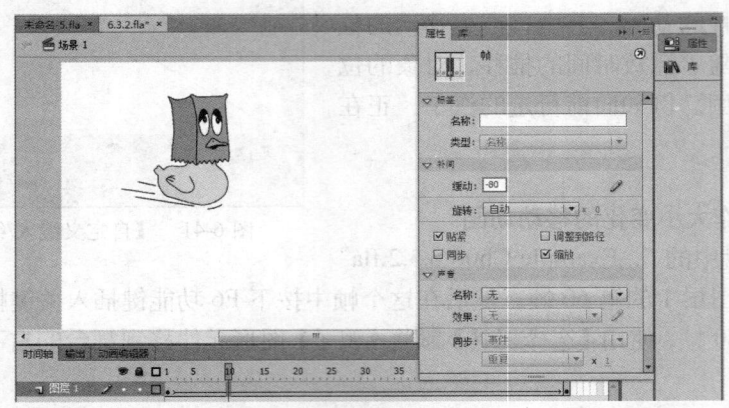

图 6-44 设置传统补间的缓动

6 为了要在补间的帧范围中产生更复杂的速度变化效果,可以单击【属性】面板【缓动】项目旁边的【编辑缓动】按钮,通过打开的【自定义缓入/缓出】对话框设置更复杂的速度变化效果,如图 6-45 所示。

7 按下 Ctrl+Enter 快捷键,或者选择【控制】│【测试影片】命令,测试动画播放效果,如图 6-46 所示。

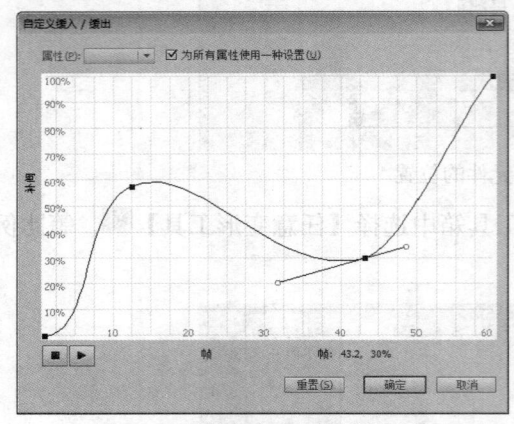

图 6-45 编辑更复杂的缓动效果　　　　　图 6-46 测试动画播放效果

6.3.3 制作颜色渐变的动画

颜色渐变动画是指随着播放时间的推移,对象逐渐出现,并且它的颜色逐渐产生变化的动画。本例将利用一个文本对象,制作文本淡出后产生颜色变化的动画效果。

上机实战　制作颜色渐变动画

1 打开光盘中的"..\Example\Ch06\6.3.3.fla"练习文件,在舞台上选择文本对象,单击右键并选择【转换为元件】命令，如图 6-47 所示。

2　设置元件的名称为【文本】、类型为【图形】，最后单击【确定】按钮，如图 6-48 所示。

图 6-47　转换为元件　　　　　　　　　图 6-48　将文本转换为图形元件

3　选择两个图层第 60 帧，然后按下 F5 功能键插入帧，接着分别选择图层 2 的第 20 帧、第 40 帧、第 60 帧并插入关键帧，如图 6-49 所示。

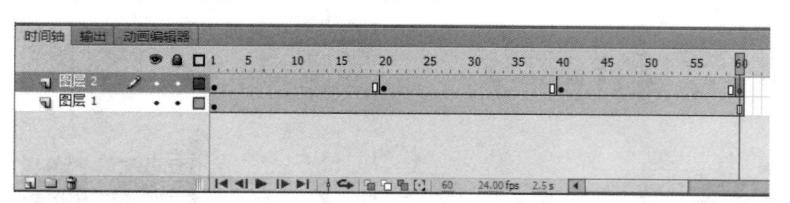

图 6-49　插入帧和关键帧

4　选择图层 2 第 1 帧，再选择舞台上的【文本】图形元件，打开【属性】面板，设置色彩效果的样式为【Alpha】，接着设置 Alpha 为 0%，使文本变成透明，如图 6-50 所示。

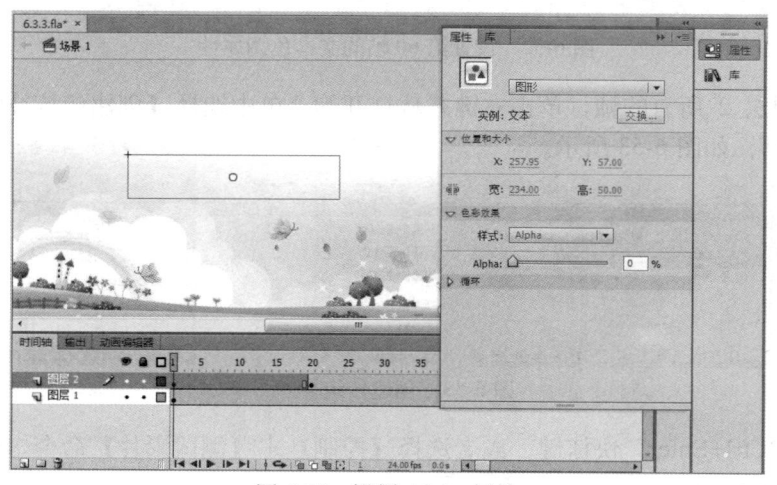

图 6-50　设置 Alpha 属性

5 选择图层 2 第 40 帧，再选择舞台上的【文本】图形元件，打开【属性】面板，设置色彩效果的样式为【色调】，接着设置色调的着色为【#CC9900】，如图 6-51 所示。

图 6-51 设置第 40 帧的文本色调属性

6 选择图层 2 第 60 帧，再选择舞台上的【文本】图形元件，打开【属性】面板，设置色彩效果的样式为【色调】，接着设置色调的着色为【#CC6666】，如图 6-52 所示。

图 6-52 设置第 60 帧的文本色调属性

7 选择图层 2 所有的帧，单击右键并从打开的菜单中选择【创建传统补间】命令，创建传统补间动画，如图 6-53 所示。

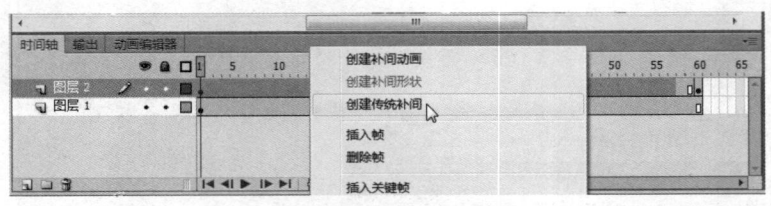

图 6-53 创建传统补间

8 按下"Ctrl+Enter"快捷键，或者选择【控制】|【测试影片】命令，测试动画播放效果，如图 6-54 所示。

图 6-54 测试动画播放效果

6.4 制作补间形状动画

创建补间形状类型的 Flash 动画，可以实现图形的颜色、形状、不透明度、角度的变化。

6.4.1 关于补间形状的属性

在制作补间形状动画时，只需要在【时间轴】面板上添加开始关键帧和结束关键帧，然后在关键帧中创建与设置图形，接着为开始关键帧和结束关键帧创建补间形状动画即可。

为开始关键帧和结束关键帧之间创建补间形状后，可以通过【属性】面板设置补间形状的选项，其中包括【缓动】和【混合】选项，如图 6-55 所示。

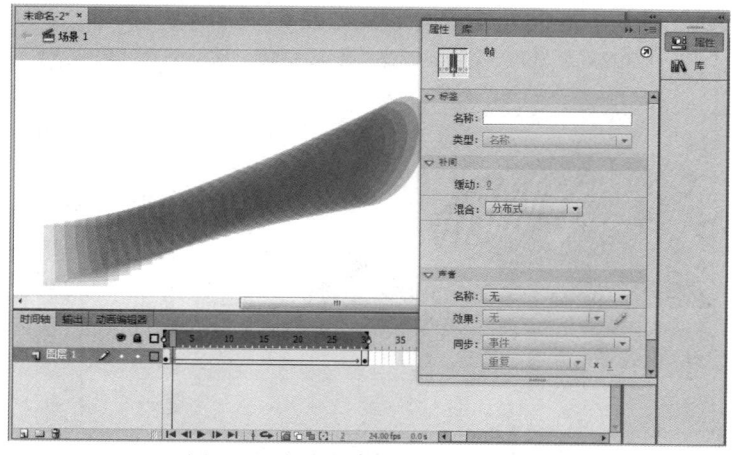

图 6-55 设置补间形状动画的属性

关于补间形状动画属性的设置项目说明如下。
- 缓动：设置图形以类似运动缓冲的效果进行变化。可以使用【缓动】文本框输入缓动值或拖动滑块设置缓动值。缓动值大于 0，则运动速度逐渐减小；缓动值小于 0，则运动速度逐渐增大。
- 混合：用于定义对象形状变化时边缘的变化方式。包括分布式和角形两种方式。
- 分布式：对象形状变化时，边缘以圆滑的方式逐渐变化。
- 角形：对象形状变化时，边缘以直角的方式逐渐变化。

6.4.2 制作移动缩放的动画

下面将通过改变图形对象的大小和位置并利用补间形状的特性，制作的太阳升起并发出光芒变化效果的动画。

上机实战　制作移动缩放动画

1 打开光盘中的"..\Example\Ch06\6.4.2.fla"练习文件，在【时间轴】面板中单击【新建图层】按钮，新增一个图层 2，然后使用【椭圆工具】在舞台上绘制一个无笔触的橙色的圆形（绘制时不要按下工具箱下方的【对象绘制】按钮），如图 6-56 所示。

图 6-56　插入图层并绘制一个圆形

2 在图层 2 第 20 帧上插入关键帧，将圆形移到舞台右上方，使用【任意变形工具】同时按住"Shift+Alt"键从中心向外增大圆形，如图 6-57 所示。

图 6-57　插入关键帧并设置图形对象

3　选择【窗口】|【颜色】命令，打开【颜色】面板，使用【选择工具】选择图层 2 第 1 帧上的图形，再通过【颜色】面板设置图形的 Alpha 为 0%，如图 6-58 所示。

图 6-58　设置第 1 帧图形的 Alpha 属性

4　选择图层 2 第 1 帧，然后单击右键从打开的菜单中选择【创建补间形状】命令，创建补间形状动画，如图 6-59 所示。

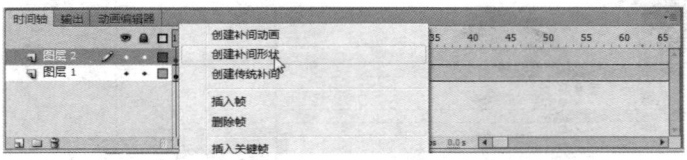

图 6-59　创建补间形状动画

5　选择图层 2，然后在该图层上插入一个新图层并命名为图层 3，接着将图层 3 移到图层 2 下方，在第 20 帧上按下 F7 功能键插入空白关键帧，再使用【椭圆工具】在橙色圆形的位置上绘制一个淡黄色的圆形，如图 6-60 所示。

图 6-60　插入图层并绘制另一个圆形

6　使用【选择工具】选择图层 3 第 20 帧上的图形，然后在【颜色】面板中设置颜色类型为【径向渐变】，接着设置颜色从浅黄色到白色的渐变，如图 6-61 所示。

7　在图层 3 第 40 帧、第 60 帧、第 80 帧、第 100 帧上插入关键帧，再选择第 40 帧，然后使用【任意变形工具】，同时按住 Shift+Alt 键从中心点向四周增大该帧下的圆形，如图 6-62 所示。使用相同的方法增大图层 3 第 80 帧下的圆形。

图 6-61 设置圆形的放射状渐变效果

图 6-62 设置关键帧下的图形大小

8 完成上述操作后，选择图层 3 第 20～100 帧之间的所有帧，然后单击右键从打开的菜单中选择【创建补间形状】命令，创建补间形状动画，如图 6-63 所示。

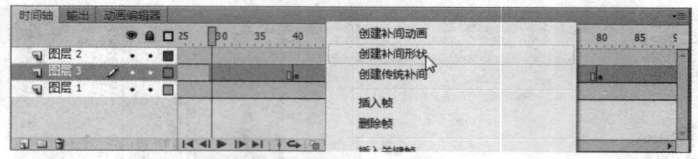

图 6-63 创建补间形状动画

9 按下"Ctrl+Enter"快捷键，或者选择【控制】│【测试影片】命令，测试动画播放效果，如图 6-64 所示。

图 6-64 预览动画效果

6.4.3 制作形状变化的动画

下面将通过制作烛光晃动的效果介绍利用补间形状制作形状变化动画的方法。在本例中，首先绘制一个椭圆形并调整成烛光的形状，接着插入多个关键帧并分别调整图形的形状，最后创建补间形状动画，使形状持续变化从而形成烛光效果。

上机实战　制作形状变化动画

1　先打开光盘中的"..\Example\Ch06\6.4.3.fla"练习文件，在【时间轴】面板中单击【新建图层】按钮，新增一个图层 2，然后使用【椭圆工具】在舞台上绘制一个橙色的圆形，如图 6-65 所示。

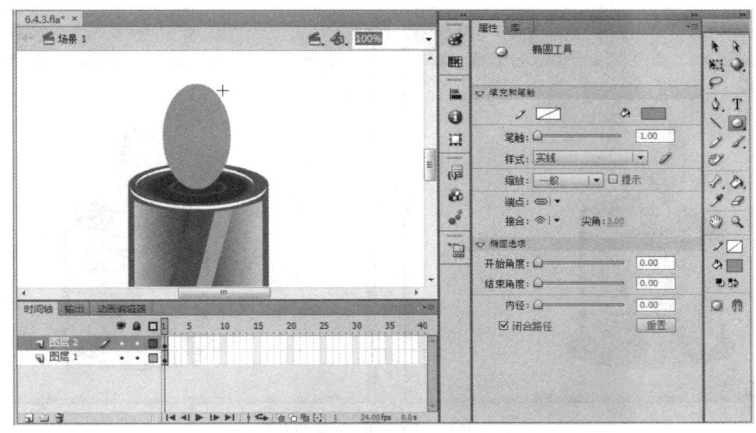

图 6-65　绘制椭圆形

2　在两个图层第 80 帧上按下 F5 功能键插入帧，然后在图层 2 的第 20 帧、第 40 帧、第 60 帧、第 80 帧上插入关键帧，分别在不同关键帧中使用【选择工具】将椭圆形调整成类似烛光的形状，如图 6-66 所示（图中分别为第 1 帧、第 20 帧、第 40 帧、第 60 帧和第 80 帧的椭圆形形状）。

图 6-66　调整各个关键帧的图形形状

3 拖动鼠标选择各个关键帧之间的帧，单击右键并从打开的菜单中选择【创建补间形状】命令，如图 6-67 所示。

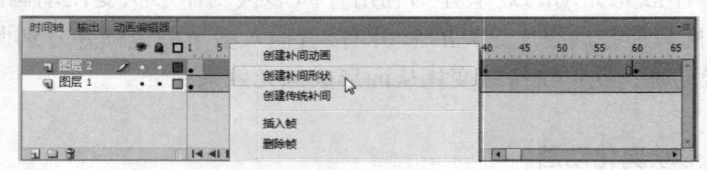

图 6-67 创建补间形状动画

4 创建补间形状动画后，按下"Ctrl+Enter"快捷键，或者选择【控制】|【测试影片】命令，测试动画播放效果，如图 6-68 所示。

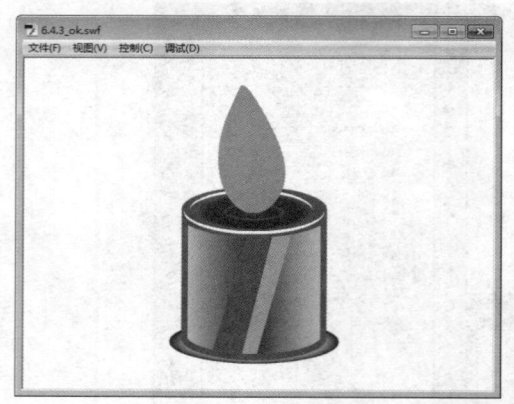

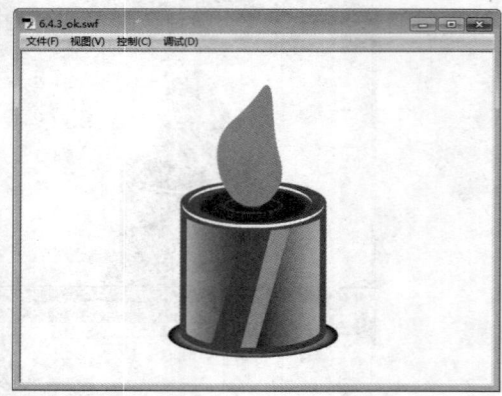

图 6-68 预览动画的效果

6.5 课堂实训

下面将通过制作飞机飞翔动画场景和制作弹跳的动画效果两个范例，介绍 Flash CS6 中补间动画、传统补间和补间形状动画的制作技巧。

6.5.1 制作飞机飞翔动画场景

下面将创建补间动画和补间形状，制作【飞机】图形元件从舞台右边沿着曲线路径移动到舞台左边，同时舞台左上角太阳图形发出光芒的动画效果。结果如图 6-69 所示。

图 6-69 制作飞机飞翔动画场景的结果

上机实战　制作飞机飞翔动画场景

1 打开光盘中的"..\Example\Ch06\6.5.1.fla"练习文件,在【时间轴】面板中单击【新建图层】按钮,新增一个图层 2,接着将【库】面板中的【飞机】图形元件加入舞台的右边,如图 6-70 所示。

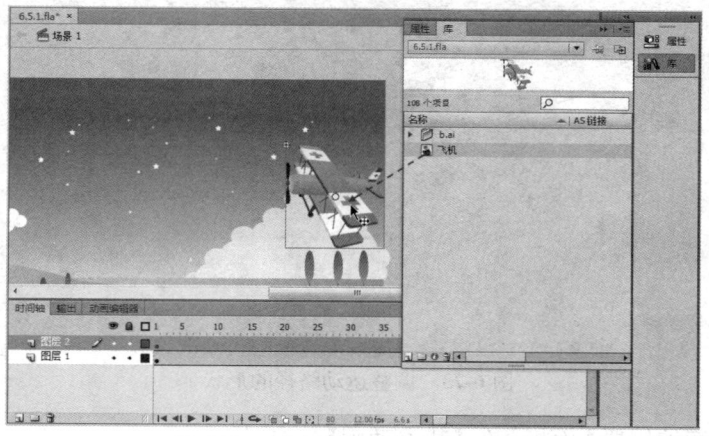

图 6-70　插入图层并加入图形元件

2 选择图层 2 第 2 帧,单击右键并从打开的菜单中选择【创建补间动画】命令,为图层 2 创建补间动画,如图 6-71 所示。

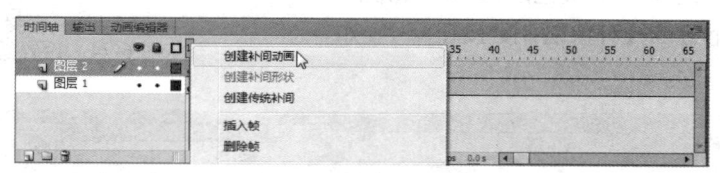

图 6-71　创建补间动画

3 分别在图层 2 第 30 帧、第 60 帧、第 80 帧上插入 F6 功能键插入属性关键帧,接着分别调整第 30 帧、第 60 帧、第 80 帧上的【飞机】图形元件在舞台上的位置,使它从舞台右边移到舞台左边,如图 6-72 所示。

图 6-72　插入属性关键帧并调整元件的位置

4 在工具箱中选择【选择工具】▶,然后将鼠标移各段运动路径上,拖动路径使变成弧形,结果如图6-73所示。

图6-73 调整运动路径的形状

5 打开【动画编辑器】面板,在【基本动画】项中设置缓动为【简单(慢)】,如图6-74所示。

6 在图层2上插入图层3,然后使用【椭圆工具】◉在舞台上绘制一个橙色的圆形(绘制时不要按下工具箱下方的【对象绘制】按钮◻),如图6-75所示。

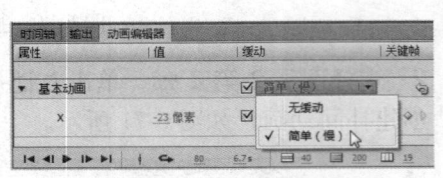

图6-74 设置缓动

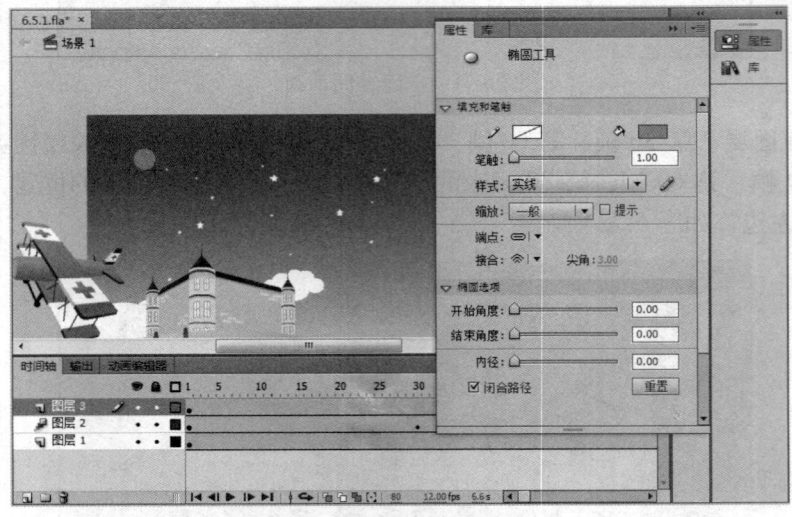

图6-75 插入图层并绘制圆形

7 在图层3上插入图层4,然后将图层4移到图层3下方,接着使用【椭圆工具】◉在橙色圆形的位置上绘制一个圆形,通过【颜色】面板设置颜色填充类型为【径向渐变】,最后设置渐变颜色条左端控制点的颜色为浅黄色,右端控制点的颜色为透明色,如图6-76所示。

第 6 章　基本 Flash 动画创作　**147**

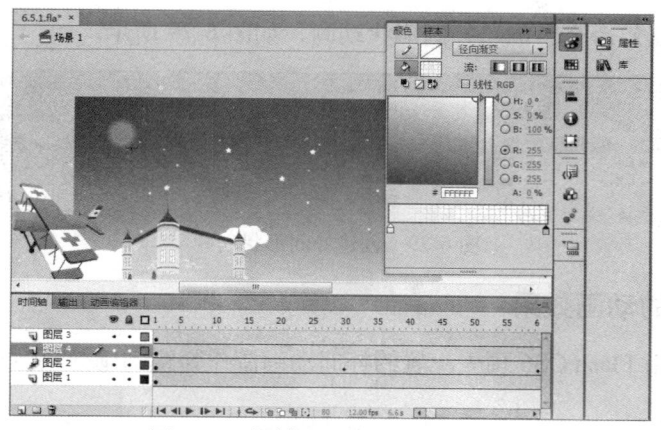

图 6-76　绘制图形并设置填充颜色

8　选择图层 3 上的圆形，使用步骤 7 的方法，为图形设置径向渐变的渐变颜色（渐变颜色条左端控制点的颜色为橙色，右端控制点的颜色为透明色），如图 6-77 所示。

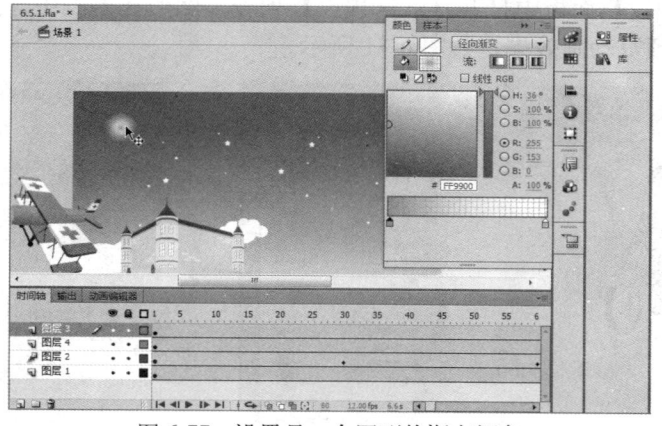

图 6-77　设置另一个图形的渐变颜色

9　分别在图层 4 的第 20 帧、第 40 帧、第 60 帧、第 80 帧上插入关键帧，接着使用【任意变形工具】分别将第 20 帧、第 60 帧的图形从中心点向四周增大，如图 6-78 所示。

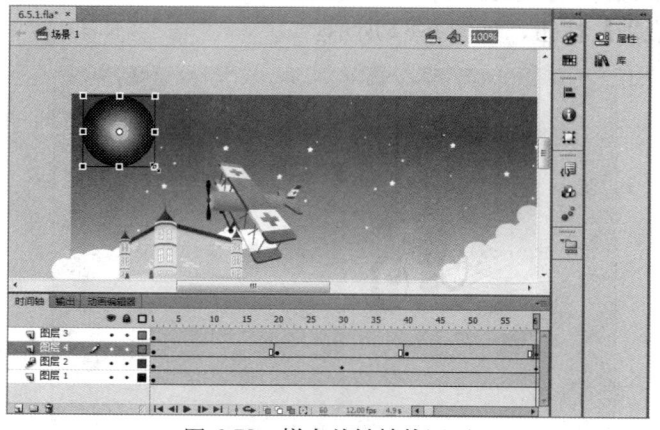

图 6-78　增大关键帧的图形

10　完成上述的操作后，选择图层 4 各个关键帧之间的帧，单击右键并从打开的菜单中选择【创建补间形状】命令,创建补间形状动画,如图6-79所示。

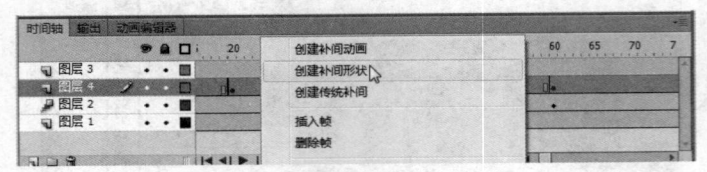

图6-79 创建补间形状动画

6.5.2 制作弹跳的动画效果

下面将介绍使用Flash CS6预先配置的补间动画制作弹跳动画效果。

上机实战　制作弹跳的动画效果

1 打开光盘中的"..\Example\Ch06\6.5.2.fla"练习文件,选择【窗口】|【动画预设】命令,打开【动画预设】面板,如图6-80所示。

2 在【动画预设】面板中打开【默认预设】列表,然后在列表中选择一种预设,接着通过面板的预览区预览动画效果,如图6-81所示。

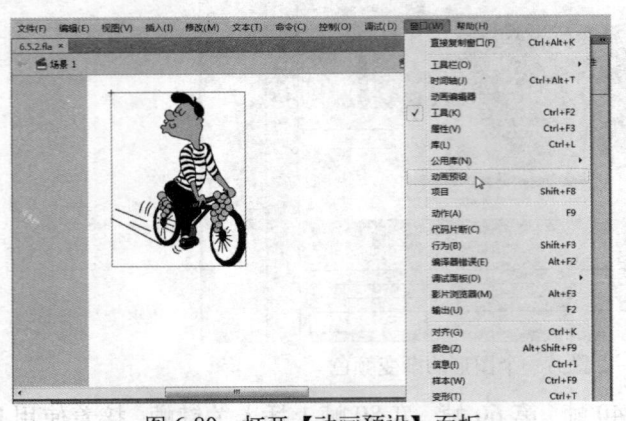

图6-80 打开【动画预设】面板　　　图6-81 预览预设动画的效果

3 选择舞台上的影片剪辑元件实例,然后在【动画预设】面板上选择【3D弹入】预设项目,接着单击【应用】按钮,如图6-82所示。

图6-82 预览预设动画的效果

4 应用预设动画后，Flash 将以影片剪辑元件实例制作补间动画，并在时间轴上添加补间范围和属性关键帧。打开【属性】面板，修改文档舞台的大小为 800 像素×600 像素，然后选择【任意变形工具】，使用该工具选择补间动画路径，调整路径的位置和大小，如图 6-83 所示。

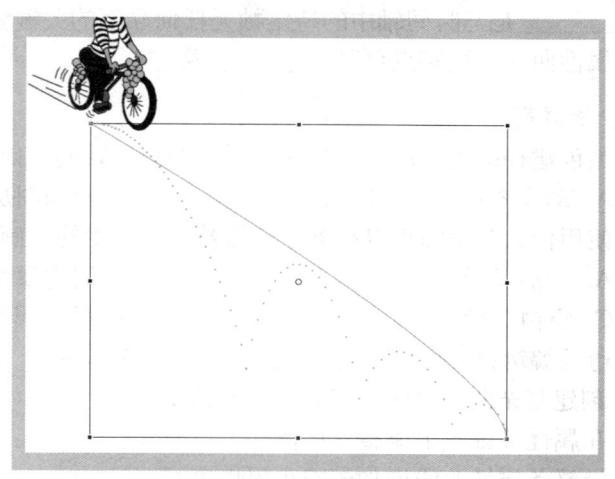

图 6-83 调整舞台大小和补间动画路径大小

5 选择【控制】|【播放】命令，在工作区上预览补间动画的效果，如图 6-84 所示。

图 6-84 预览弹跳动画效果

6.6 本章小结

本章主要介绍了基本的 Flash 动画制作方法，包括创建与编辑补间动画、使用动画编辑气编辑与制作动画、制作传统补间动画以及制作补间形状动画。

6.7 习题

一、填充题

1．在制作补间动画时，需要注意只能补间_____和_____。

2. 如果补间对象是图层上的唯一一项，则 Flash 将包含该对象的图层转换为_____。
3. 补间对象在沿着该路径移动时进行旋转，可以让对象相对于该路径的方向保持不变，其操作是只需在【属性】面板上选择_____复选项即可
4. _____是与时间轴中的特定帧无任何联系的关键帧。
5. 属性曲线的控制点可以是_____或_____。

二、选择题
1. 当创建补间动画后，包含作用对象的图层转换为什么图层？　　　　　　　　（　　）
　　A. 动作图层　　　B. 引导图层　　　C. 补间图层　　　D. 关键图层
2. 使用什么关键帧可以有助于确保整个补间中的动画速度保持一致？　　　　　（　　）
　　A. 一般关键帧　　　　　　　　　　B. 固定属性关键帧
　　C. 空白关键帧　　　　　　　　　　D. 浮动属性关键帧
3. 通过编辑属性曲线，不可以达到以下哪个目的？　　　　　　　　　　　　　（　　）
　　A. 创建复杂曲线以实现复杂的补间效果
　　B. 在属性关键帧上调整属性值
　　C. 沿整条属性曲线增加或减小属性值
　　D. 更改补间动画的帧频
4. 哪种补间形状的混合模式在对象形状变化时，边缘以圆滑的方式变化？　　　（　　）
　　A. 分布式　　　B. 角形　　　C. 同步　　　D. 调整到路径
5. 使用【任意变形工具】时，按什么键可以从中心点向四周缩放对象？　　　　（　　）
　　A. "Shift+Shift" 键　　　　　　　B. "Shift+Alt" 键
　　C. Shift 键　　　　　　　　　　　D. Alt 键

三、操作题
为练习文件中的【问号】图形元件插入补间动画，设置元件插入头顶左侧移动到右侧的补间动画，接着使用【选择工具】修改运动路径形状，最后为补间对象调整路径。

图 6-85　本章操作题的结果

提示：

（1）打开光盘中的"..\Example\Ch06\6.7.fla"练习文件，选择图层 2 的第 1 帧，然后打开【插入】菜单，选择【补间动画】命令，为图层 2 插入补间动画。

（2）将播放头移到时间轴的第 1 帧处，然后将问号元件实例移到人物插图头顶左上方，接着将播放头移动第 60 帧处，并按下 F6 功能键插入属性关键帧。

（3）将播放头移到第 60 帧处，然后将问号元件实例移到人物插图头顶右上方。

（4）在工具箱中选择【选择工具】 ，然后将运动路径修改成弧形的形状。

（5）选择图层 2 上的补间范围，然后打开【属性】面板，并选择【调整到路径】复选框，调整补间对象到路径。

（6）将播放头移到第 1 帧处，然后在工具箱中选择【任意变形工具】 ，再使用此工具旋转舞台上的元件实例，适当调整实例的倾斜度。

第 7 章 高级 Flash 动画创作

教学提要

除了制作一般的补间动画、传统补间动画和补间形状动画外，Flash 还提供多种功能和工具，可以创作更多高级的 Flash 动画，包括引导层动画、遮罩动画以及利用形状提示制作更复杂的补间形状动画等。

教学重点

- 掌握利用形状提示控制图形变形的方法
- 掌握利用引导层控制运动路径的方法
- 掌握利用遮罩层控制显示区域的方法

7.1 利用形状提示控制图形变形

补间形状动画是对象由一种形状变换成为另一种形状的动画，形状变化的过程是随机的。但某些时候用户希望能够控制形状的变化，使变化符合自己的预期，这就需要借助形状提示的功能。

7.1.1 形状提示

"形状提示"功能可以标识起始形状和结束形状中相对应的点，这些标识点又称为形状提示点。在补间形状动画中设置了形状提示后，前后两个关键帧中的动画将按照提示点的位置进行变换。例如，在补间形状动画前后两个关键帧中分别设置了形状提示点 a 和 b，创建补间形状动画后，起始关键帧中的形状提示点 a 和 b，将对应变换至结束关键帧中的形状提示点 a 和 b 上，相同的字母相互对应。如图 7-1 所示为添加形状提示和没有添加形状提示的补间形状变化。

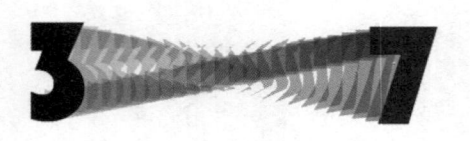

开始关键帧形状提示点为黄色　　　　　　　　　　　　结束关键帧形状提示点为绿色

图 7-1 利用形状提示控制形状变化

从图 7-1 可以看出，没有添加形状提示的形状变化没有规律性，而添加了形状提示的形状变化则严格依照提示点标识的位置对象变化。通过形状提示的应用，可以很好地控制形状的变化，而不会使形状变化过程混乱。

7.1.2 使用形状提示的规范和准则

必须在已经建立形状补间动画的前提下才可以添加形状提示。形状提示以字母（a～z）表示，以识别开始形状和结束形状中相互对应的点，最多可以使用 26 个形状提示。

当添加到形状上的形状提示为红色时，在开始关键帧中的设置好的形状提示是黄色，结束关键帧中设置好的形状提示是绿色，当不在一条曲线上时为红色（即没有对应到的形状提示显示为红色），如图 7-2 所示。

图 7-2　形状提示的颜色

如果要使用形状提示在补间形状动画时获得最佳效果，必须遵循以下准则：

（1）在复杂的补间形状中，需要创建中间形状然后进行补间，而不能只定义开始和结束的形状，如图 7-3 所示。

（2）确保形状提示是符合逻辑的。例如，如果在一个三角形中使用三个形状提示，则在原始三角形和要补间的图形中它们的顺序必须相同，不能在第一个关键帧中是 abc，而在第二个关键帧中是 acb，如图 7-4 所示。

（3）如果按逆时针顺序从形状的左上角开始放置形状提示，它们的工作效果最好。

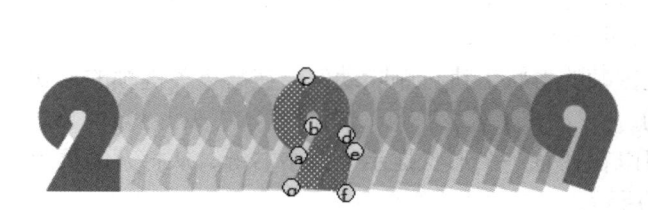

图 7-3　创建中间形状进行补间 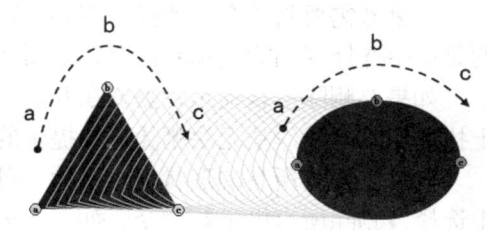　　　　图 7-4　形状提示的位置要符合逻辑

7.1.3　添加、删除与隐藏形状提示

使用形状提示有下面几种常用的方法。

1. 添加形状提示

选择补间形状上的开始关键帧，再选择【修改】|【形状】|【添加形状提示】命令，或者按下"Ctrl+Shift+H"快捷键，即可在形状上添加形状提示，如图 7-5 所示。

刚开始添加的形状提示只有 a 点，如果需要添加其他形状提示，可以再次按下"Ctrl+Shift+H"快捷键，也可以选择已经添加的形状提示，然后按住 Ctrl 键并拖动鼠标，即可新添加另外一个形状提示，如图 7-6 所示。

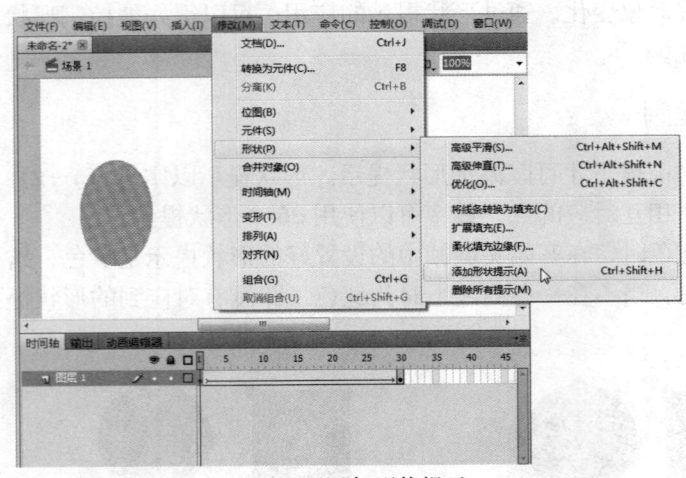

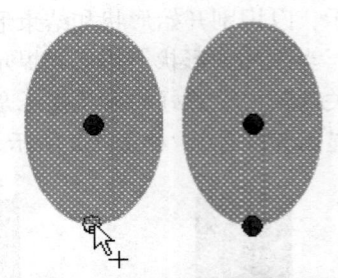

图 7-5　添加形状提示　　　　　　　　图 7-6　通过拖动添加新的形状提示

在添加形状提示后，将提示点移到要标记的点，然后选择补间序列中的最后一个关键帧，此时结束形状提示会在该形状上显示为一个带有字母的提示点，需要将这些形状提示移到结束形状中与开始关键帧标记的形状提示对应的点上，如图 7-7 所示。

图 7-7　设置开始关键帧和结束关键帧的形状提示

2. 删除形状提示

如果若需要将单个形状提示删除，则可以选择该形状提示的点，然后单击右键，在打开的菜单中选择【删除提示】命令，如图 7-8 所示。

如果要删除形状提示，需要在开始关键帧的形状上执行删除动作。在结束关键帧的形状上执行删除的操作是无法删除形状提示的。

如果需要将所有的形状提示删除，可以在任意一个形状提示上单击右键，从打开的菜单中选择【删除所有提示】命令，如图 7-9 所示。

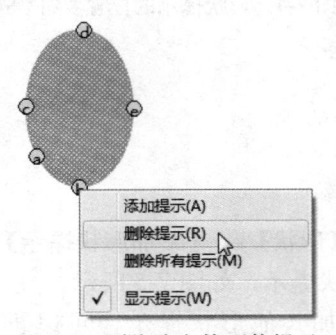

图 7-8　删除选定的形状提示　　　　　　图 7-9　删除所有形状提示

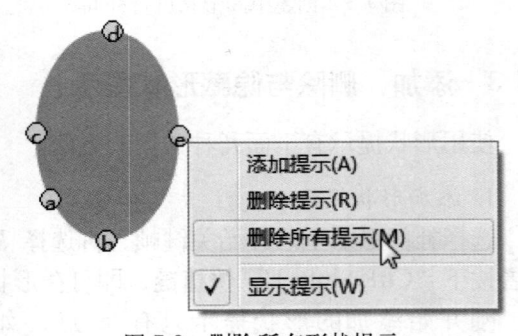

当形状提示的某点被删除后，其他的形状提示会自动按照 a～z 的字母顺序显示。例如，

形状上包含了 a、b、c 这 3 个形状提示，当删除了 b 后，c 将自动变成 b。另外，开始形状上的形状提示删除后，结束形状上对应的形状提示也会同时被删除。

3．显示与隐藏形状提示

如果要显示形状提示，可以选择【视图】|【显示形状提示】命令；如果要隐藏形状提示，则再次选择【视图】|【显示形状提示】命令即可，如图 7-10 所示。仅当包含形状提示的图层和关键帧处于活动状态下时，【显示形状提示】命令才可用。

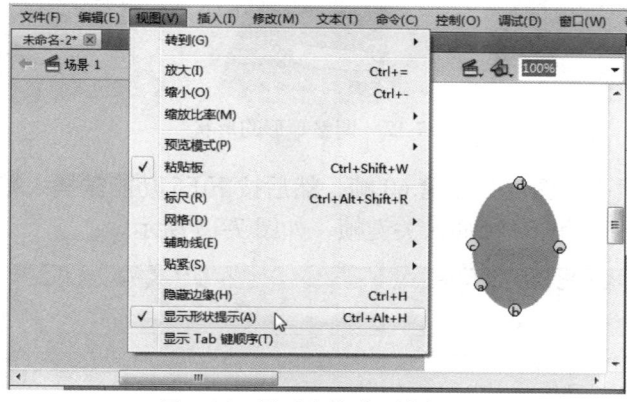

图 7-10　显示和隐藏形状提示

7.1.4　制作帆船风帆飘动动画

下面将利用形状提示制作风帆图形的补间形状动画。首先绘制一个矩形并制成风帆的形状，然后创建补间形状动画，即可添加形状提示并利用形状提示控制形状变化。

上机实战　制作帆船风帆飘动动画

1　打开光盘中的"..\Example\Ch07\7.1.4.fla"练习文件，选择图层 2，然后在工具箱中选择【椭圆工具】，通过调色板设置笔触颜色为【无】、填充颜色为【#00A5E3】，在帆船的左侧绘制一个矩形，如图 7-11 所示。

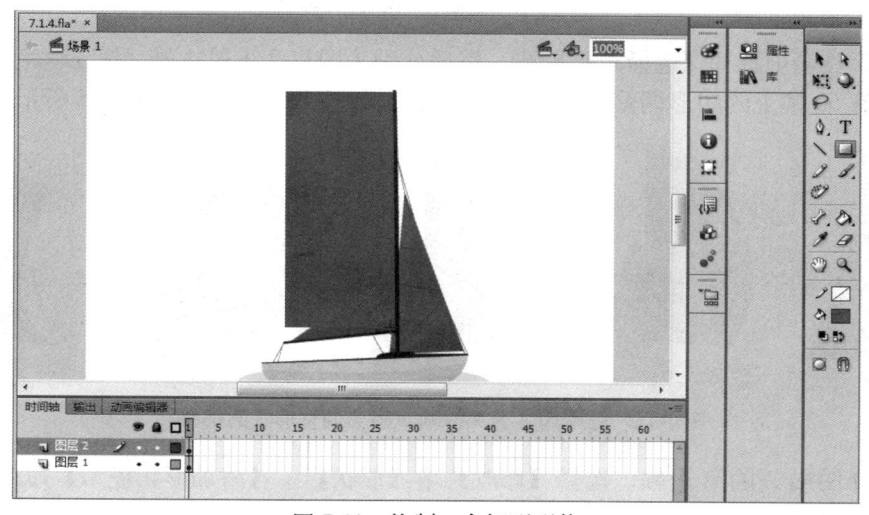

图 7-11　绘制一个矩形形状

2 在工具箱中选择【选择工具】，再选择舞台上的矩形，拖动矩形的角点，调整矩形的形状，如图 7-12 所示。

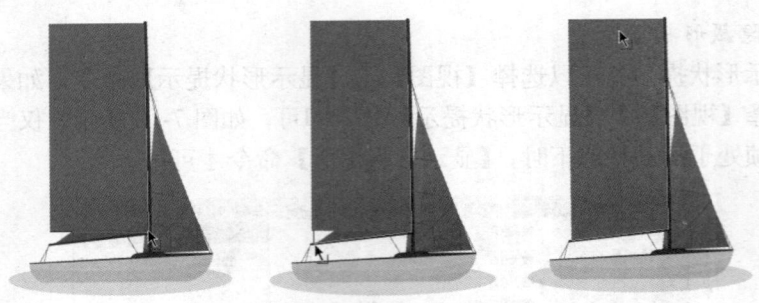

图 7-12 调整矩形的形状

3 同时选择图层 1 和图层 2 的第 60 帧，然后按下 F5 功能键插入帧，为图层 2 的第 15 帧、第 30 帧、第 45 帧和第 60 帧插入关键帧，如图 7-13 所示。

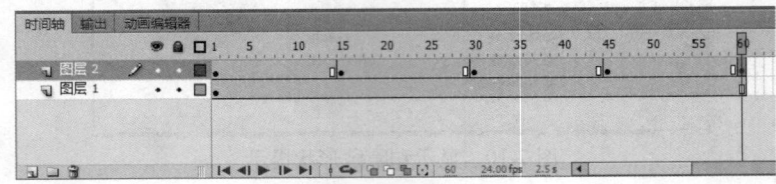

图 7-13 插入帧和关键帧

4 选择图层 2 的所有帧，单击右键并从弹出的菜单中选择【创建补间形状】命令，创建补间形状动画，如图 7-14 所示。

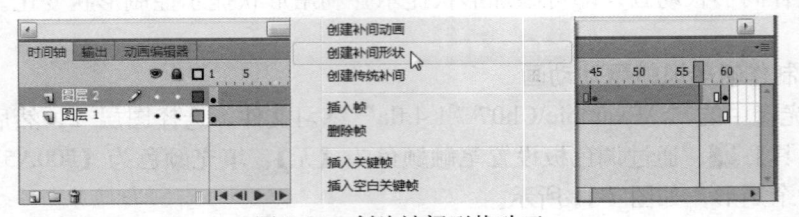

图 7-14 创建补间形状动画

5 在工具箱中选择【选择工具】，然后分别为图层 2 上第 1 帧、第 15 帧、第 30 帧、第 45 帧和第 60 帧上的图形调整不同的形状，其形状分别调整结果如图 7-15 所示。

图 7-15 分别为各个关键帧下图形调整形状的结果

6 选择图层 2 的第 1 帧，选择【修改】|【形状】|【添加形状提示】命令添加形状提示，如图 7-16 所示。

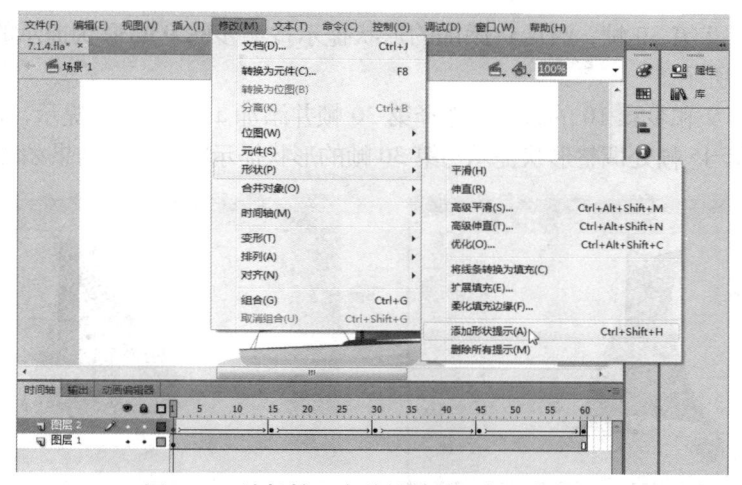

图 7-16　选择第一个关键帧并添加形状提示

7　选择形状提示点，将该点拖到形状左上角，按住 Ctrl 键后选择 a 点，然后拖出 b 点，并将 b 点放置在形状的右上角。使用相同的方法添加多个形状提示，分别调整它们的位置，如图 7-17 所示。

图 7-17　添加其他形状提示并调整它们的位置

8　选择图层 2 第 15 帧，然后根据第 1 帧的形状提示位置，分别调整第 15 帧的形状提示所对应的点的位置，如图 7-18 所示。

9　选择图层 2 第 15 帧，然后按下"Ctrl+Shift+H"快捷键添加 a～e 的形状提示，接着根据步骤 8 形状提示的点的位置放置本步骤添加的形状提示，如图 7-19 所示。

图 7-18　设置第 1 个结束关键帧形状提示的位置 　　图 7-19　为第 2 个开始关键帧添加形状提示

新编中文版 Flash CS6 标准教程

10 选择图层 2 第 30 帧，然后将添加的形状提示按照步骤 9 的形状提示的位置一一对应放置，如图 7-20 所示。

11 按照步骤 9 和步骤 10 的方法，选择第 30 帧并添加 a～e 的形状提示，接着调整形状提示的位置，并在第 45 帧处调整形状提示与第 30 帧的形状提示的位置，结果如图 7-21 所示。

图 7-20　设置第 2 个结束关键帧形状提示的位置 　　图 7-21　为第 3 个关键帧添加和设置形状提示

12 完成上述操作后即可保存文件。按下"Ctrl+Enter"快捷键，或者选择【控制】│【测试影片】命令，测试动画播放效果，如图 7-22 所示。

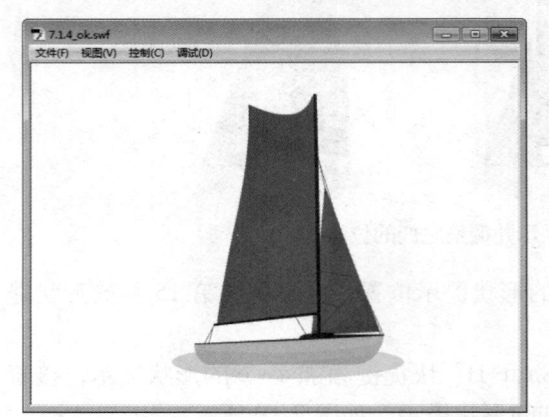

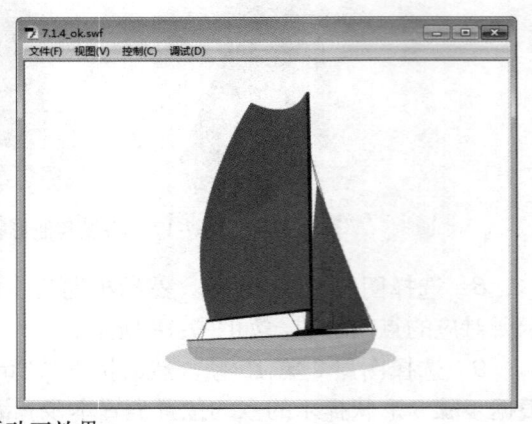

图 7-22　查看动画效果

> **TIPS** 在开始关键帧添加形状提示点后，结束关键帧亦同样添加形状提示点，例如本例中在第 1 帧（开始关键帧）上添加了形状提示，第 15 帧（结束关键帧）也同样自动添加形状提示。
>
> 因为形状提示只对开始关键帧和结束关键帧产生作用，所以在需要控制多个关键帧的形状变化时，就要分别为各个开始关键帧和结束关键帧添加形状提示点，例如步骤 7 和步骤 8 为第 1 帧（开始关键帧）和第 15 帧（结束关键帧）设置形状提示，而步骤 9 和步骤 10 则为第 15 帧（开始关键帧）和第 30 帧（结束关键帧）添加形状提示。换言之，在步骤 9 中，第 15 帧已经变成了它与第 30 帧之间的开始关键帧。
>
> 关于本例多个关键帧添加形状提示的原理，如图 7-23 所示。

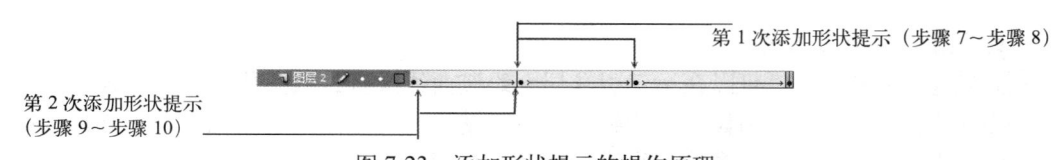

第 1 次添加形状提示（步骤 7~步骤 8）

第 2 次添加形状提示
（步骤 9~步骤 10）

图 7-23　添加形状提示的操作原理

7.2　利用引导层控制运动路径

除了通过形状提示点控制形状变化外，还可以利用引导层和引导线控制对象的运动情况，使对象按照指定轨迹运动。

7.2.1　关于引导层

引导层是一种使其他图层的对象对齐引导层对象的一种特殊图层，可以在引导层上绘制对象，然后将其他图层上的对象与引导层上的对象对齐。依照此特性，可以使用引导层来制作沿曲线路径运动的动画。

例如，创建一个引导层，然后在该层上绘制一条曲线，接着将其他图层上开始关键帧的对象放到曲线一个端点，并将结束关键帧的对象放到曲线的另一个端点，最后创建补间动画，这样在补间动画过程中，对象就根据引导层的特性对齐曲线，因此整个补间动画过程对象都沿着曲线运动，从而可以制作出对象沿曲线路径移动的效果，如图 7-24 所示。

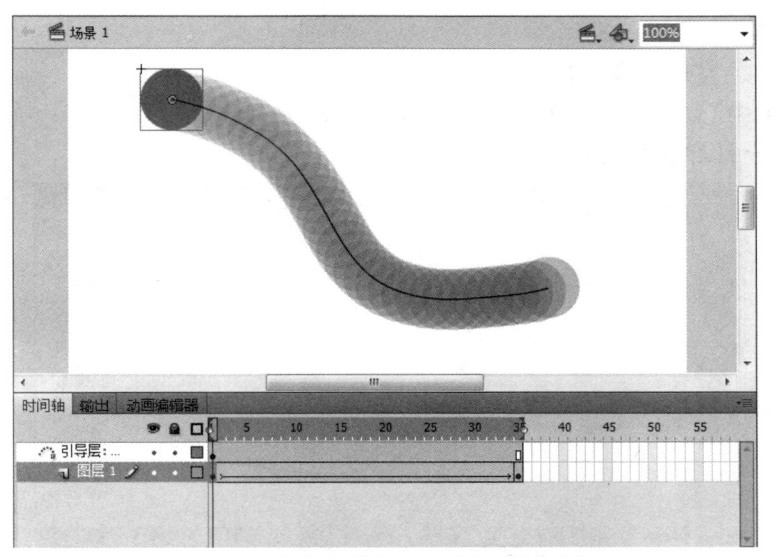

图 7-24　利用引导层使对象沿指定路径运动

> **TIPS**　引导层不会导出，因此引导线不会显示在发布的 SWF 文件中。任何图层都可以作为引导层，图层名称左侧的辅助线图标表明该层是引导层。

7.2.2　引导层的使用

使用引导层制作对象沿路径运动的补间动画时需要注意以下 3 个方面。

1. 引导层与其他图层的配合

在插入运动引导层后，可以在运动引导层上绘制曲线或直线线条作为运动路径。当另外一个图层的对象想要沿运动引导层的曲线运动时，就需要将该图层链接到运动引导层，使该图层的对象沿运动引导层所包含的曲线进行运动，如图 7-25 所示。

2. 引导层的两种形式

引导层有两种形式：一种是未引导对象的引导层；另一种是已引导对象的引导层，如图 7-26 所示。

（1）未引导对象的引导层会在图层上显示 图示，这种引导层没有组合图层，即没有引导被作用对象的图层，所以不会形成引导线动画。

（2）已经引导对象的引导层会在图层上显示 图示，这种引导层已经组合了图层，可以使被引导层的对象沿着引导线运动。

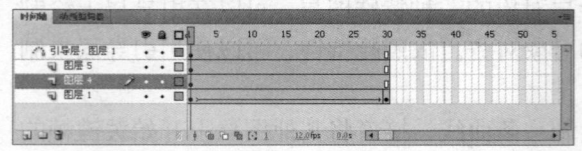

图 7-25　将多个层链接到一个运动引导层　　　　图 7-26　引导层的形式

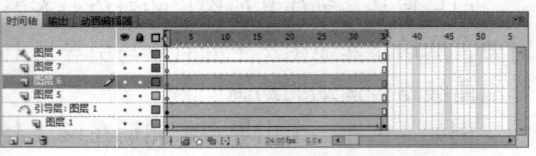

3. 引导层引导对象的要求

利用引导层制作对象沿引导线运动有 3 个要求，只要满足了这 3 个要求，即可为对象制作沿路径（引导线）运动的动画。

（1）对象已经为其开始关键帧和结束关键帧之间创建补间动画。

（2）对象的中心必须放置在引导线上，如图 7-27 所示。

（3）对象不可以是形状。

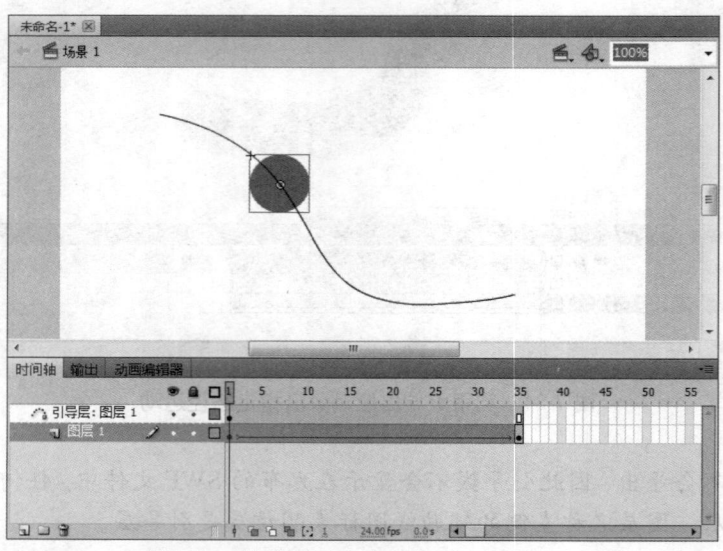

图 7-27　被引导对象中心必须在引导线上

7.2.3　制作蝴蝶沿曲线飞翔的动画

下面将利用引导层和绘制引导线制作蝴蝶对象沿引导线飞翔的动画。首先制作蝴蝶对象从舞台左边到舞台右边的运动传统补间动画，然后添加引导层并绘制引导线，将蝴蝶对象的中心放置在引导线上。

上机实战 制作蝴蝶沿曲线飞翔动画

1 打开光盘中的"..\Example\Ch07\7.2.3.fla"练习文件，选择图层 1 第 50 帧，然后插入关键帧，将舞台上的【蝴蝶】图形元件移到舞台右边，如图 7-28 所示。

2 选择图层 1 的第 1 帧，然后单击右键并从打开的菜单中选择【创建传统补间】命令，创建传统补间动画，如图 7-29 所示。

图 7-28　插入关键帧并设置元件的位置　　　　图 7-29　创建传统补间动画

3 选择图层 1，然后在图层 1 上单击右键并从打开的菜单中选择【添加传统运动引导层】命令，添加运动引导层，如图 7-30 所示。

图 7-30　添加传统运动引导层

4 在工具箱中选择【铅笔工具】，然后在舞台上绘制一条曲线作为运动路径，如图 7-31 所示。

5 选择图层 1 的第 1 帧，使用【选择工具】将【蝴蝶】图形元件移到曲线左端，元件中心放置在曲线上，接着选择图层 1 的第 50 帧，再次使用【选择工具】将【蝴蝶】图形元件移到曲线右端，使元件中心放置在曲线上，如图 7-32 所示。

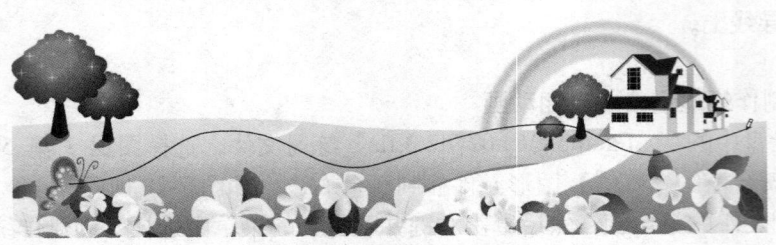

图 7-31　绘制运动路径曲线

图 7-32　设置开始关键帧和结束关键帧下的元件位置

  6 按下"Ctrl+Enter"快捷键，或者选择【控制】｜【测试影片】命令，测试动画播放效果。因为添加了引导层和引导线，所以【蝴蝶】图形元件将沿着引导线运动，结果如图 7-33 所示。

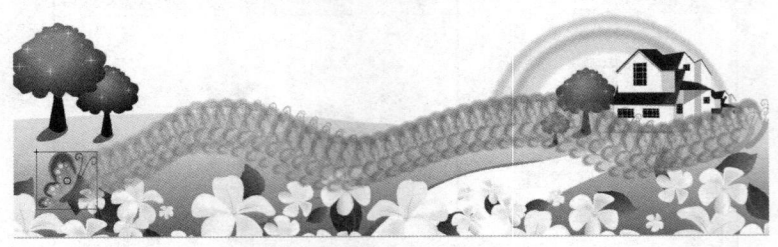

图 7-33　蝴蝶沿着引导线运动

7.3　利用遮罩层控制显示区域

  在 Flash CS6 中，除了可以使用引导层制作动画，还可以使用遮罩层来制作特殊的动画效果，例如聚光灯效果和过渡效果等。

7.3.1　关于遮罩层

  遮罩层是一种可以挖空被遮罩层的特殊图层，可以使用遮罩层来显示下方图层中的图片或图形的部分区域。例如，图层 1 上是一张图片，可以通过为图层 1 添加遮罩层，然后在遮罩层上添加一个椭圆形，使图层 1 的图片只会显示与遮罩层的椭圆形重叠的区域，椭圆形以外的区域无法显示，如图 7-34 所示。

  综合如图 7-34 所示的效果分析，可以将遮罩层理解成一个可以挖空对象的图层，即遮罩层上的椭圆形就是一个挖空区域，当从上往下观察图层 1 的内容时，就只能看到挖空区域的内容，如图 7-35 所示。

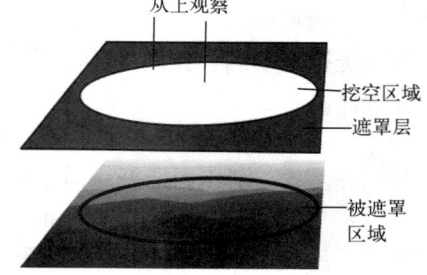

图 7-34　遮罩层的对比效果

图 7-35　遮罩层的原理

7.3.2　遮罩层的使用

遮罩层上的遮罩项目可以是填充形状、文字对象、图形元件的实例或影片剪辑。可以将多个图层组织在一个遮罩层下创建复杂的效果，如图 7-36 所示。

图 7-36　多个图层组织在一个遮罩层下

对于用作遮罩的填充形状，可以使用补间形状；对于类型对象、图形实例或影片剪辑，可以使用补间动画。另外，当使用影片剪辑实例作为遮罩时，可以让遮罩沿着运动路径运动。

一个遮罩层只能包含一个遮罩项目，并且遮罩层不能应用在按钮元件内部，也不能将一个遮罩应用于另一个遮罩。

添加遮罩层有两种方法。

（1）选择需要作为遮罩层的图层，然后单击右键并从打开的菜单中选择【遮罩层】命令，此时选定的层将变成遮罩层，而选定的层的下方邻近的层将自动变成被遮罩层，如图 7-37 所示。

（2）选择需要转换为遮罩层的图层，然后选择【修改】|【时间轴】|【图层属性】命令，打开【图层属性】对话框后选择【遮罩层】单选按钮，最后单击【确定】按钮即可，如图 7-38 所示。

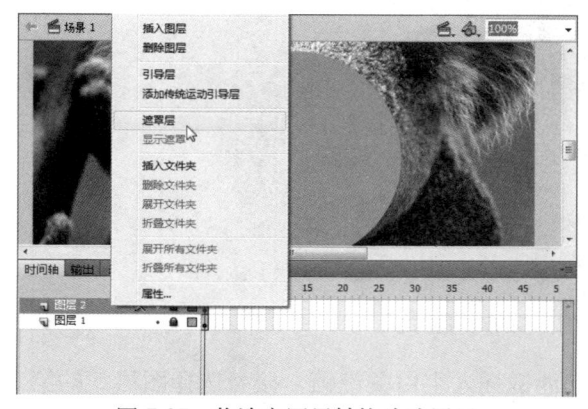

图 7-37　将选定图层转换为遮罩层

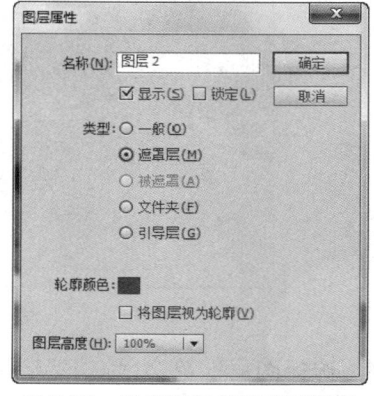

图 7-38　设置图层类型为遮罩层

7.3.3 制作圆形开场的遮罩动画

本例将绘制一个圆形，然后将圆形所在的图层转换为遮罩图层，接着制作圆形从小到大的传统补间动画，让圆形从小到大的过程中逐渐显示舞台的内容，就如同影片开场的过渡效果一样。

上机实战　制作圆形开场遮罩动画

1　打开光盘中的"..\Example\Ch07\7.3.3.fla"练习文件，在【工具箱】面板上选择【椭圆形工具】，然后打开【属性】面板设置笔触颜色为【无】、填充颜色为【红色】，如图 7-39 所示。

2　新增图层 5，然后按住 Shift 键在舞台上拖动鼠标，在舞台上绘制一个正圆形，如图 7-40 所示。

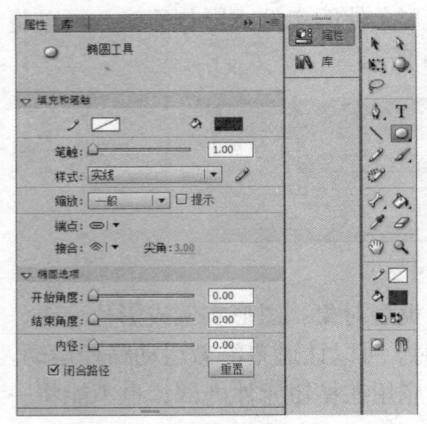

图 7-39　设置椭圆形工具的属性 　　　　图 7-40　新增图层并绘制圆形

3　选择舞台上的圆形形状，选择【窗口】|【对齐】命令，打开【对齐】面板，然后选择【与舞台对齐】复选框，接着分别单击【水平中齐】按钮和【垂直中齐】按钮，如图 7-41 所示。

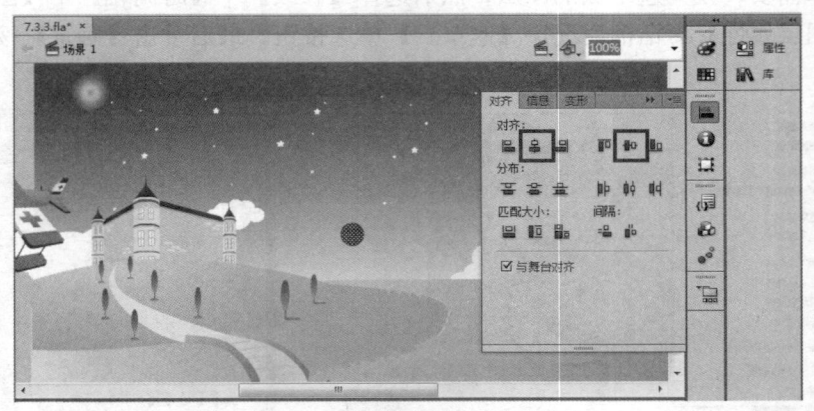

图 7-41　设置圆形的对齐方式

4　选择图层 5 第 20 帧，然后按下 F7 功能键插入空白关键帧，接着选择图层 5 的第 19 帧，再按下 F6 功能键插入关键帧，如图 7-42 所示。

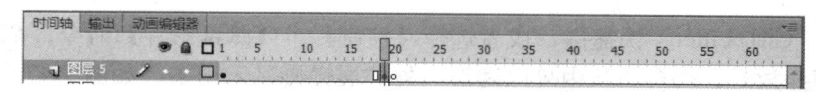

图 7-42 插入空白关键帧和关键帧

5 在【工具箱】面板中选择【任意变形工具】，然后选择圆形，再同时按住 Shift 键和 Alt 键向外拖动变形控制点，等比例从中心向外扩大圆形，如图 7-43 所示。

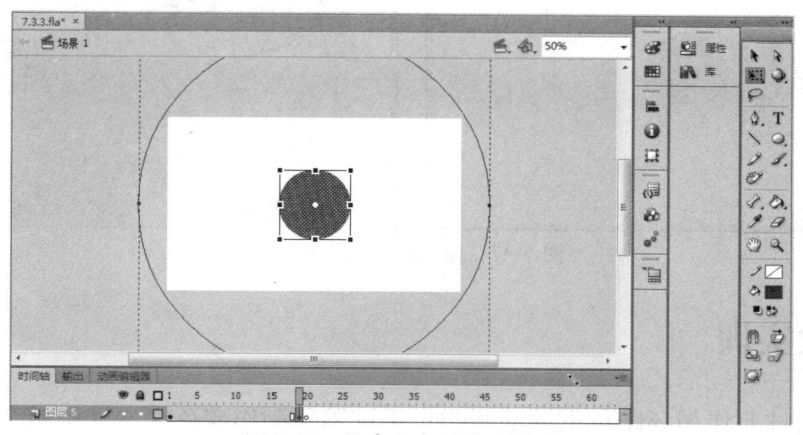

图 7-43 从中心向外扩大圆形

6 选择图层 5 的第 1 帧，然后单击右键并从打开的菜单中选择【创建补间形状】命令，创建补间形状动画，如图 7-44 所示。

7 选择图层 5，然后在图层 5 上单击右键从打开的菜单中选择【遮罩层】命令，将图层 5 转换为遮罩层，如图 7-45 所示。

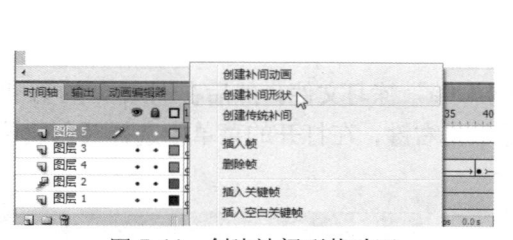

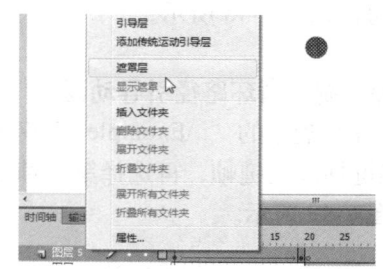

图 7-44 创建补间形状动画　　　　图 7-45 将图层 5 转换为遮罩层

8 此时图层 3 变成被遮罩层，接着将其他图层拖到遮罩层下，使之变成被遮罩层，然后设置全部图层，如图 7-46 所示。

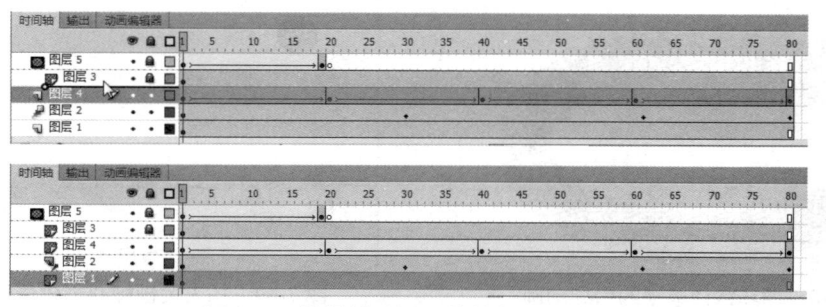

图 7-46 设置被遮罩层并锁定所有图层

9 按下"Ctrl+Enter"快捷键，或者选择【控制】|【测试影片】命令，测试动画播放效果。当动画播放时，舞台将从中央以圆形向外扩展慢慢显示出来，如图 7-47 所示。

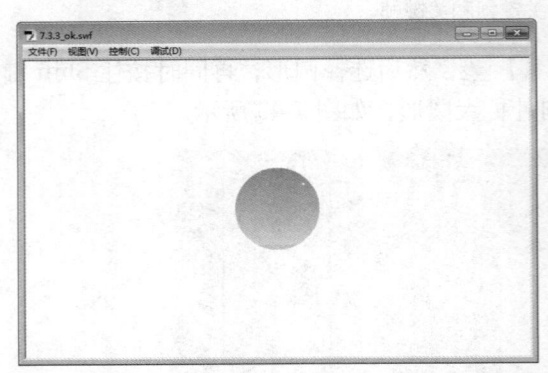

图 7-47 预览动画播放的效果

7.4 课堂实训

下面将通过制作循环路径引导动画和利用遮罩层制作变色文本动画两个范例，介绍 Flash CS6 的高级动画制作技巧。

7.4.1 制作循环路径引导动画

下面将首先为舞台上的图形元件创建传统补间动画，然后添加一个引导层，并在该层上绘制一个圈作为运动路径，接着将图形元件的中心点放置在引导线上，使元件沿着椭圆形路径循环运动，如图 7-48 所示。

上机实战　制作循环路径引导动画

1 打开光盘中的 "..\Example\Ch07\7.4.1.fla"练习文件，然后在图层 1 的第 40 帧处按下 F6 功能键插入关键帧，再选择第 1 帧并单击右键，在打开的菜单中选择【创建传统补间】命令，如图 7-49 所示。

图 7-48 循环路径运动的引导动画 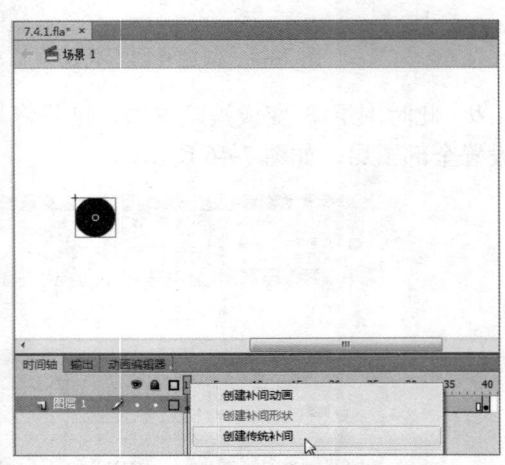　　　　图 7-49 插入关键帧并创建传统补间

2 在【时间轴】面板上选择图层 1,然后单击右键并从打开的菜单中选择【添加传统运动引导层】命令,添加一个引导层,如图 7-50 所示。

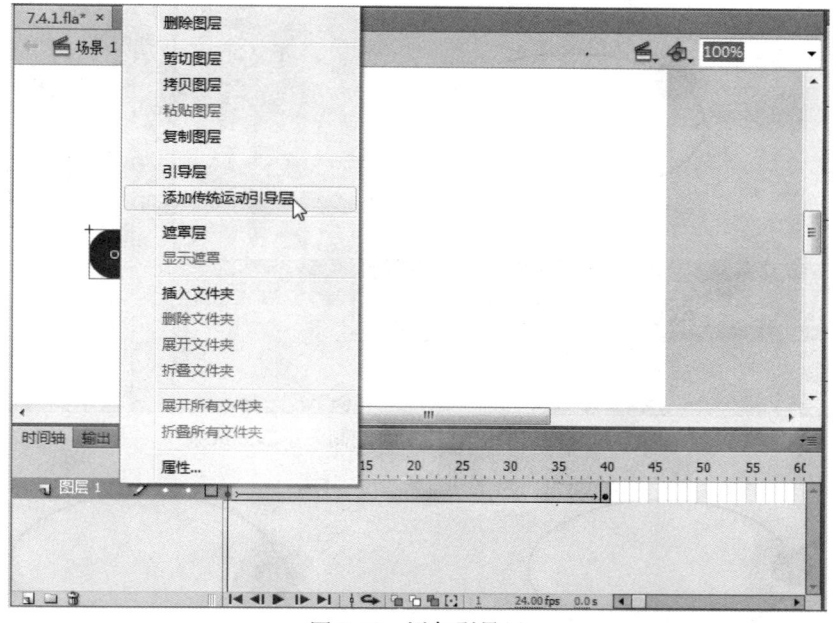

图 7-50 添加引导层

3 选择引导层,然后在工具箱中选择【椭圆工具】,接着设置笔触颜色为【黑色】、笔触高度为 2、填充颜色为【无】,在舞台上绘制一个椭圆形轮廓,如图 7-51 所示。

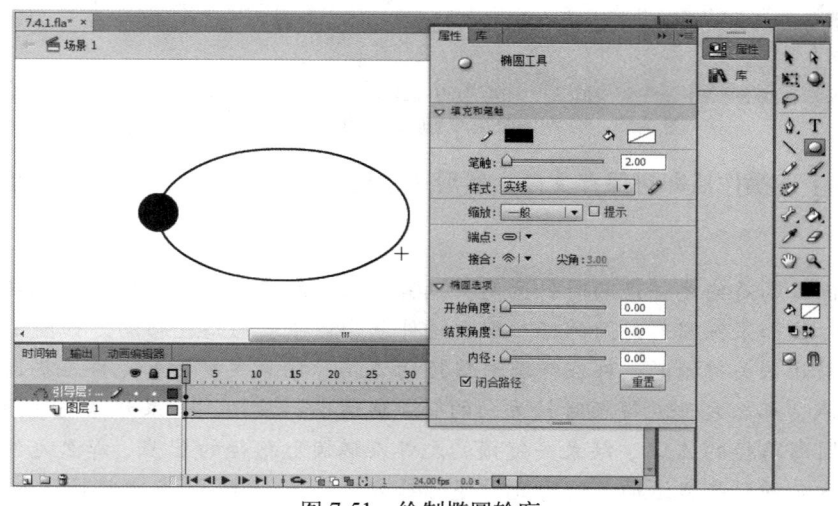

图 7-51 绘制椭圆轮廓

4 选择引导层,在工具箱中选择【橡皮擦工具】,然后设置橡皮擦模式为【标准擦除】、橡皮擦形状为【最小的矩形】,接着擦除椭圆轮廓左边的一段,使椭圆形不封闭,如图 7-52 所示。

5 选择图层 1 的第 1 帧,将图形元件的中心点移到椭圆形轮廓的上方缺角上,再选择图层 1 的第 40 帧,并将图形元件的中心点移到椭圆形轮廓的下方缺角上,如图 7-53 所示。

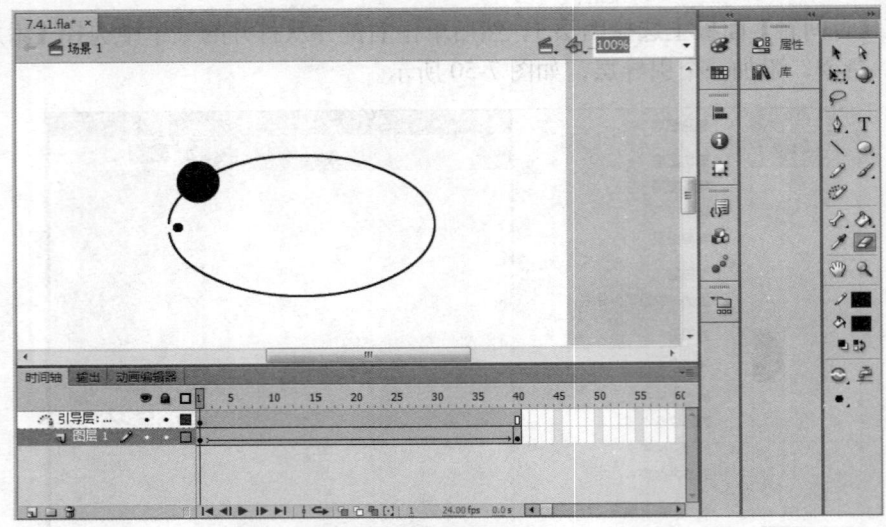

图 7-52 擦出椭圆形轮廓线左侧一小部分线条

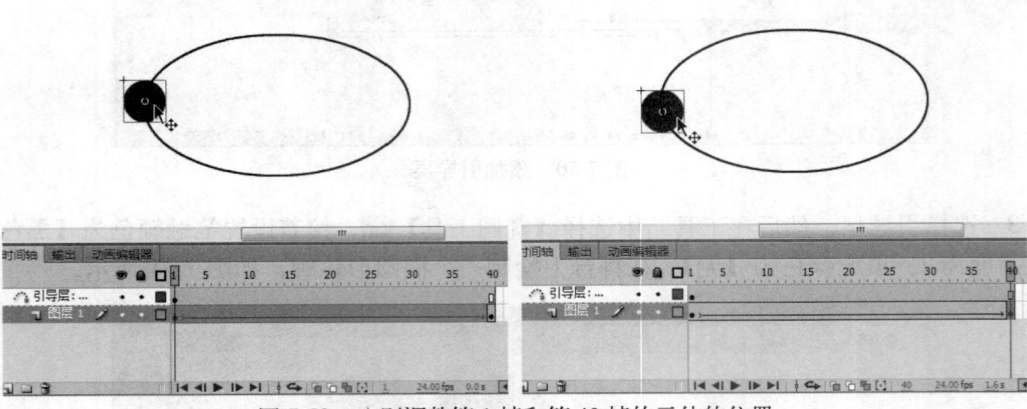

图 7-53 分别调整第 1 帧和第 40 帧的元件的位置

6 完成上述操作后即可保存文件，然后通过显示绘图纸外观查看圆形运动的效果，如图 7-54 所示。

> **TIPS**
> 本例目的是使元件沿顺时针方向并贴紧椭圆形路径运动，即做一个环绕移动的效果。但如果椭圆形封闭的话，那么元件就会按照最短路径移动。如图 7-55 所示，如果开始关键帧的元件在椭圆形路径的 A 点，结束关键帧的元件在椭圆形路径的 B 点，那么元件就按顺时针方向的引导线运动；反之，如果开始关键帧的元件在椭圆形路径的 A 点，结束关键帧的元件在椭圆形路径的 C 点，那么元件就按逆时针方向的引导线运动，因为此时逆时针方向的 A 点到 C 点比顺时针方向的 A 点到 C 点路径距离要短，所以就会按逆时针方向运动，这就是在引导动画中，元件按照最短路径原则移动的原理。
> 为了避免元件沿逆时针方向移动，可以将封闭的路径打开一个缺口，然后将开始关键帧和结束关键帧的元件分别放在路径的两端，即可使元件沿路径的顺时针方向移动，步骤 4 的处理正是这个原因。

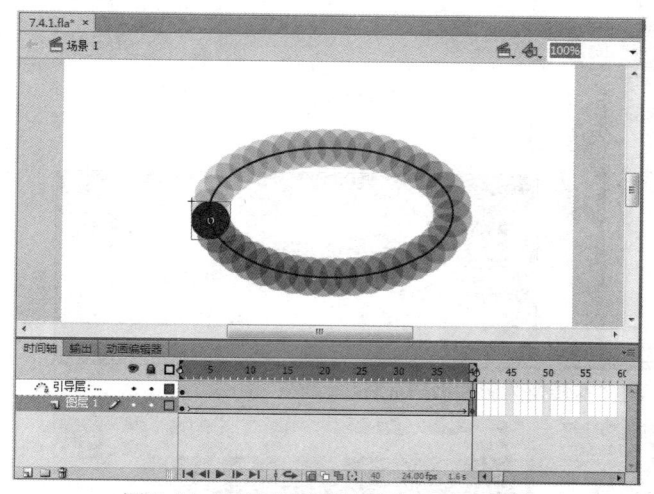

图 7-54　通过绘图纸外观查看动画效果 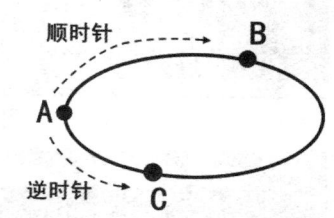　　　　图 7-55　按照最短路径移动的原理图

7.4.2　利用遮罩层制作变色文本动画

　　下面将利用遮罩层制作变色文本动画效果。首先将文本转换为元件实例，然后制作从左到右的移动动画，并将元件实例所在图层转换为遮罩层，从而透视出彩色背景的效果，结果如图 7-56 所示。

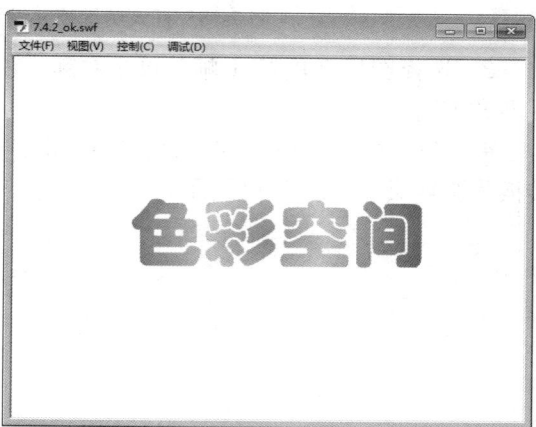

图 7-56　制作变色文本动画的效果

上机实战　利用遮罩层制作变色文本动画

　　1　打开光盘中的"..\Example\Ch07\7.4.1.fla"练习文件，选择舞台上的文本对象，再选择【修改】|【转换为元件】命令，在弹出的对话框中设置元件名称和类型，单击【确定】按钮，如图 7-57 所示。

　　2　选择图层 2 第 60 帧并按下 F6 功能键插入关键帧，然后选择图层 2 第 1 帧并将元件实例移到舞台的左边，选择图层 2 第 60 帧并将元件实例移到舞台的右边，如图 7-58 所示。

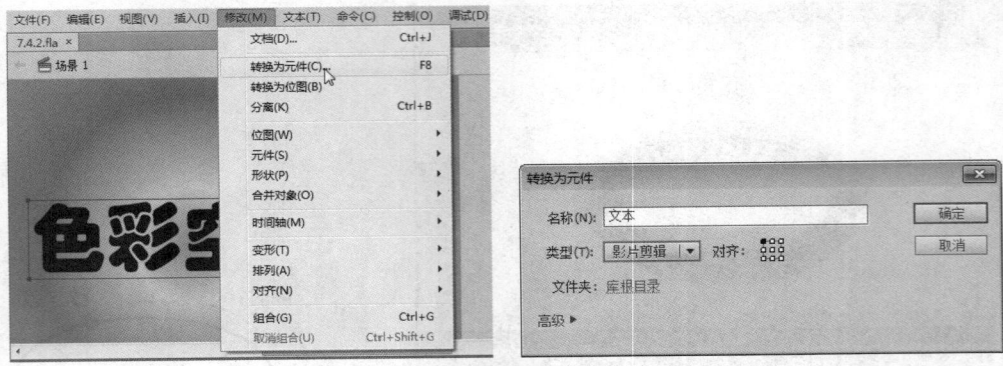

图 7-57　将文本转换为影片剪辑元件

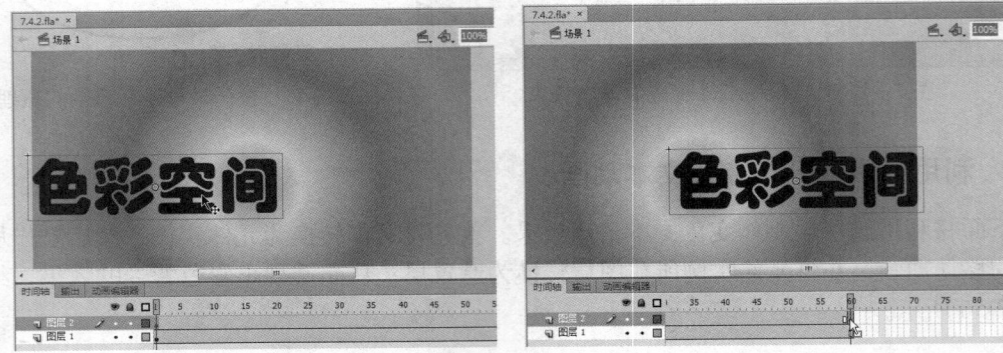

图 7-58　插入关键帧并设置各个关键帧中元件的位置

3　选择图层 2 的第 1 帧并单击右键，在弹出的菜单中选择【创建传统补间】命令，如图 7-59 所示。

4　选择图层 2 并在该图层上单击右键，在弹出的菜单中选择【遮罩层】命令，将图层 2 转换为遮罩层，如图 7-80 所示。

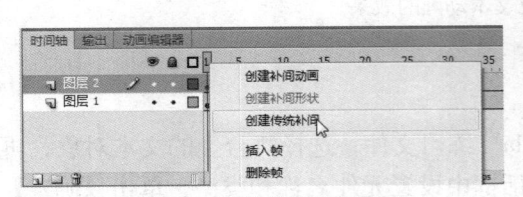

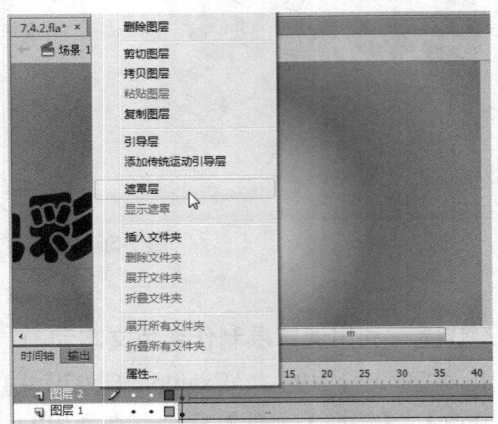

图 7-59　创建传统补间动画　　　　　　图 7-60　将图层转换为遮罩层

7.5　本章小结

本章介绍了 Flash 的多种高级动画创作方法，包括利用形状提示来制作补间形状动画、利用引导层来制作对象沿路径运动的传统补间动画、利用遮罩层控制显示动画区域。

7.6 习题

一、填充题

1. "形状提示"功能可以标识_____和_____中相对应的点，这些标识点又称为_____。

2. 形状提示以_____表示，以识别开始形状和结束形状中相互对应的点，最多可以使用_____个形状提示。

3. 引导层是一种_____的一种特殊图层。

4. 引导层不会导出，因此_____不会显示在发布的 SWF 文件中。

5. 一个遮罩层只能包含_____遮罩项目，并且遮罩层不能应用在_____内部，也不能将一个遮罩应用于另一个遮罩。

二、选择题

1. 添加形状提示的快捷键是什么？ （　）
   A. Ctrl+Shift+F　　B. Ctrl+Alt+H　　C. Ctrl+Shift+H　　D. Shift+H

2. 在 Flash CS6 中，最多可以为同一个形状添加多少个形状提示点？ （　）
   A. 10 个　　　　B. 26 个　　　　C. 35 个　　　　D. 80 个

3. 引导层有哪两种形式？ （　）
   A. 未引导对象和已引导对象　　　　B. 单个引导对象和多个引导对象
   C. 有引导线和没有引导线　　　　　D. 未引导对象和没有引导线

4. 利用引导层制作对象沿引导线运动的动画中，被引导对象不能是什么？ （　）
   A. 影片剪辑元件　B. 图形元件　　C. 按钮元件　　D. 形状

三、操作题

利用遮罩层制作文本遮罩动画效果。首先添加一个图层，然后在该图层上绘制一个圆形并将它转换成图形元件，接着为元件创建直线移动的传统补间动画，最后将此图层转换成遮罩层，使它遮罩在文本上制作文本遮罩的效果，如图 7-61 所示。

图 7-61　本章操作题结果

提示：

（1）打开光盘中的 "..\Example\Ch07\7.6.fla" 练习文件，然后在【时间轴】面板中单击【插入图层】按钮，选择【椭圆工具】在舞台左边绘制一个圆形对象。

（2）选择圆形对象并单击右键，从打开的菜单中选择【转换为元件】命令，在打开【转换为元件】对话框后，选择类型为【图形】，设置名称为【圆】，最后单击【确定】按钮。

(3) 在新插入的图层上选择第 40 帧，按下 F6 功能键插入关键帧，接着将元件移到舞台的右边并覆盖最后一个文本。

(4) 选择新插入图层的第 1 帧并单击右键，从打开的菜单中选择【创建传统补间】命令，为关键帧之间创建传统补间动画。

(5) 选择新插入的图层并单击右键，在打开的菜单中选择【遮罩层】命令，将该图层转换成遮罩层。

(6) 完成上述操作后保存文件，按下"Ctrl+Enter"快捷键测试动画播放效果即可。

第 8 章 反向运动（IK）动画

教学提要

本章将介绍使用骨骼的有关结构对一个对象和元件实例或彼此相关的一组对象和元件实例进行处理的反向运动（IK）动画。首先介绍 IK 动画的概念，然后通过详细的讲解并配合相关实例，逐步掌握创作 IK 动画的方法和技巧。

教学重点

- 掌握向元件实例添加骨骼的方法
- 掌握向形状对象添加骨骼的方法
- 掌握编辑 IK 骨架和对骨架进行动画处理的方法
- 掌握制作常见 IK 动画的方法和技巧

8.1 添加 IK 骨骼

在 Flash CS6 中，可以向元件实例和形状添加骨骼。

8.1.1 向元件实例添加骨骼

可以向影片剪辑、图形和按钮等元件实例添加 IK 骨骼。在向元件实例添加骨骼时，会创建一个链接实例链。根据用户的需要，元件实例的链接链可以是一个简单的线性链或分支结构。例如，蛇的特征仅需要线性链，而人体图形将需要包含四肢分支的结构。如图 8-1 所示为蛇的线性链形态的骨骼。

在向元件添加骨骼前，首先按照与向其添加骨骼之前所需近似的配置，在舞台上排列元件，然后在工具箱中选择【骨骼工具】，单击要成为骨架的根部或头部的元件，拖动到单独的元件，将其连接到根元件实例。

在拖动时鼠标时，工具将显示骨骼。当释放鼠标后，在两个元件之间将显示实心的骨骼。每个骨骼都具有头部、圆端和尾部（尖端），如图 8-2 所示。

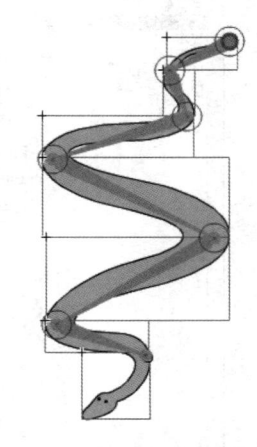

图 8-1 蛇的线性链形态的骨骼

> **TIPS**：默认情况下，Flash 会在鼠标单击的位置创建骨骼。如果要使用更精确的方法添加骨骼，可以在【首选参数】对话框中的【绘画】中关闭【自动设置变形点】选项，如图 8-3 所示。
> 在【自动设置变形点】复选框处于没有选择状态时，当从一个元件到下一元件依次单击时，骨骼将对齐到元件变形点，如图 8-4 所示。

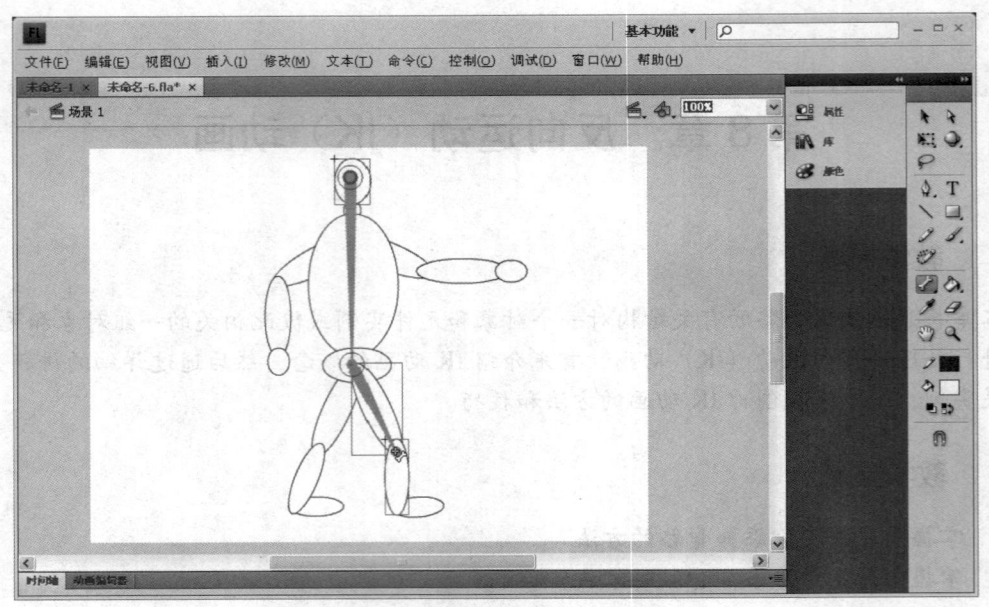

图 8-2　向元件实例添加骨骼

在创建骨架之后，仍然可以向该骨架添加来自不同图层的新实例。在将新骨骼拖动到新实例后，Flash 会将该实例移动到骨架的姿势图层。如图 8-5 所示为将其他图层的元件添加到现有骨架上形成的骨骼自动添加到元件。

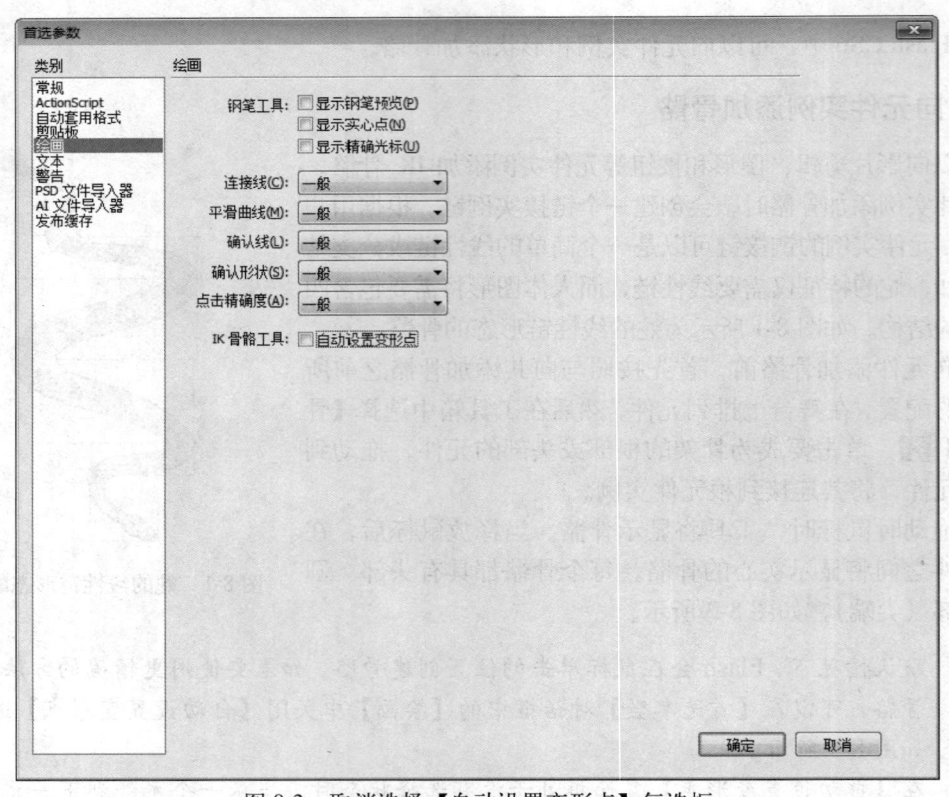

图 8-3　取消选择【自动设置变形点】复选框

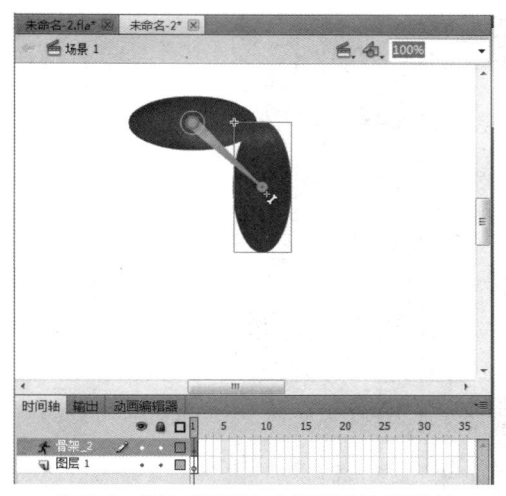

图 8-4　添加骨骼时对齐到元件变形点 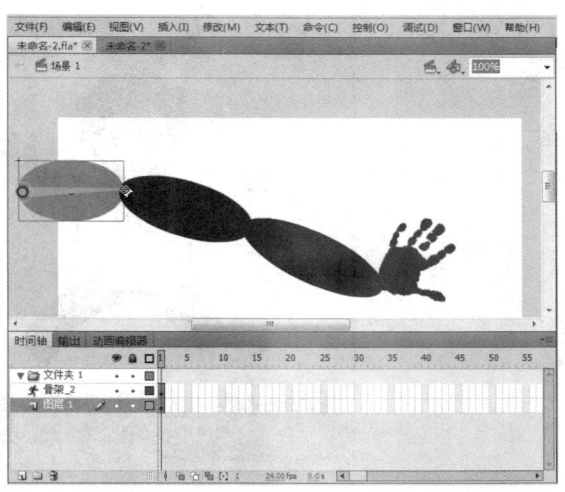　　　　图 8-5　将其他图层的元件加入现有骨架

上机实战　向元件实例添加骨骼

1　打开光盘中的 "..\Example\Ch08\8.1.1.fla" 练习文件，本例提供的练习文件已经将卡通人物的组成元件实例进行排列，如图 8-6 所示。

2　在工具箱中选择【骨骼工具】，然后单击想要设置为骨架根骨的元件实例，或者单击想要将骨骼附加到元件的点，如图 8-7 所示。

图 8-6　元件实例 　　　　图 8-7　确定骨架根骨的元件实例

3　按住鼠标并拖动至另一个元件实例，然后在想要附加该实例的点处松开鼠标按键，如图 8-8 所示。在拖动时鼠标时，工具将显示骨骼。当释放鼠标后，在两个元件之间将显示实线的骨骼。每个骨骼都具有头部、圆端和尾部（尖端）。

4　选择【骨骼工具】，然后从第一个骨骼的尾部拖动鼠标至下一个元件实例上，添加第二个骨骼，如图 8-9 所示。

5　使用步骤 4 的方法添加其他骨骼，构成整个人体的骨架，如图 8-10 所示。

图 8-8 添加第一个骨骼

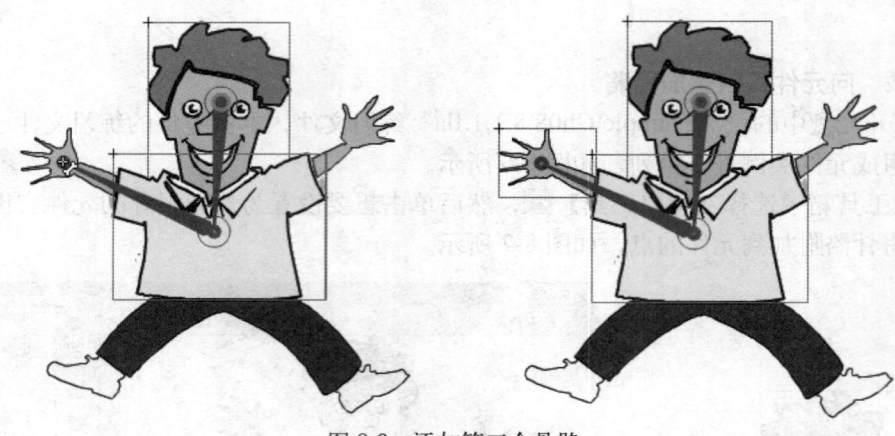

图 8-9 添加第二个骨骼

> 如果要创建分支骨架，可以单击希望分支由此开始的现有骨骼的头部，然后拖动鼠标以创建新分支的第一个骨骼，如图 8-11 所示。注意，分支不能连接到其他分支（其根部除外）。

图 8-10 添加其他骨骼　　　　　图 8-11 创建分支骨架

8.1.2 向形状对象添加骨骼

用户可以向单个形状的内部添加多个骨骼，这与元件实例不同，因为每个实例只能具有一个骨骼。还可以向在"对象绘制"模式下创建的形状添加骨骼。

可以向单个形状或一组形状添加骨骼。在添加第一个骨骼之前必须选择所有形状，然后才能添加第一个骨骼。在添加骨骼之后，Flash 会将所有形状和骨骼转换为一个反向运动形状对象，并将该对象移至一个新的姿势图层，如图 8-12 所示。

图 8-12　全选所有形状后添加骨骼

在将骨骼添加到一个形状后，该形状将具有以下限制：
（1）不能将一个 IK 形状与其外部的其他形状进行合并。
（2）不能使用任意变形工具旋转、缩放或倾斜该形状。
（3）不建议编辑形状的控制点。

在形状成为 IK 形状时，它具有以下限制：
（1）不能再对该形状变形（缩放或倾斜），如图 8-13 所示。
（2）不能向该形状添加新笔触。仍可以向形状的现有笔触添加控制点或从中删除控制点。

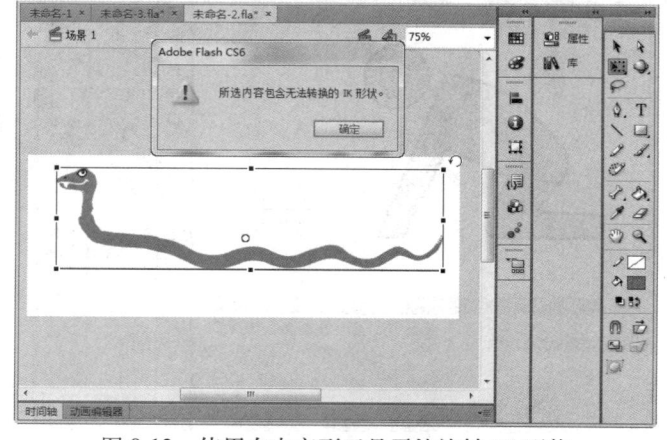

图 8-13　使用自由变形工具无法旋转 IK 形状

(3) 不能就地（通过在舞台上双击它）编辑该形状。
(4) 形状具有自己的注册点、变形点和边框。

上机实战　向形状对象添加骨骼

1 打开光盘中的"..\Example\Ch08\8.1.2.fla"练习文件，在舞台上创建填充的形状，形状可以包含多个颜色和笔触。为了节省创建形状的时间，本例提供的练习文件已经创建了形状对象，如图 8-14 所示。

图 8-14　练习文件上的形状对象

2 在舞台上选择人物的整个形状（车形状除外）。如果该形状包含多个颜色区域或笔触，可以围绕该形状拖动选择矩形，以确保选择整个形状，如图 8-15 所示。

图 8-15　选择人物的全部形状

3 在工具箱中选择【骨骼工具】，然后使用此工具在形状内单击并拖动到该形状内的另一个位置，创建出第一个骨骼，如图 8-16 所示。

图 8-16　创建第一个骨骼

4 如果要添加其他骨骼，可以从第一个骨骼的尾部拖动到形状内的其他位置，如图 8-17 所示。此时第二个骨骼将成为根骨骼的子级。

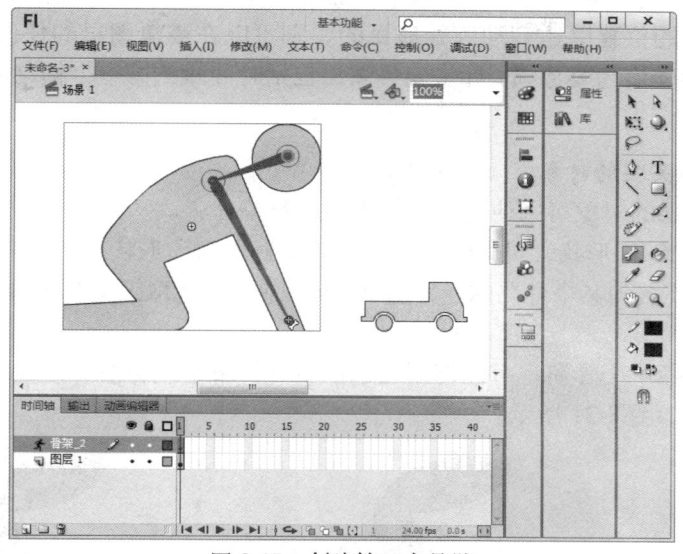

图 8-17 创建第二个骨骼

5 如果要创建分支骨架，可以单击希望分支由此开始的现有骨骼的头部，然后拖动鼠标以创建新分支的第一个骨骼，如图 8-18 所示。

6 使用步骤 4 的方法，创建其他骨骼，结果如图 8-19 所示。

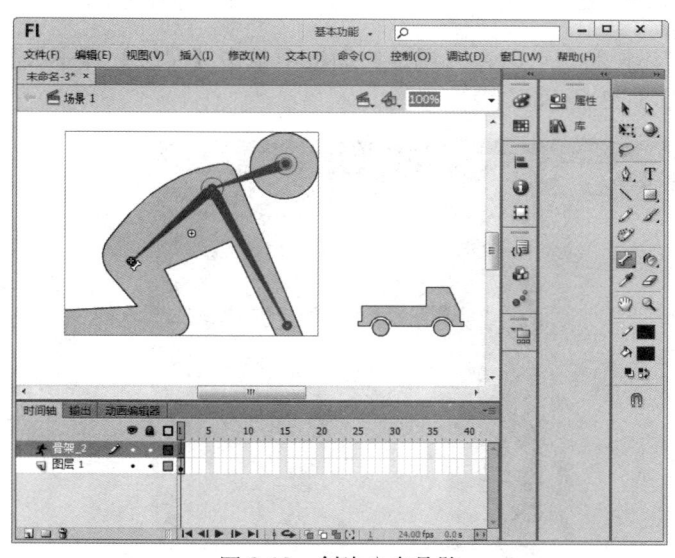

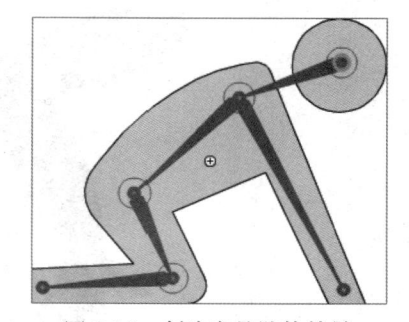

图 8-18 创建分支骨骼　　　　　　图 8-19 创建完骨骼的结果

8.2 编辑 IK 骨架和对象

为了使 IK 骨架在不同阶段产生变化从而形成动画，在创建骨架后需要对骨架或相关对象进行编辑。

8.2.1 编辑 IK 骨架

在编辑 IK 骨架之前,需要从时间轴中删除位于骨架的第一个帧之后的任何附加姿势。如果只是调整骨架的位置以达到动画处理目的,则可以在姿势图层的任何帧中进行位置更改。Flash 会将该帧转换为姿势帧。如果姿势图层包括时间轴的第一个帧之后的姿势,则无法编辑 IK 骨架。

1. 选择骨骼和关联的对象

选择骨骼和关联的对象可以使用下面的方法进行操作:

(1) 如果要选择 IK 形状,可以使用【选取工具】单击该形状。

(2) 如果选择连接到某个骨骼的元件实例,可以使用【选取工具】单击该实例,如图 8-20 所示。

(3) 如果要选择单个骨骼,可以使用【选取工具】单击该骨骼。按住 Shift 键并单击可以选择多块骨骼,如图 8-21 所示。

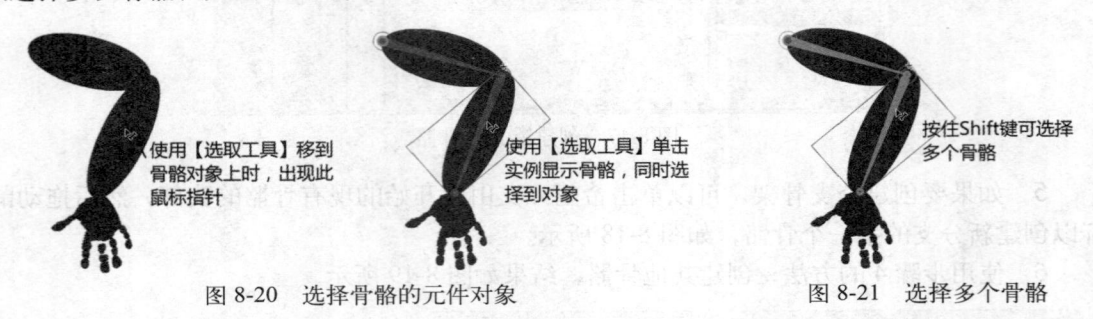

图 8-20 选择骨骼的元件对象　　　　图 8-21 选择多个骨骼

(4) 如果要将所选内容移动到相邻骨骼,可以在【属性】面板中单击【父级】、【子级】或【下一个/上一个同级】按钮,如图 8-22 所示。

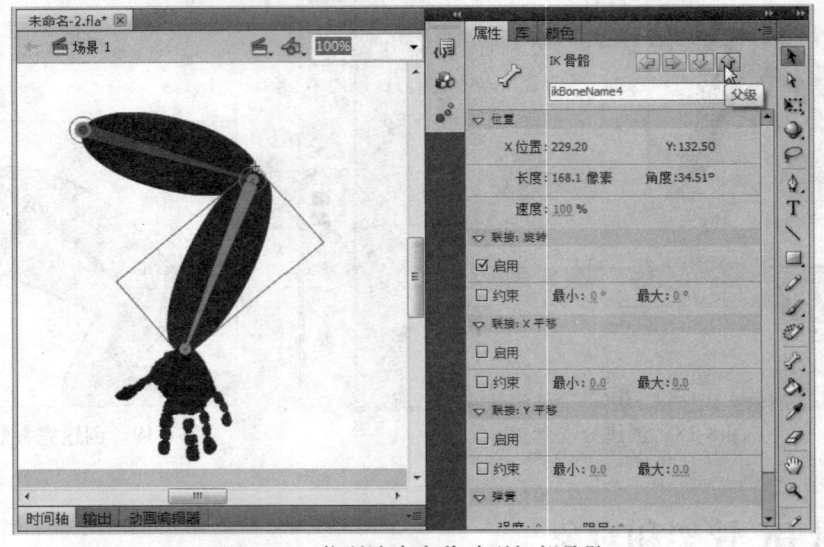

图 8-22 将所选内容移动到相邻骨骼

(5) 如果要选择骨架中所有骨骼,可以双击某个骨骼。

(6) 如果要选择整个骨架并显示骨架的属性及其姿势图层,可以单击姿势图层中包含骨架的帧，如图 8-23 所示。

2. 重新定位骨骼和关联的对象

可以通过下列的方法重新定位骨骼和关联的对象。

（1）如果要重新定位线性骨架，可以拖动骨架中的任何骨骼。如果骨架包含已连接的元件实例，则还可以拖动实例。可以相对于实例的骨骼旋转该实例。如图 8-24 所示为拖动元件实例，如图 8-25 所示为拖动骨骼。

（2）如果要调整骨架的某个分支的位置，可以拖动该分支中的任意骨骼。该分支中的所有骨骼都将移动。骨架的其他分支中的骨骼不会移动。

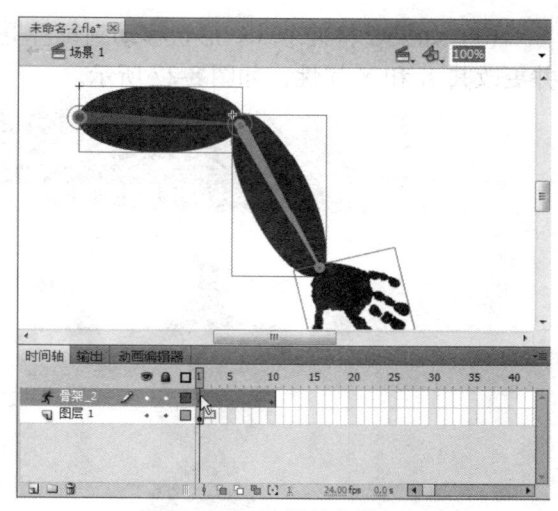

图 8-23　选择整个骨架

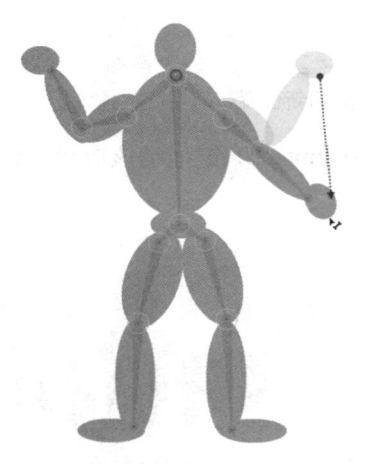

图 8-24　拖动元件

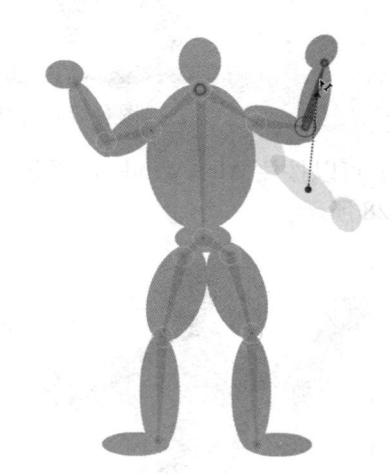

图 8-25　拖动骨骼

（3）如果要将某个骨骼与其子级骨骼一起旋转而不移动父级骨骼，可以在按住 Shift 键的同时拖动该骨骼，如图 8-26 所示。

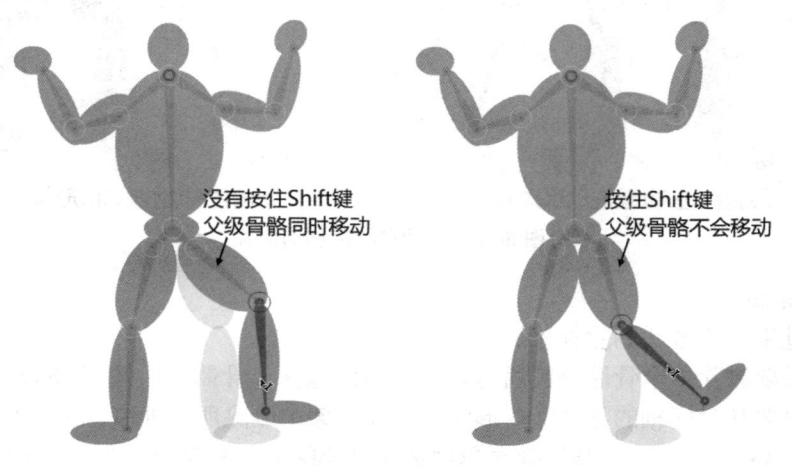

图 8-26　按住 Shift 键的同时拖动该骨骼

（4）如果要将某个 IK 形状移动到舞台上的新位置，可以在【属性】面板中选择该形状并更改其 X 和 Y 属性，如图 8-27 所示。

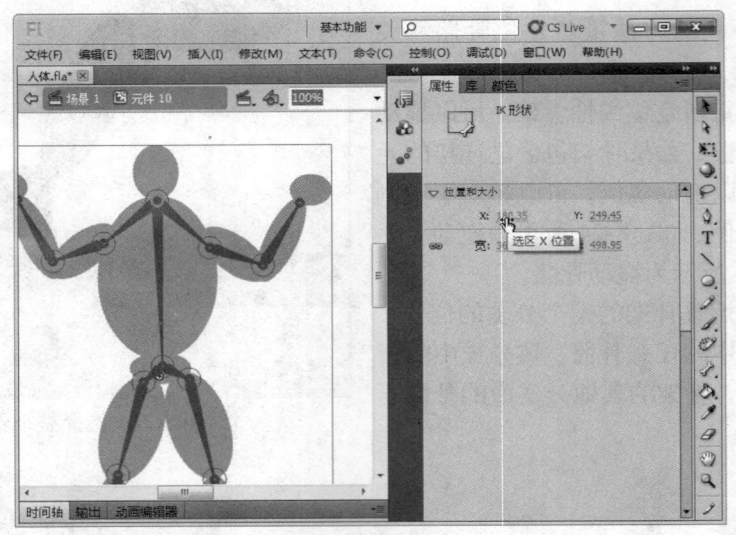

图 8-27 将 IK 形状移动到舞台上的新位置

（5）可以按住 Alt（Windows 系统）键或 Option（Macintosh）键拖动该形状来移动位置，如图 8-28 所示。

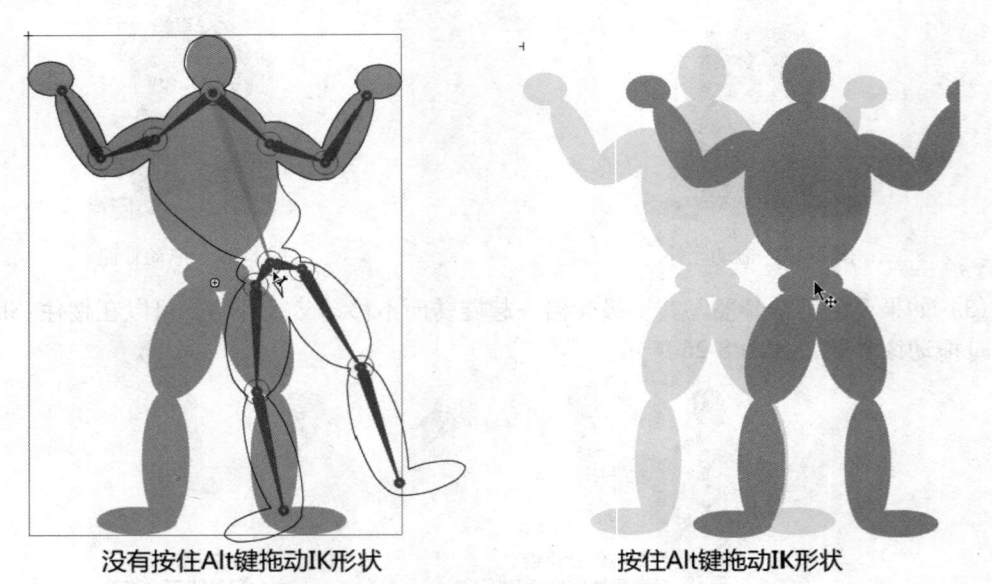

没有按住Alt键拖动IK形状　　　　　按住Alt键拖动IK形状

图 8-28 拖动形状来移动位置

3．删除骨骼

可以通过下面的方法删除骨骼。

（1）如果要删除单个骨骼及其所有子级，可以选择该骨骼然后按下 Delete 键。

（2）如果要从时间轴的某个 IK 形状或元件骨架中删除所有骨骼，可以在【时间轴】面板中右键单击 IK 骨架范围，从快捷菜单中选择【删除骨架】命令，如图 8-29 所示。

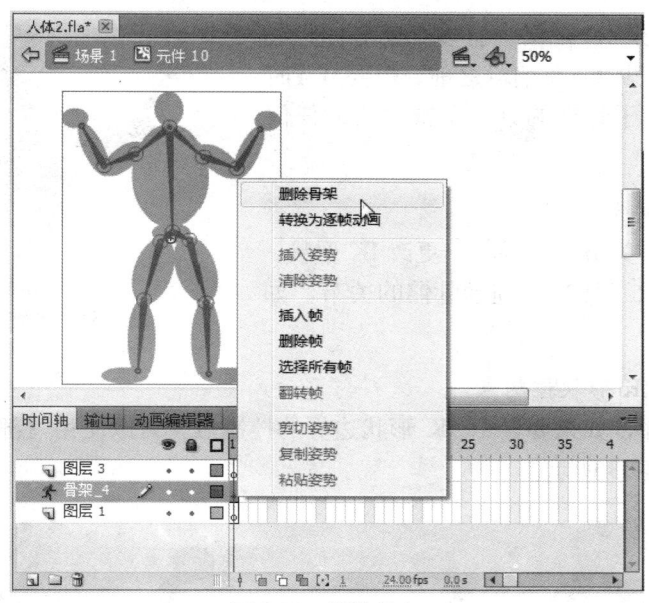

图 8-29 删除骨架

（3）如果要从舞台上的某个 IK 形状或元件骨架中删除所有骨骼，可以双击骨架中的某个骨骼以选择所有骨骼，然后按下 Delete 键删除骨架。IK 形状被删除骨架后，原来的 IK 形状将还原为正常形状，如图 8-30 所示。

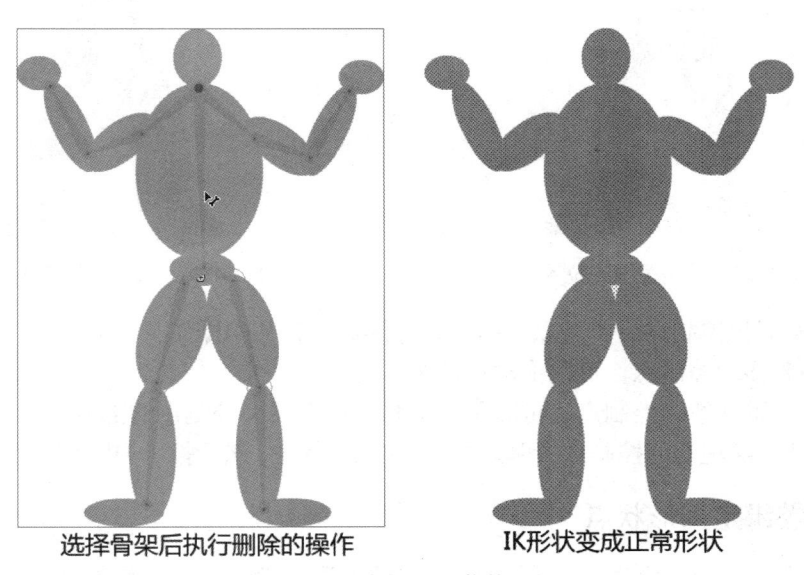

图 8-30 删除 IK 形状的骨架

8.2.2 编辑 IK 形状

可以使用【部分选取工具】 编辑 IK 形状。例如，在 IK 形状中添加、删除和编辑轮廓的控制点，从而可以使 IK 形状改变变形效果。

1. 移动骨骼的端点位置

如果要移动 IK 形状内骨骼任一端的位置，可以使用【部分选取工具】拖动骨骼的一端，如图 8-31 所示。如果 IK 范围中有多个姿势，则无法使用【部分选取工具】。在编辑之前，需要从【时间轴】面板中删除位于骨架的第一个帧之后的任何附加姿势。

2. 移动骨骼的关节

如果要移动骨骼关节的位置而不更改 IK 形状，可以使用【部分选取工具】拖动骨骼的关节，如图 8-32 所示。

图 8-31　调整骨骼端点位置

3. 添加与编辑 IK 形状控制点

与正常形状一样，如果要显示 IK 形状边界的控制点，可以使用【部分选取工具】单击形状的笔触，如图 8-33 所示。

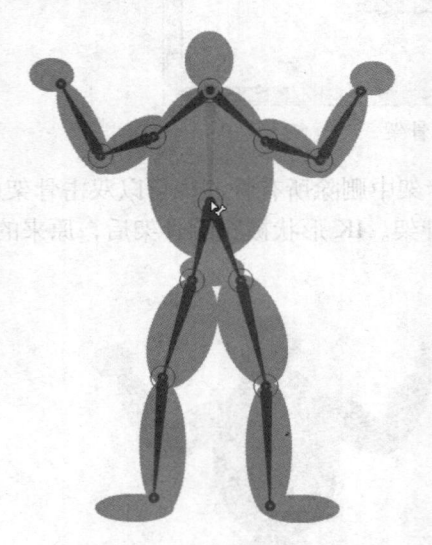

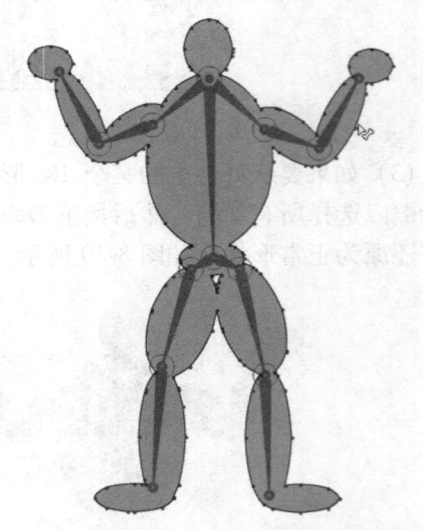

图 8-32　调整关键的位置　　　　　图 8-33　显示 IK 形状边界的控制点

在显示 IK 形状控制点后，可以根据下列方法进行相关的操作：
（1）如果要移动控制点，可以拖动该控制点。
（2）如果要添加新的控制点，可以单击笔触上没有任何控制点的部分。
（3）如果要删除现有的控制点，可以通过单击来选择它，然后按下 Delete 键执行删除操作。

8.2.3　将骨骼绑定到形状点

默认情况下，形状的控制点连接到距离它们最近的骨骼。可以使用【绑定工具】编辑单个骨骼和形状控制点之间的连接。也对笔触在各骨骼移动时如何扭曲进行控制，以获得更好的结果。当骨架移动时，如果形状的笔触没有按照希望的那样扭曲，此时该技术十分有用。

可以将多个控制点绑定到一个骨骼，也可以将多个骨骼绑定到一个控制点。

1. 加亮显示控制点

如果要加亮显示已连接到骨骼的控制点，可以使用【绑定工具】单击该骨骼，此时已连接的点以黄色加亮显示，而选定的骨骼以红色加亮显示，如图 8-34 所示。

> **TIPS** 仅连接到一个骨骼的控制点显示为方形。连接到多个骨骼的控制点显示为三角形。

2. 绑定 IK 形状控制点

在使用【绑定工具】选择骨骼后，IK 形状将显示该骨骼的相关控制点。此时可以使用【绑定工具】单击形状控制点以将其绑定，如图 8-35 所示。

当控制点被绑定后，如果使用【选择工具】移动骨骼，IK 形状控制点将不会被变动，如图 8-36 所示。

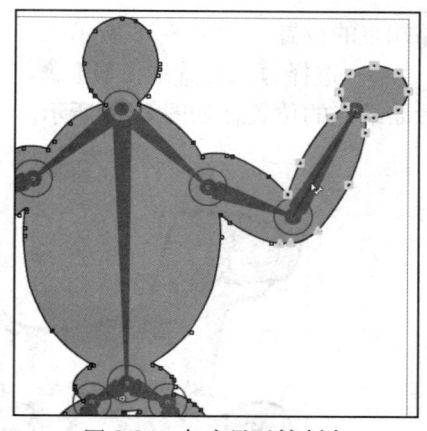

图 8-34 加亮显示控制点

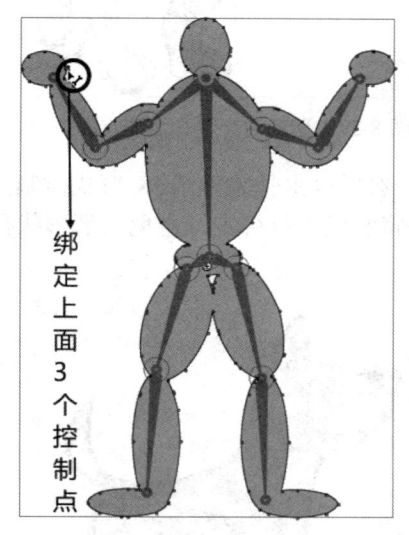

图 8-35 绑定 IK 形状控制点

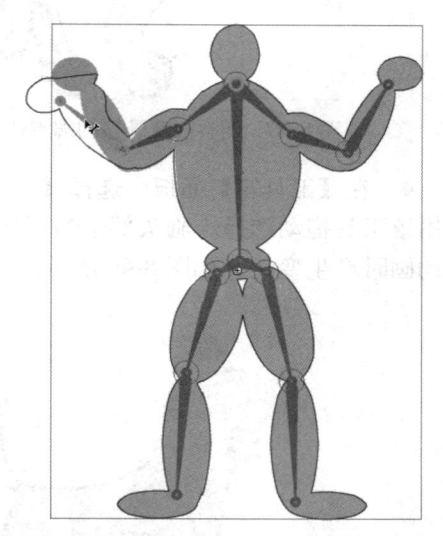

图 8-36 移动骨骼时，形状控制点不被改变

8.2.4 为卡通小狗添加与编辑 IK 骨架

下面将以一个卡通小狗图形为例，介绍添加与编辑 IK 骨架的方法。首先为卡通小狗图形添加各部分骨骼，再使用【部分选取工具】编辑骨骼端点，最后绑定不需要变动的 IK 形状。

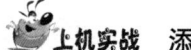

上机实战 添加与编辑 IK 骨架

1 打开光盘中的"..\Example\Ch08\8.2.4.fla"练习文件，在【工具箱】面板中选择【骨骼工具】，然后选择舞台上的所有形状，使用工具在形状上添加各部分骨骼，如图 8-37 所示。

2 在【工具箱】面板中选择【部分选取工具】，然后选择小狗前身部位骨骼的下端点，向上移动调整骨

图 8-37 添加骨骼

骼端点的位置，如图 8-38 所示。

3 选择【部分选取工具】，然后选择小狗右大腿部位骨骼的尾端点，向右移动调整骨骼端点的位置，如图 8-39 所示。

图 8-38 调整前身骨骼的端点位置 　　　图 8-39 移动右大腿骨骼端点的位置

4 在【工具箱】面板中选择【绑定工具】，然后单击骨骼显示 IK 形状控制点，接着使用该工具拖动选择小狗头部上的形状控制点，并将它们进行绑定，避免头部形状在以后制作动画时产生变化，如图 8-40 所示。

图 8-40 绑定头部 IK 形状控制点

8.3 对骨架进行动画处理

对 IK 骨架进行动画处理的方式与 Flash 中的其他对象不同。对于骨架，只需向姿势图层添加关键帧并在舞台上重新定位骨架即可。

8.3.1 基于骨架的 IK 概述

如图 8-41 所示为姿势图层插入两个姿势并定义骨架而产生的 IK 动画。

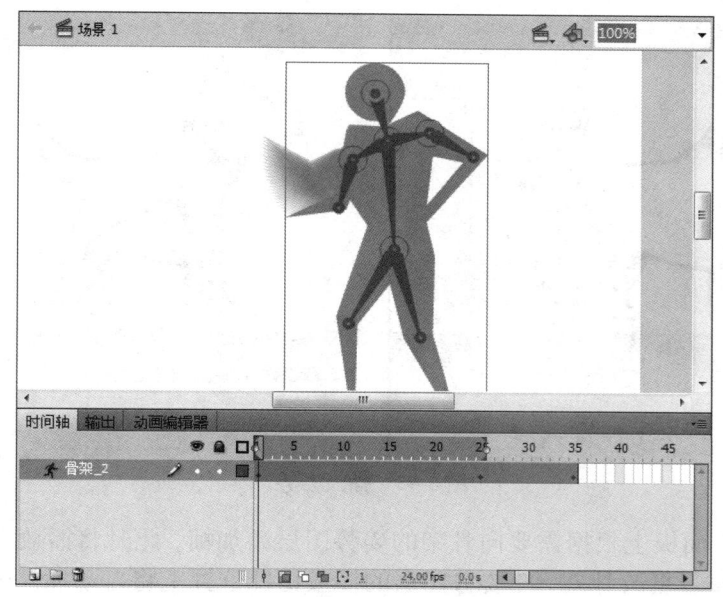

图 8-41 利用不同姿势制作 IK 动画

对于骨架来说，姿势图层中的关键帧称为姿势，如图 8-42 所示。由于 IK 骨架通常用于动画目的，因此每个姿势图层都自动充当补间图层。但是，IK 姿势图层不同于补间图层，因为姿势图层不会对除骨骼位置以外的属性进行补间。如果需要对 IK 对象的其他属性（如位置、变形、色彩效果或滤镜）进行补间，则需要将骨架及其关联的对象包含在影片剪辑或图形元件中，然后通过插入补间动画的方式对元件的属性进行动画处理。

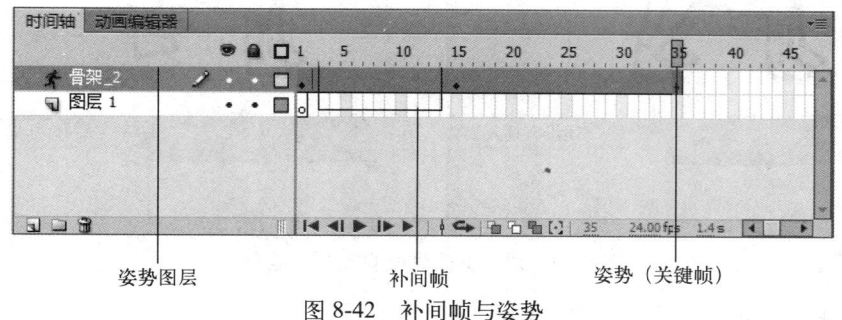

图 8-42 补间帧与姿势

8.3.2 插入 IK 动画的姿势

IK 骨架存在于【时间轴】面板的姿势图层上，可以通过【时间轴】面板插入姿势，然后通过修改骨架制作出骨架动画效果。

1. 通过命令插入姿势

可以通过右键单击姿势图层中的帧再选择【插入姿势】命令来插入姿势，如图 8-43 所示。

2. 通过更改骨架插入姿势

除了通过【插入姿势】命令在姿势图层上插入姿势外，还可以通过更改骨架的方式来自动插入姿势。

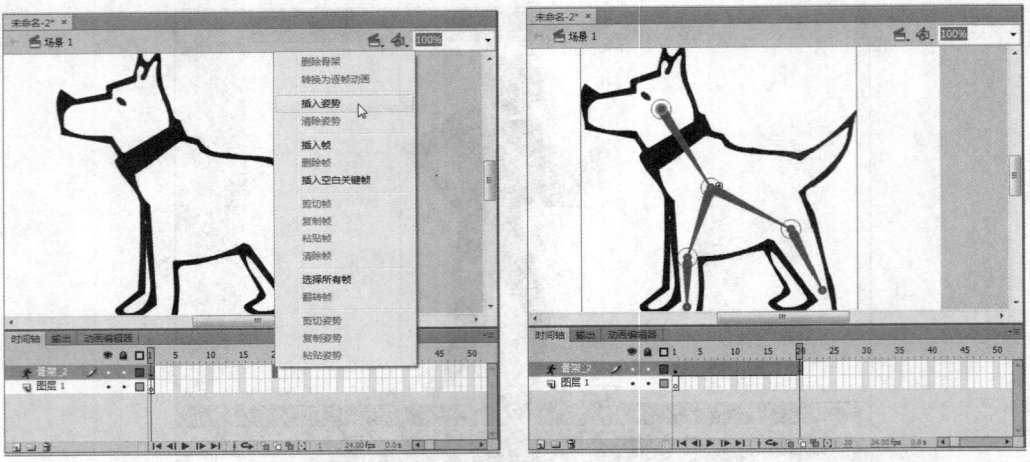

图 8-43 插入姿势

在【时间轴】面板上根据需要向骨架的姿势图层添加帧。此时将播放指针移动需要插入姿势的帧上，接着更改骨架，在姿势图层的播放指针位置上将自动插入姿势，如图 8-44 所示。

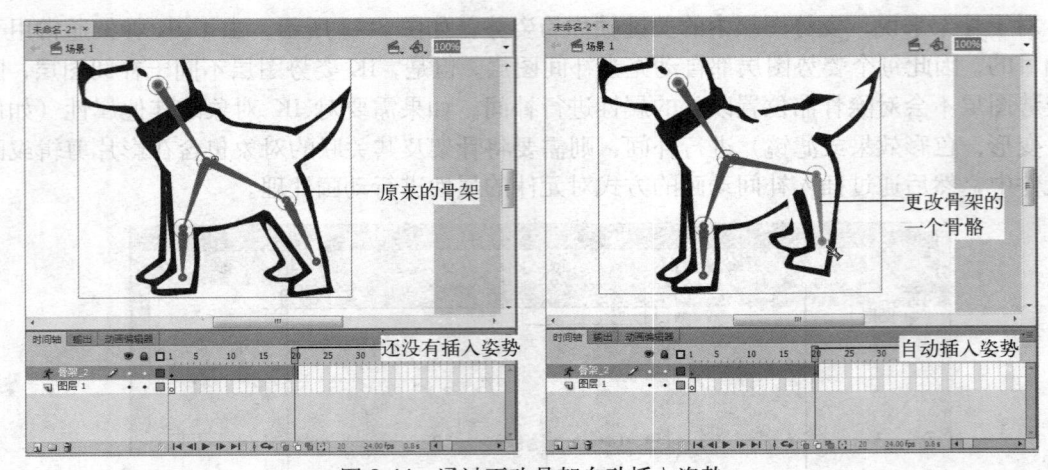

图 8-44 通过更改骨架自动插入姿势

3. 更改动画长度

将鼠标光标悬停在骨架的最后一个帧上，直到显示调整大小光标（左右箭头），然后将姿势图层的最后一个帧拖到右侧或左侧以添加或删除帧，即可达到改变动画长度的目的，如图 8-45 所示。

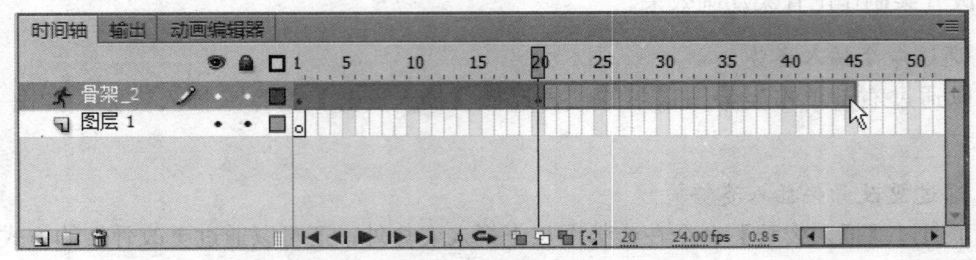

图 8-44 更改动画长度

8.3.3 约束 IK 骨骼的运动

通过控制特定骨骼的运动自由度，可以创建 IK 骨架的更多逼真运动。例如，可以约束手臂的两个骨骼，使肘部不会向错误的方向弯曲。

默认情况下，创建骨骼时会为每个 IK 骨骼指定固定的长度。骨骼可以围绕其父关节旋转，也可以沿 X 轴和 Y 轴旋转。但是，除非启用了 X 轴或 Y 轴运动，否则它们不能以需要它们的父级骨骼更改长度的方式移动。默认情况下会启用骨骼旋转，而禁用 X 轴和 Y 轴运动，如图 8-46 所示。

下面以人体骨架为例，说明约束骨骼的方法和相关技巧。

1. 启用 X 或 Y 平移

如果要让人物沿舞台移动，可以打开根骨骼上的 X 或 Y 平移。使用 X 和 Y 平移时关闭旋转可以获得更准确的移动。在选定一个或多个骨骼后，在【属性】面板的【联接：X 平移】和【联接：Y 平移】选项中选择【启用】复选框，如图 8-47 所示。

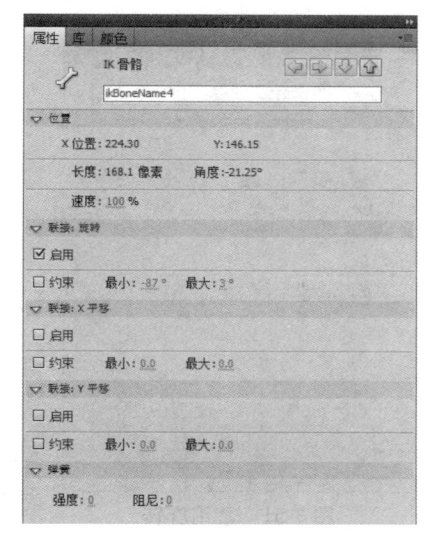

图 8-46　默认启用骨骼旋转，而禁用 X 轴和 Y 轴运动

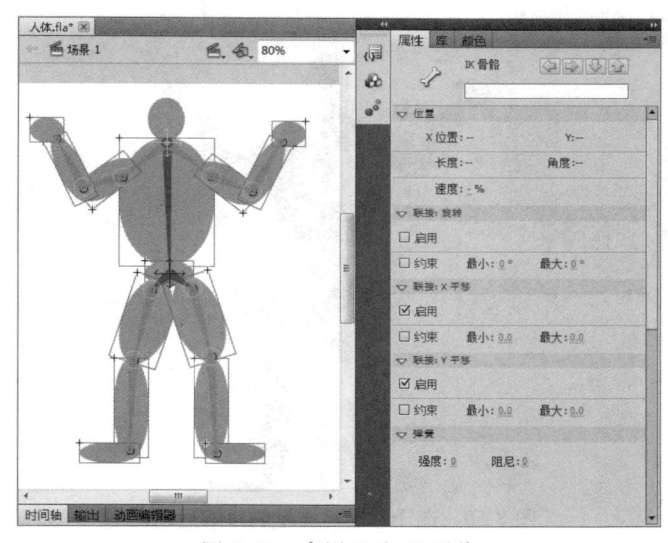

图 8-47　启用 X 和 Y 平移

在启用 X 和 Y 平移后，骨骼上会出现水平和垂直方向的箭头，表示骨骼可以从箭头方向平移，如图 8-48 所示。

2. 约束平移运动量

在【属性】面板的【联接：X 平移】或【联接：Y 平移】选项中【约束】复选框，然后输入骨骼可以移动的最小距离和最大距离即可限制沿 X 轴或 Y 轴启用的运动量，如图 8-49 所示。

在设置约束后，骨骼上的 X 轴或 Y 轴双箭头将变成线段，表示骨骼平移的范围，如图 8-50 所示。

3. 禁用旋转

在【属性】面板的【连接旋转】选项中取消选中【启用】复选框（默认情况下会选中此复选框）即可禁用选定骨骼绕连接的旋转，如图 8-51 所示。

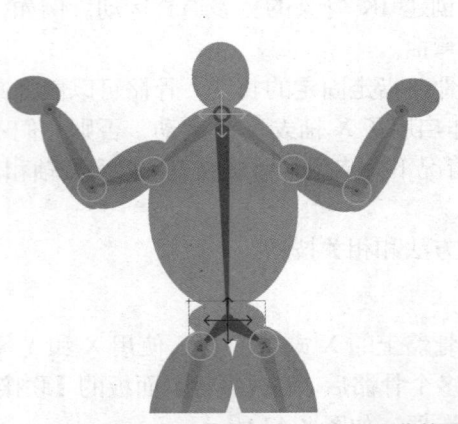

图 8-48　启用 X 和 Y 平移后将显示垂直与关节的双向箭头

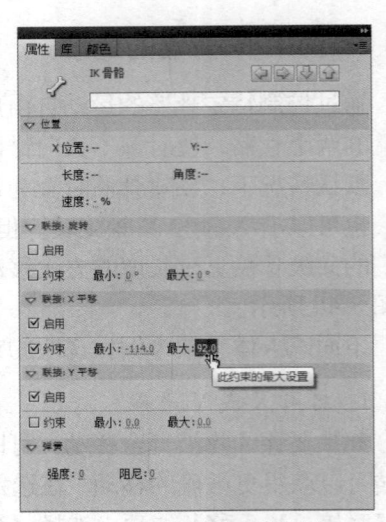

图 8-49　设置约束的距离

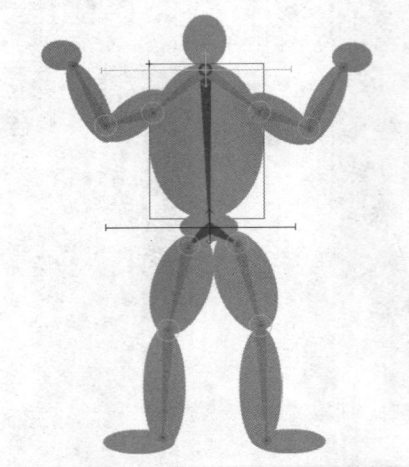

图 8-50　选择骨骼可显示约束的运动范围

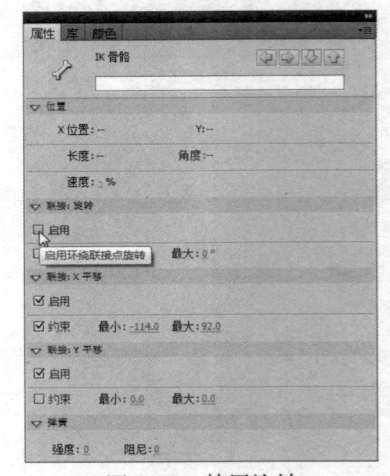

图 8-51　禁用旋转

> **TIPS**：在启用旋转功能时，骨骼关节处显示一个圆圈，表示可旋转。如果禁用旋转，则该圆圈将消失，表示不可旋转，如图 8-52 所示。

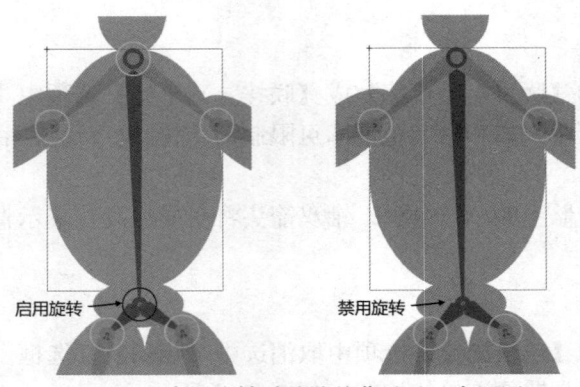

启用旋转　　　　　　　　禁用旋转

图 8-52　启用旋转时骨骼关节显示一个圆圈

4. 约束骨骼旋转

在【属性】面板的【连接旋转】选项中输入旋转的最小度数和最大度数可以约束骨骼的旋转，如图 8-53 所示。

旋转度数相对于父级骨骼。在骨骼连接的顶部将显示一个指示旋转自由度的弧形。

在设置约束骨骼旋转时，原来骨骼关节上的圆圈将会由于设置的约束旋转角度而产生变化，从而表示骨骼可旋转的角度范围，如图 8-54 所示。

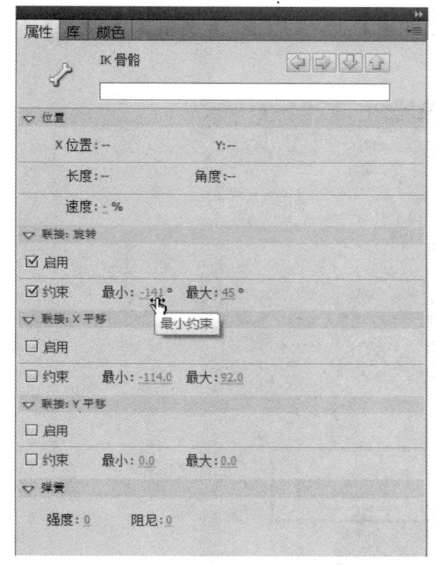

图 8-53 设置旋转约束参数

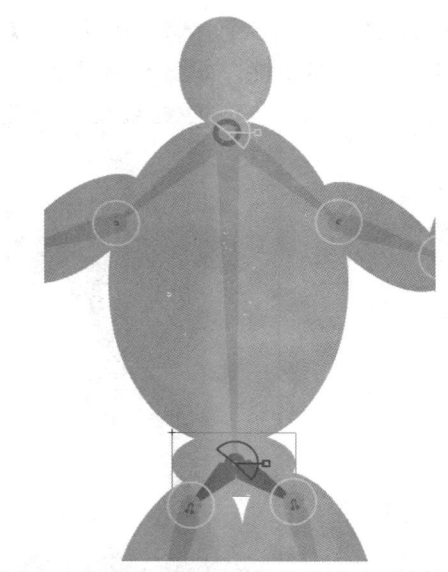

图 8-54 设置约束骨骼时关节处显示可旋转范围

5. 限制骨骼运动速度

在【属性】面板的【速度】选项中输入一个值，可以限制选定骨骼的运动速度，如图 8-55 所示。速度设置可以为骨骼提供粗细效果。最大值为 100%，表示对速度没有限制。

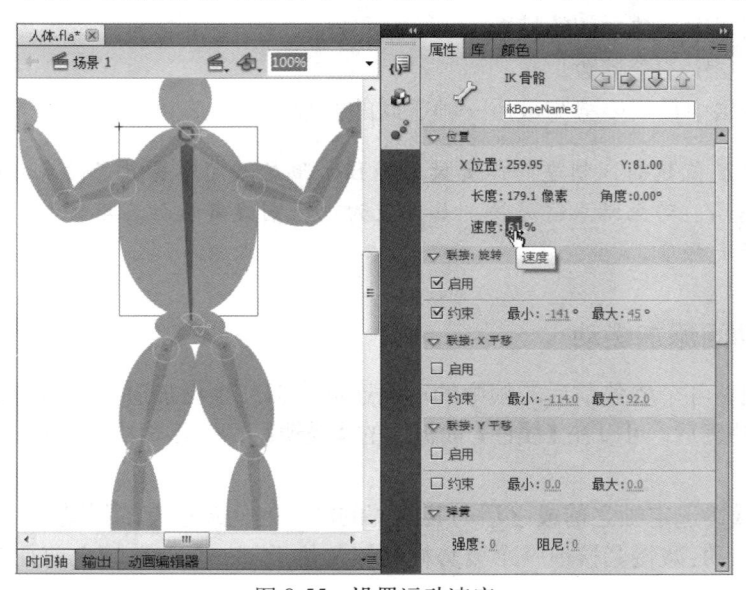

图 8-55 设置运动速度

8.3.4 向骨骼中添加弹簧属性

骨骼的【强度】和【阻尼】属性通过将动态物理集成到骨骼 IK 系统中，使 IK 骨骼体现真实的物理移动效果。可用于将弹簧属性添加到 IK 骨骼中。

由于【强度】和【阻尼】属性可以使骨骼动画效果逼真，并且动画效果具有高可配置性。因此，可以借助这些属性，更轻松地创建逼真的动画（最好在向姿势图层添加姿势之前设置这些属性）。

通过选择一个或多个骨骼，在【属性】面板的【弹簧】选项设置【强度】值和【阻尼】值，可以启用弹簧属性，如图 8-56 所示。

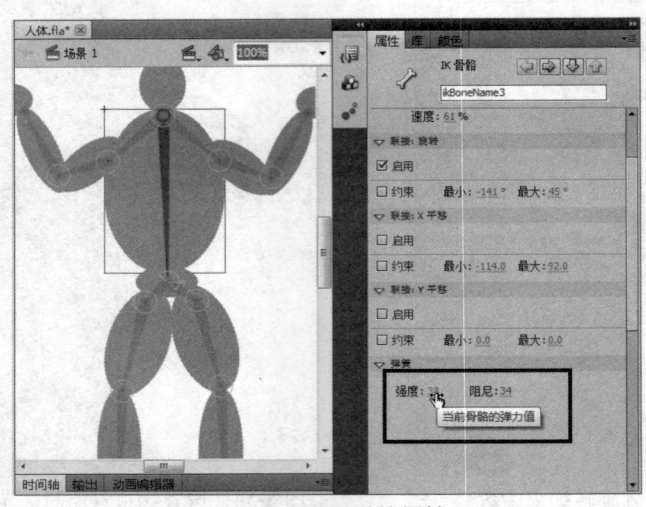

图 8-56　设置弹簧属性

在使用弹簧属性时，下列因素将影响骨骼动画的最终效果。
(1) 强度属性值。
(2) 阻尼属性值。
(3) 姿势图层中姿势之间的帧数。
(4) 姿势图层中的总帧数。
(5) 姿势图层中最后姿势与最后一帧之间的帧数。

> **TIPS**　弹簧强度值越高，创建的弹簧效果越强。阻尼决定弹簧效果的衰减速率，因此阻尼值越高，动画结束得越快。如果值为 0，则弹簧属性在姿势图层的所有帧中保持其最大强度。

8.3.5 向 IK 动画添加缓动

缓动是指调整各个姿势前后的帧中的动画速度，以产生更加逼真的运动效果。

在创建 IK 动画后，可以在【属性】面板中的【缓动】下拉菜单中选择缓动类型，如图 8-57 所示。

- 简单：减慢选定帧之前或之后与其紧邻的帧中的运动速度的缓动。
- 停止并启动：减慢紧接前一个姿势帧的帧及位于下一个姿势帧之前且与其相邻的帧中的运动速度。

在选择缓动类型后，可以在【属性】面板【缓动】选项上的【强度】中设置一个强度值，如图 8-58 所示。

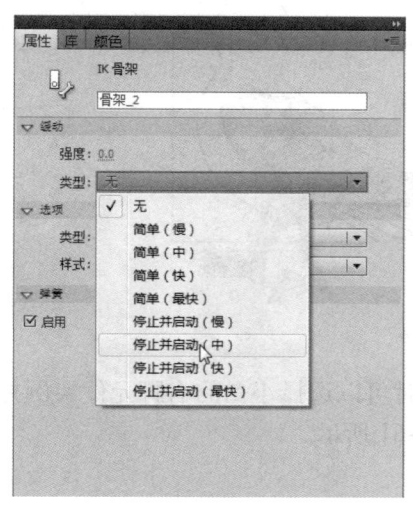

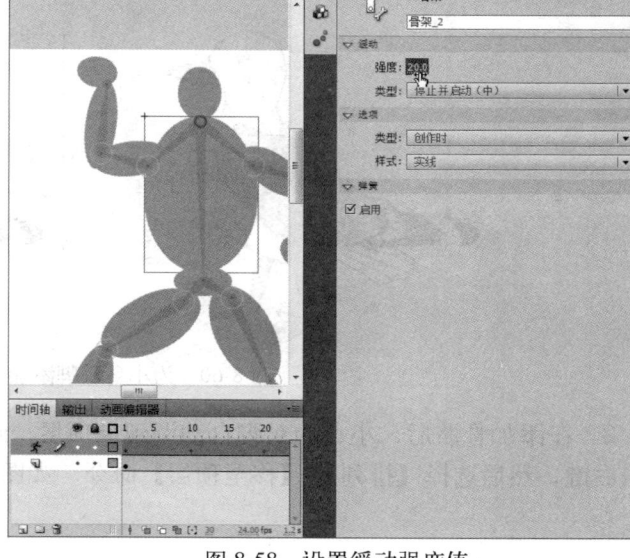

图 8-57 选择缓动的类型　　　　　　　　　图 8-58 设置缓动强度值

> 缓动强度默认是 0，即表示无缓动。最大值是 100，表示对姿势帧之前的帧应用最明显的缓动效果。最小值是 -100，表示对上一个姿势帧之后的帧应用最明显的缓动效果。

8.4 上机练习

下面通过制作小鸟行走动画和制作卡通人物跳舞动画两个范例，介绍 Flash CS6 中反向运动动画的制作技巧。

8.4.1 制作小鸟行走动画

下面将为小鸟制作行走的动画。首先为小鸟的双脚添加骨骼，然后通过插入姿势，为双脚的骨骼制作交叉的变化，从而制作出小鸟行走的效果，如图 8-59 所示。

图 8-59 制作小鸟行走的效果

上机实战　制作小鸟行走动画

1 打开光盘中的 "..\Example\Ch08\8.4.1.fla" 练习文件，在工具箱中选择【骨骼工具】，然后使用该工具分别为小鸟身体和双脚之间创建对应的骨骼，如图 8-60 所示。

图 8-60　为小鸟双脚添加骨骼

2 在添加骨骼后，小鸟的双脚自动调到最顶层，此时可以选择小鸟的右脚元件实例并单击右键，然后选择【排列】|【移至顶层】命令，如图 8-61 所示。

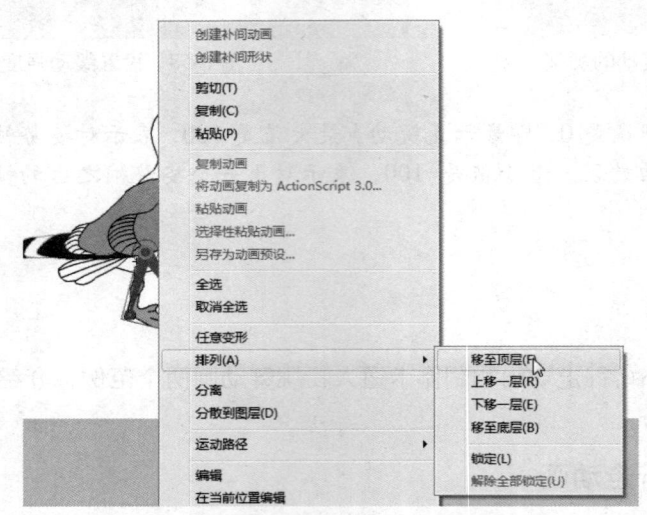

图 8-61　将小鸟右脚元件实例移至顶层

3 选择骨架图层第 60 帧然后按下 F5 功能键，插入骨骼补间帧，如图 8-62 所示。

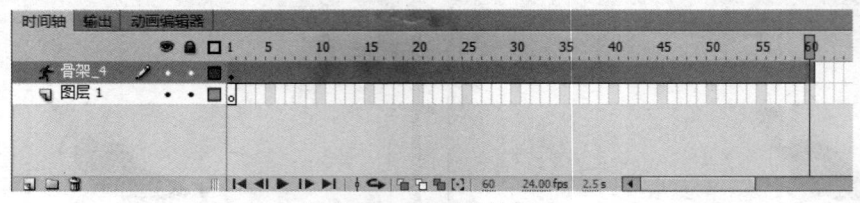

图 8-62　插入 IK 补间帧

4 将时间轴的播放头移到第 60 帧处，然后使用【选择工具】选择骨骼的所有元件实例，再按住 Alt 键移动元件实例至舞台右边，如图 8-63 所示。

图 8-63　移动骨骼所有元件实例的位置

5 在骨架图层上选择第 20 帧，然后按下 F6 功能键插入姿势，接着使用【选择工具】向右拖动小鸟右脚骨骼的下端点，使之产生跨步的效果。使用相同的方法，向左调整小鸟左脚骨骼的下端点，如图 8-64 所示。

图 8-64　调整小鸟双脚的骨骼下端点

6 使用步骤 5 的方法，在骨架图层第 40 帧插入姿势，再分别调整第 40 帧和第 60 帧中小鸟脚上骨骼的角度，使之产生行走的动画效果，如图 8-65 所示。

图 8-65　制作第 40 帧和第 60 帧上小鸟双脚的姿势

7 为了检查小鸟行走的效果，可以按下【时间轴】面板的【绘图纸外观】按钮，调整前后标签，以绘图纸外观查看行走的大体效果，如图 8-66 所示。

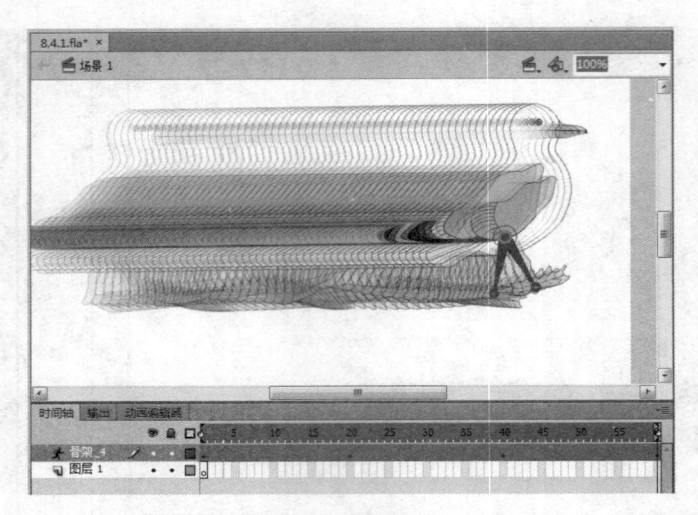

图 8-66 以绘图纸外观查看 IK 动画效果

8.4.2 制作卡通人物跳舞动画

本例将使用一个抽象卡通人物为对象，通过插入姿势和配置骨骼的方法，为卡通人物图形制作 IK 形状动画，使之产生舞动的动画效果，如图 8-67 所示。

图 8-67 抽象卡通人物跳舞的动画

上机实战 制作卡通人物跳舞的 IK 动画

1 打开光盘中的 "..\Example\Ch08\8.5.2.fla" 练习文件，在工具箱中选择【骨骼工具】，然后根据如图 8-68 所示创建骨骼。

2 在【时间轴】面板上选择姿势图层的第 20 帧，然后按下 F6 功能键插入姿势。

3 在【工具箱】面板上选择【选择工具】，选择人物左腿骨骼，然后向右上方移动，调整左腿骨骼的位置和角度。使用相同的方法，调整人物右腿骨骼的位置和角度，如图 8-69 所示。

4 使用【选择工具】选择人物左手最后一节骨骼的尾端点，然后向上方移动，调整左手骨骼的位置和角度，如图 8-70 所示。

图 8-68　创建骨骼　　　　　　　图 8-69　配置第 20 帧上人物下身的姿势

5　在工具箱中选择【绑定工具】，然后在人物右前臂骨骼上单击，加亮显示骨骼，接着使用【绑定工具】并按住 Ctrl 键单击小人头部右侧黄色显示的控制，以便从右前臂骨骼中取消位于人物头部的控制点（目的是步骤 6 调整右前臂骨骼时不会影响到头部的形状），如图 8-71 所示。

图 8-70　调整第 20 帧中左手骨骼
　　　　　的位置和角度 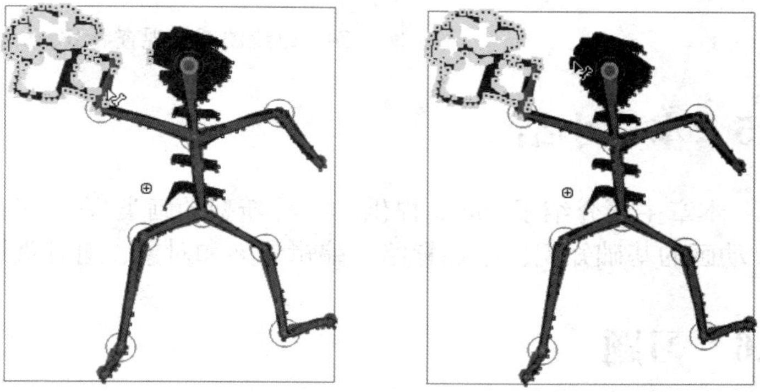　　　　　　　图 8-71　从骨骼中删除控制点

6　选择姿势图层第 20 帧的姿势，在工具箱中选择【选择工具】，然后选择人物右前臂骨骼尾端并向下拖动鼠标，调整该骨骼旋的位置和角度，如图 8-72 所示。

7　在姿势图层第 40 帧和第 60 帧上插入 F6 功能键插入姿势，使用步骤 3 和步骤 4 的方法，配置第 40 帧和第 60 帧中人物的姿势，如图 8-73 所示。

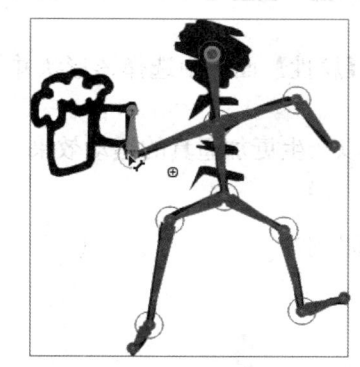

图 8-72　调整第 20 帧中右手骨骼
　　　　　的位置和角度　　　　　　　图 8-73　配置第 40 帧和第 60 帧中人物的姿势

8 为了检查人物跳舞的效果,可以按下【时间轴】面板的【绘图纸外观】按钮,并调整前后标签,以绘图纸外观查看行走的大体效果,如图 8-74 所示。

图 8-74 以绘图纸外观查看 IK 动画效果

8.5 本章小结

本章主要介绍了 Flash 提供的一种新型动画类型——IK(反向运动)动画的知识,包括 IK 动画的基础知识、添加骨骼、编辑骨架和对象、对骨架进行动画处理等。

8.6 习题

一、填充题

1. 向元件实例添加骨骼时,会创建一个链接实例链。其中,元件实例的链接链可以是一个简单的_____或_____。

2. 在任一情况下,在添加第一个骨骼之前必须选择_____,然后才能添加第一个骨骼。

3. 在添加骨骼之后,Flash 会将所有形状和骨骼转换为一个_____对象,并将该对象移至一个新的_____。

4. 如果要将某个 IK 形状移动到舞台上的新位置,可以在【属性】面板中选择该形状并更改其_____属性。

5. _____就是调整各个姿势前后的帧中的动画速度,以产生更加逼真的运动效果。

二、选择题

1. 在将骨骼添加到一个形状后,该形状将不具有以下哪个限制?　　　　　　　　(　　)
   A. 不能将一个 IK 形状与其外部的其他形状进行合并
   B. 不能使用任意变形工具旋转、缩放或倾斜该形状
   C. 不能就地(通过在舞台上双击它)编辑该形状
   D. 不能显示形状上的骨骼

2. 对于 IK 形状而言，用户可以按住哪个键拖动形状来移动其位置？　　　　　（　　）
   A. Ctrl　　　　　B. Shift　　　　　C. Alt　　　　　D. Ctrl+Shift
3. 当需要同时选择多个骨骼时，可以按住哪个键后选择骨骼？　　　　　　　（　　）
   A. Ctrl　　　　　B. Shift　　　　　C. Alt　　　　　D. Tab
4. 阻尼值为何值时，弹簧属性在姿势图层的所有帧中保持其最大强度？　　（　　）
   A. 0　　　　　　B. 10　　　　　　C. 50　　　　　　D. 100

三、操作题

在提供的练习文件的基础上，制作人物插图形状放下左手的 IK 动画。动画效果如图 8-75 所示。

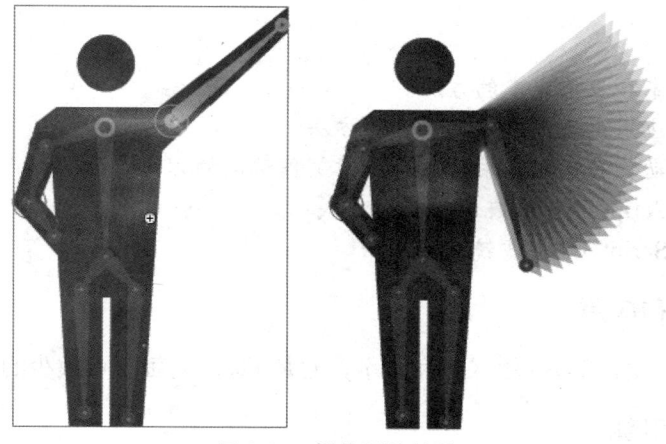

图 8-75　操作题的结果

提示：

（1）打开光盘中的"..\Example\Ch08\8.6.fla"练习文件，在工具箱中选择【骨骼工具】，然后创建骨骼。

（2）在【时间轴】面板上选择姿势图层的第 30 帧，然后按下 F6 功能键插入姿势。

（3）在【工具箱】面板上选择【选择工具】，然后选择人物左手骨骼，向右上方移动，调整左腿骨骼的位置和角度。

第 9 章　应用文本、媒体和脚本

教学提要

本章主要介绍 Flash CS6 中文本段落、声音效果，行为以及各种各样的交互效果的应用。

教学重点

- 掌握创建文本和应用文本的方法
- 掌握导入和应用声音以及设置声音的方法
- 了解行为和动作并掌握利用行为和动作制作动画的方法
- 了解 ActionScript 的基本概念和使用方式
- 掌握 ActionScript 3.0 在滤镜上的应用

9.1 文本的创建和应用

文本以编码的形式在 Flash 中保存和显示，它是 Flash 动画不可缺少的一部分。

9.1.1 Flash 文本引擎

Flash CS6 包含了 TLF 文本和传统文本引擎（如图 9-1 所示），并提供了多种文本类型，不同类型的文本有不同的特性，利用不同类型的文本，可以创作出丰富的影片效果。

1. 传统文本

传统文本是 Flash Professional 中早期文本引擎的名称。传统文本引擎在 Flash Professional CS6 中仍可用。

传统文本对于某类内容而言可能更好一些，例如用于移动设备的内容，其中 SWF 文件大小必须保持在最小限度。不过，在某些情况下，例如需要对文本布局进行精细控制，则需要使用新的 TLF 文本。

可以在 Flash 应用程序中以各种方式包含传统文本，同时可以创建包含静态文本的文本字段。另外，在创作文档时可以创建静

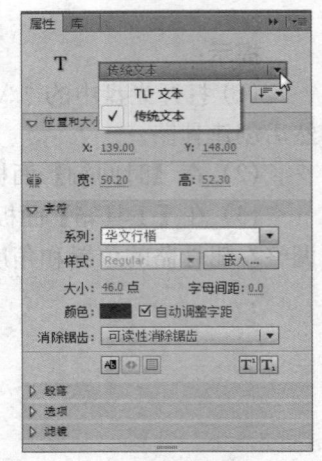

图 9-1　Flash 文本引擎

态文本，还可以创建动态文本字段和输入文本字段，前者显示不断更新的文本，如股票报价或头条新闻，后者使用户能够输入表单或调查表的文本。

Flash 提供了许多种处理文本的方法。例如，可以水平或垂直放置文本；设置字体、大小、样式、颜色和行距等属性；检查拼写；对文本进行旋转、倾斜或翻转等变形；链接文本；使文本可选择；使文本具有动画效果；控制字体替换；以及将字体用作共享库的一部分等。如图 9-2 所示为传统文本的属性设置项目。

> 传统文本引擎包含【静态文本】、【动态文本】和【输入文本】3 种类型，这 3 中文本类型将会在后文中详细介绍。

2. TLF 文本

TLF 支持更多丰富的文本布局功能和对文本属性的精细控制。与以前的文本引擎（现在称为传统文本）相比，TLF 文本可以加强对文本的控制。如图 9-3 所示为 TLF 文本的属性设置项目。

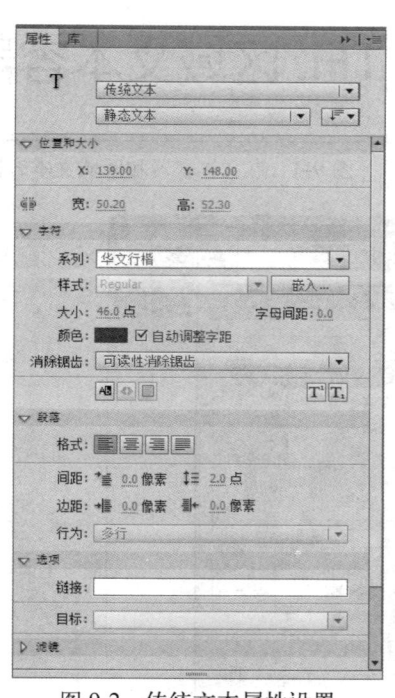

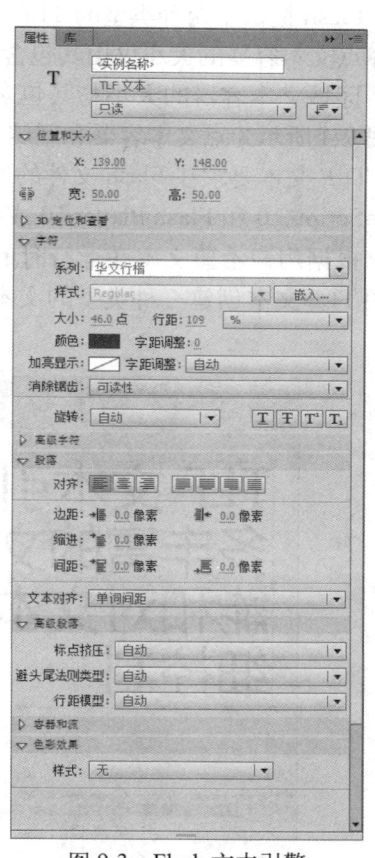

图 9-2　传统文本属性设置　　　　　　图 9-3　Flash 文本引擎

（1）打印质量排版规则。

（2）更多字符样式，包括行距、连字、加亮颜色、下划线、删除线、大小写、数字格式及其他。

（3）更多段落样式，包括通过栏间距支持多列、末行对齐选项、边距、缩进、段落间距和容器填充值。

（4）控制更多亚洲字体属性，包括直排和横排、标点挤压、避头尾法则类型和行距模型。

（5）可以为 TLF 文本应用 3D 旋转、色彩效果以及混合模式等属性，而无须将 TLF 文本放置在影片剪辑元件中。

（6）文本可以按顺序排列在多个文本容器。这些容器称为串接文本容器或链接文本容器。

（7）能够针对阿拉伯语和希伯来语文字创建从右到左的文本。

(8)支持双向文本，其中从右到左的文本可以包含从左到右文本的元素。当遇到在阿拉伯语或希伯来语文本中嵌入英语单词或阿拉伯数字等情况时，此功能必不可少。

9.1.2 使用 TLF 文本

1. 使用 TLF 文本的原则

在 Flash 中使用 TLF 文本需要遵循以下的基本原则：

（1）TLF 文本在支持 ActionScript 3.0 的 Flash 文档中是默认文本类型。

（2）Flash 提供了两种类型的 TLF 文本容器，分别是点文本和区域文本。

（3）点文本容器的大小仅由其包含的文本决定。

（4）区域文本容器的大小与其包含的文本量无关。如图 9-4 所示为点文本容器和区域文本容器。

（5）TLF 文本要求在 Flash 文件的发布设置中指定 ActionScript 3.0 和 Flash Player 10 或更高版本。

（6）根据用户希望文本在运行时的表现方式，可以使用 TLF 文本创建三种类型的文本块，如图 9-5 所示。

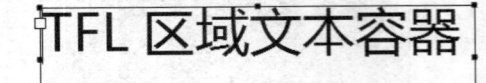

图 9-4　点文本容器和区域文本容器

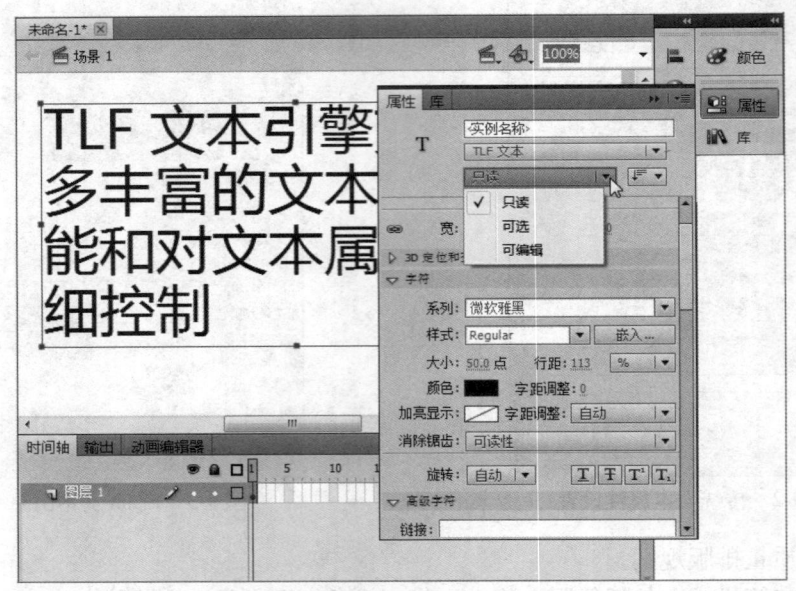

图 9-5　设置 TLF 文本类型

- 只读：当作为 SWF 文件发布时，文本无法选中或编辑。
- 可选：当作为 SWF 文件发布时，文本可以选中并可复制到剪贴板，但不可以编辑。对于 TLF 文本，此设置是默认设置。
- 可编辑：当作为 SWF 文件发布时，文本可以选中和编辑。

（7）TLF 文本要求一个特定 ActionScript 库对 Flash Player 运行时可用。如果此库尚未在播放计算机中安装，则 Flash Player 将自动下载此库。

（8）在创作时，不能将 TLF 文本用作图层蒙版。如果要创建带有文本的遮罩层，需要使用 ActionScript 3.0 创建遮罩层，或者为遮罩层使用传统文本。

(9) 在将 Flash 文件导出为 SWF 文件之前，不会在舞台上反映出 TLF 文本的消除锯齿设置。

2. 创建 TFL 文本

再在【工具箱】面板中选择【文本工具】，设置文本引擎为【TLF 文本】，再根据需要设置文本类型和属性，在舞台上单击创建文本容器，最后在容器上输入文本即可创建 TFL 文本，如图 9-6 所示。

图 9-6　创建 TFL 文本

3. 设置 TLF 文本的属性

（1）设置行布局行为

行布局行为可以控制容器如何随文本量的增加而扩展。Flash CS6 的行布局行为包括下列选项，如图 9-7 所示。

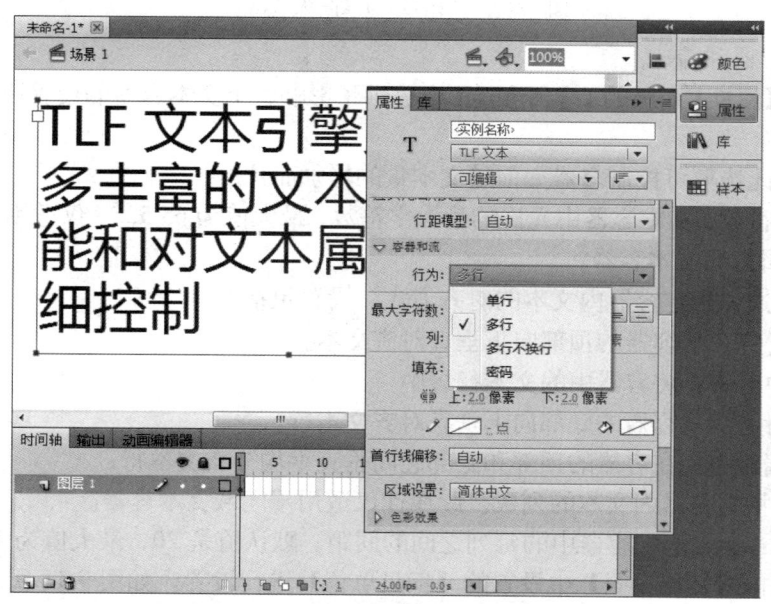

图 9-7　设置 TLF 文本的行布局行为

- 单行：单行显示文本。
- 多行：多行显示文本。此选项仅当选定文本是区域文本时可用，当选定文本是点文本时不可用。
- 多行不换行：多行且不换行显示文本。
- 密码：使字符显示为点而不是字母，以确保密码安全。仅当文本（点文本或区域文本）类型为【可编辑】时菜单中才会提供此选项。

（2）设置字符样式

字符样式是应用于单个字符或字符组（而不是整个段落或文本容器）的属性。可以使用【属性】面板的【字符】和【高级字符】设置字符样式，如图9-8所示。

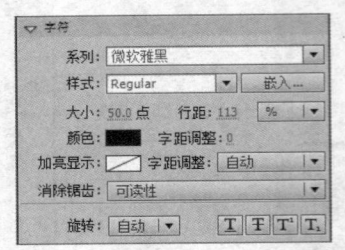

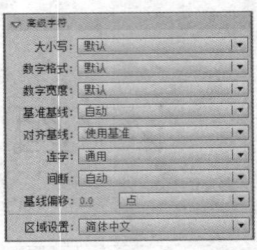

图9-8 【字符】和【高级字符】

（3）设置段落样式

通过文本的【属性】面板中的【段落】和【高级段落】可以设置 TLF 文本的段落样式，如图9-9所示。

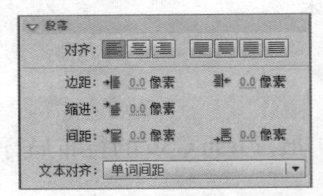

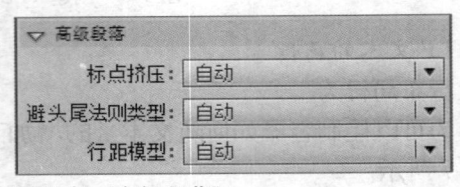

图9-9 【段落】与【高级段落】

（4）设置容器和流

TLF 文本【属性】面板的【容器和流】中提供了影响整个文本容器的设置选项，如图9-10所示。

- 行为：此选项可控制容器如何随文本量的增加而扩展。
- 最大字符数：文本容器中允许的最大字符数，最大值为 65 535。仅适用于类型设置为【可编辑】的文本容器。
- 对齐方式：指定容器内文本的对齐方式。设置包括：
  - 顶对齐：从容器的顶部向下垂直对齐文本。
  - 居中对齐：将容器中的文本行居中
  - 底对齐：从容器的底部向上垂直对齐文本行。
  - 两端对齐：在容器的顶部和底部之间垂直平均分布文本行。
- 列数：指定容器内文本的列数。此属性仅适用于区域文本容器。
- 列间距：指定选定容器中的每列之间的间距。默认值是 20，最大值为 1 000。此度量单位根据【文档设置】中设置的【标尺单位】进行设置，如图9-11所示。
- 填充：指定文本和选定容器之间的边距宽度。所有4个边距都可以设置填充。

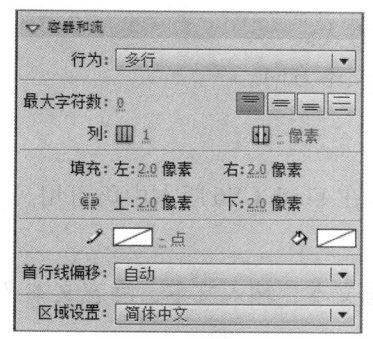

图 9-10 【容器和流】栏目　　　　　　　　　　图 9-11 设置标尺单位

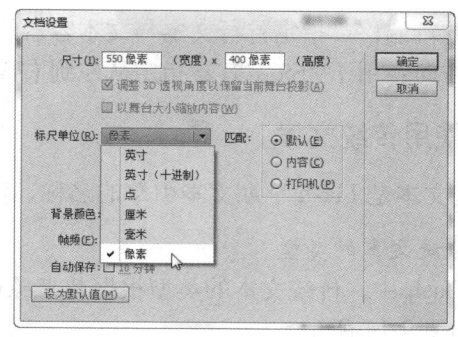

- 边框颜色：容器外部周围笔触的颜色，如图 9-12 所示。

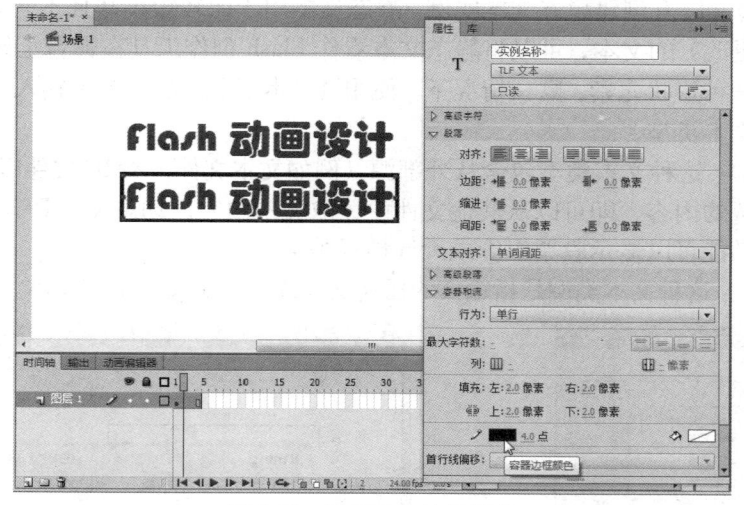

图 9-12 设置文本边框颜色

- 边框宽度：容器外部周围笔触的宽度。仅在已选择边框颜色时可用，最大值为 200。
- 背景色：文本的背景颜色，如图 9-13 所示。

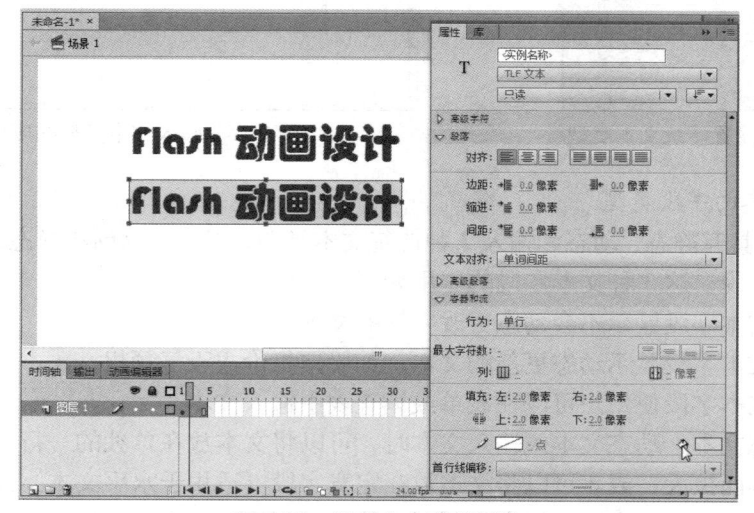

图 9-13 设置文本背景颜色

- 首行偏移：指定首行文本与文本容器的顶部的对齐方式。
- 方向：用于为选定容器指定从左到右或从右到左的文本方向。

9.1.3 使用传统文本

传统文本是 Flash 早期文本引擎的名称。传统文本引擎在 Flash CS6 版本中仍可用。

1. 传统文本的类型

在 Flash 中，传统文本的类型根据其来源可划分为动态文本、输入文本、静态文本 3 种类型，如图 9-14 所示。

传统文本 3 种类型的说明如下：

- 静态文本：这种文本类型只能通过 Flash 的【文本工具】来创建，而且无法使用 ActionScript 3.0 创建静态文本实例。静态文本用于比较短小并且不会更改（而动态文本则会更改）的文本，可以将静态文本看作 Flash 创作工具在舞台上绘制的圆形或正方形的一种形状元素。默认情况下，使用【文本工具】在舞台上输入的传统文本，属于静态文本类型。
- 动态文本：这种文本类型包含从外部源（例如文本文件、XML 文件以及远程 Web 服务）加载的内容，即可以从其他文件中读取文本内容。动态文本具有文本更新功能，利用此功能可以显示股票报价或天气预报等文本。
- 输入文本：这种文本类型是指输入的任何文本或可以编辑的动态文本，如图 9-15 所示。

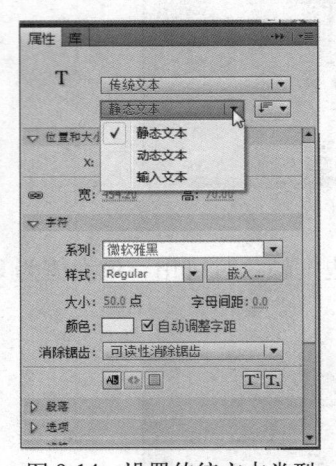

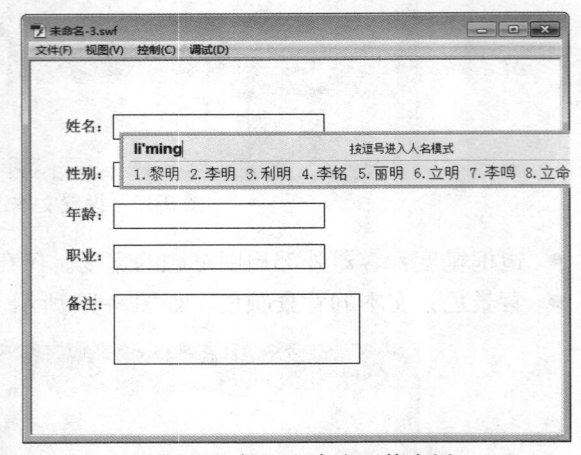

图 9-14 设置传统文本类型　　图 9-15 输入文本类型的应用

2. 传统文本的字段类型

由于 Flash 具有静态、动态和输入 3 种传统文本类型，因此可以创建静态、动态和输入 3 种类型的文本字段，这 3 种文本字段的作用如下：

（1）静态文本字段显示不会动态更改字符的文本。
（2）动态文本字段显示动态更新的文本，如股票报价或天气预报。
（3）输入文本字段使用户可以在表单或调查表中输入文本。

在创建静态文本、动态文本或输入文本时，可以将文本放在单独的一行字段中，该行会随着输入的文本而扩大；或者可以将文本放在定宽字段（适用于水平文本）或定高字段（适用于垂直文本）中，这些字段同样会根据输入的文本而自动扩大和折行。

Flash 在文本字段的一角显示一个手柄，用以标识该文本字段的类型：

（1）对于可扩大的静态水平文本，会在该文本字段的右上角出现一个圆形手柄，如图 9-16 所示。

（2）对于固定宽度的静态水平文本，会在该文本字段的右上角出现一个方形手柄，如图 9-17 所示，只需使用【文本工具】在舞台上拖出文本框，即可创建这种类型的文本字段。

图 9-16　可扩大的静态文本字段　　　　图 9-17　固定宽度的静态文本字段

（3）对于文本方向为【垂直，从右向左】并且可以扩大的静态文本，会在该文本字段的左下角出现一个圆形手柄，如图 9-18 所示。

（4）对于文本方向为【垂直，从右向左】并且高度固定的静态文本，会在该文本字段的左下角出现一个方形手柄，如图 9-19 所示。

图 9-18　从右到左并可扩展的垂直静态文本字段　　图 9-19　从右到左并固定高度的垂直静态文本字段

（5）对于文本方向为【垂直，从左向右】并且可以扩大的静态文本，会在该文本字段的右下角出现一个圆形手柄，如图 9-20 所示。

（6）对于文本方向为【垂直，从左向右】并且高度固定的静态文本，会在该文本字段的右下角出现一个方形手柄，如图 9-21 所示。

图 9-20　从左到右并可扩展的垂直静态文本字段　　图 9-21　从左到右并固定高度的垂直静态文本字段

（7）对于可扩大的动态或输入文本字段，会在该文本字段的右下角出现一个圆形手柄，如图 9-22 所示。

（8）对于具有定义的高度和宽度的动态或输入文本，会在该文本字段的右下角出现一个方形手柄，如图 9-23 所示。

图 9-22　可扩大的动态或输入文本字段

图 9-23　固定宽高的动态或输入文本字段

（9）对于动态可滚动文本字段，圆形或方形手柄会变成实心黑块而不是空心手柄，如图 9-24 所示。如果要设置文本的可滚动性，可以打开【文本】菜单，然后选择【可滚动】命令，如图 9-25 所示。

图 9-24　动态可滚动文本字段

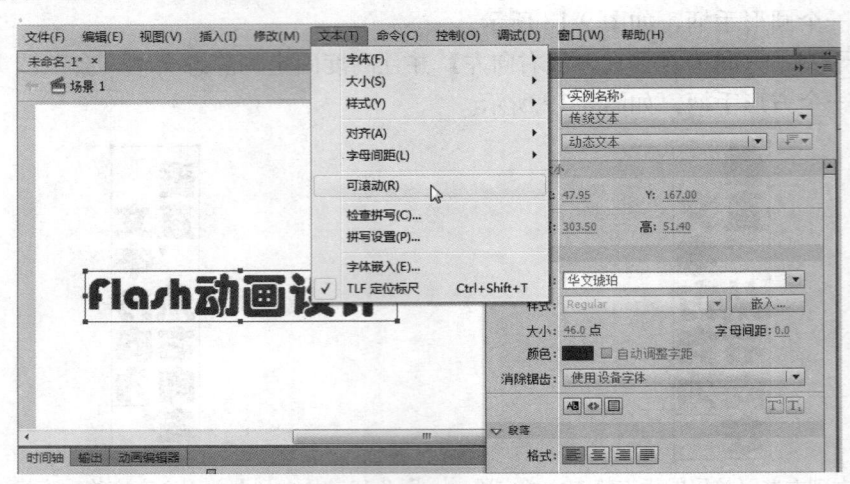

图 9-25　设置文本的可滚动性

3．创建传统文本

可以在【工具箱】面板中选择【文本工具】，然后设置文本引擎为【传统文本】，再根据需要设置文本类型和属性，在舞台上单击创建文本字段，在字段上输入文本即可，如图 9-26 所示。

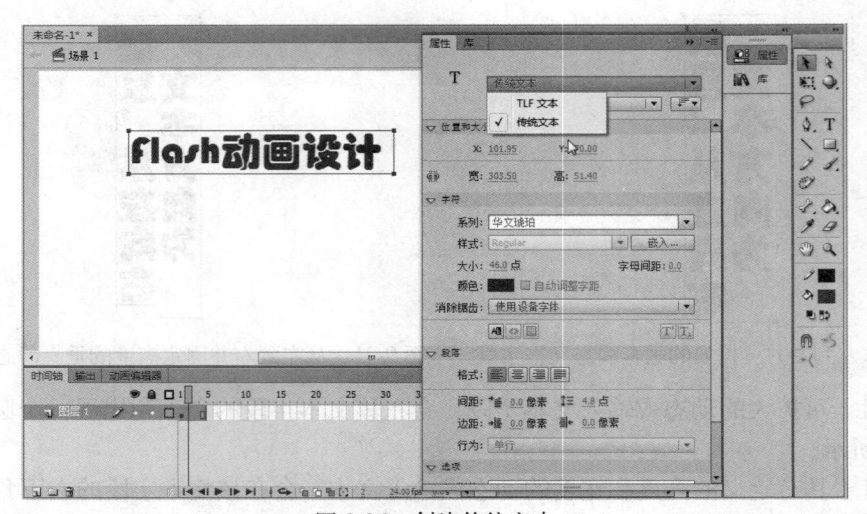

图 9-26　创建传统文本

9.1.4 分离文本

由于文本特性的局限，在一些特殊处理上限制了对文本的编辑，例如要想让文本填充渐变颜色，通过默认的文本填充处理是没有办法实现的。因此需要对文本进行一些特殊处理，例如将文本转换成形状，使它具备形状的特性，从而将文本作为形状来编辑，实现填充渐变色、填充轮廓线条、改变文本单个字符等处理。

要将文本转换成形状，就必须将文本分离。在文本分离后，如同填充形状一样，处于形状编辑状态。但需要注意，文本分离成形状后，原文本就不再具备文本的特性，不能再进行文本的编辑处理。

选择要分离的文本，然后选择【修改】|【分离】命令，或者按下"Ctrl+B"快捷键即可分离文本。文本的数量不同，执行分离的次数也不同。

（1）对于只有一个文本的文本，只需执行一次分离操作即可，如图 9-27 所示。

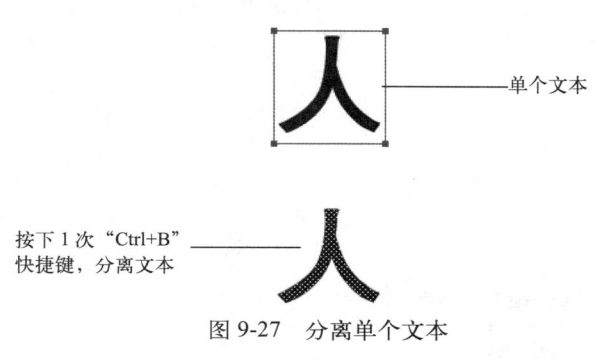

图 9-27　分离单个文本

（2）对于两个或两个以上的文本，第一次执行分离后，文本对象将分离出每个独立的文本，再执行一次分离的操作，每个独立的文本才会分离成形状，如图 9-28 所示。

图 9-28　分离多个文本

9.2　声音和视频的应用

Flash CS6 允许将声音和视频导入到动画中，使动画具有各种各样的声音和视频效果，以增加动画的观赏性。

9.2.1　关于声音和 Flash

Flash CS6 提供了多种使用声音的方式，可以使声音独立于时间轴连续播放，或使用时间轴将动画与音轨保持同步，甚至可以向按钮添加声音，使按钮具有更强的互动性。

1. 声音类型与同步方式

在 Flash 中有事件声音和数据流两种声音类型，其中事件声音必须完全下载后才能开始播放，除非明确停止，否则它将一直连续播放；数据流声音在前几帧下载了足够的数据后就开始播放，这种声音类型可以和时间轴同步播放，以此常用在网站动画上。

根据这两种声音类型，Flash CS6 提供了"事件、开始、停止、数据流"4 种声音同步方式，可以使声音独立于时间轴连续播放，或使声音和动画同步播放，也可以使声音循环播放一定次数，如图 9-29 所示。

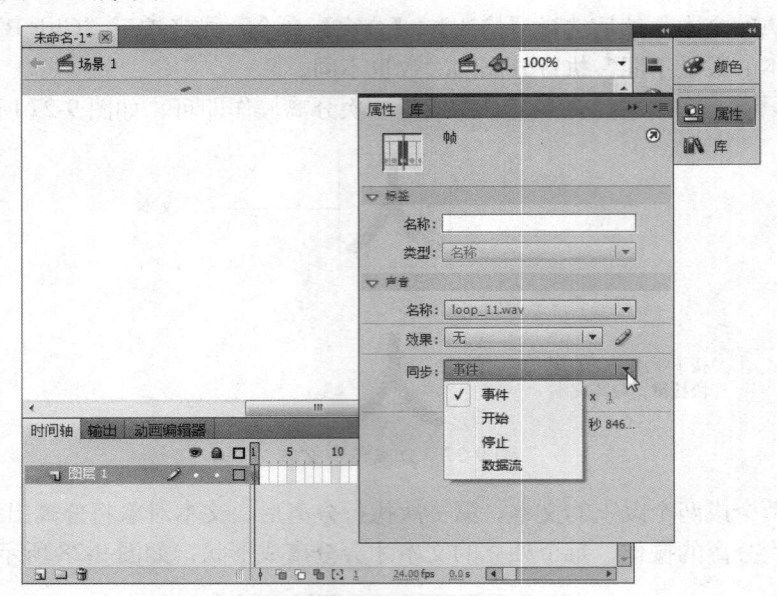

图 9-29 设置声音同步方式

各种声音同步方式的功能介绍如下。
- 事件：这种同步方式要求声音必须在动画播放前完成下载，而且会持续播放直到有明确命令为止。
- 开始：这种方式与事件同步方式类似，在设定声音开始播放后，需要等到播放完毕才会停止。
- 停止：是一种设定声音停止播放的同步处理方式。
- 数据流：这种方式可以在下载了足够的数据后就开始播放声音（即一边下载声音，一边播放声音），无须等待声音全部下载完毕再进行播放。

2. Flash 支持导入的声音格式

如果正在为移动设备创作 Flash 内容，Flash 还允许在发布的 SWF 文件中包含设备声音。设备声音是以设备本身支持的音频格式编码的声音，如 MIDI、MFI、SMAF。

在 Flash CS6 中，可以导入以下格式的声音文件：

(1) ASND（Windows 系统或 Macintosh 系统）。这是 Adobe Soundbooth 的本机声音格式。

(2) WAV（仅限 Windows 系统）。

(3) AIFF（仅限 Macintosh 系统）。

(4) MP3（Windows 系统或 Macintosh 系统）。

如果系统上安装了 QuickTime 4 或更高版本，则可以导入以下格式的声音文件：
(1) AIFF（Windows 系统或 Macintosh 系统）。
(2) Sound Designer Ⅱ（仅限 Macintosh 系统）。
(3) 只有声音的 QuickTime 影片（Windows 系统或 Macintosh 系统）。
(4) Sun AU（Windows 系统或 Macintosh 系统）。
(5) System 7 声音（仅限 Macintosh 系统）。
(6) WAV（Windows 系统或 Macintosh 系统）。

9.2.2　导入与导出声音

在需要为动画添加声音时，可以将声音文件导入到当前文档的【库】内，这样就可以将声音文件放入 Flash 中。另外，在处理导入的声音文件时，可以使用导入文件时的相同设置或经过压缩将音频导出为声音文件。

1．导入声音

上机实战　导入声音

1 打开光盘中的"..\Example\Ch09\9.2.2a.fla"练习文件，然后在时间轴上新增一个图层，再选择该图层第 1 帧，接着选择【文件】|【导入】|【导入到库】命令，如图 9-30 所示。

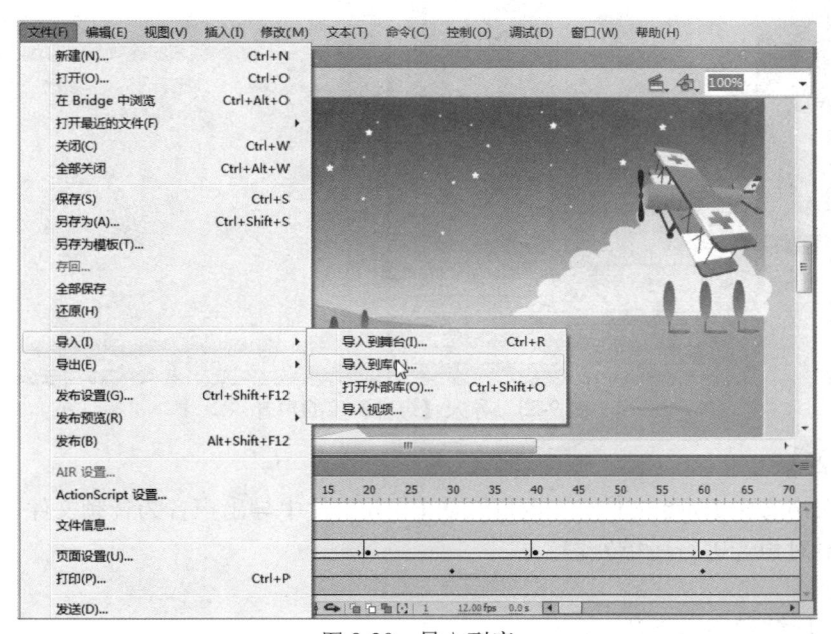

图 9-30　导入到库

2 打开【导入到库】对话框后，选择需要导入到库的声音素材文件，然后单击【打开】按钮，如图 9-31 所示。

3 此时选定的声音文件将会保存到 Flash 文件的【库】面板中，如图 9-32 所示。

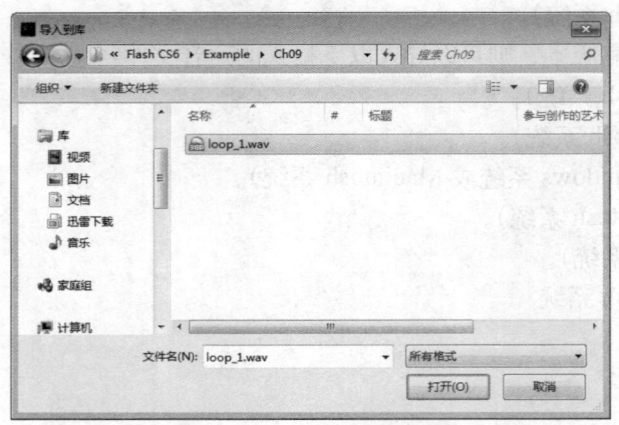

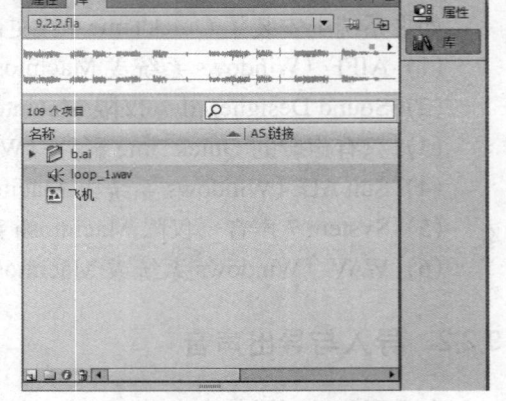

图 9-31 选择要导入的声音文件　　　　　　　　图 9-32 打开库查看声音

> **TIPS：** Flash 包含一个【声音】库，其中包含可用作效果的多种有用的声音。如果要打开【声音】库，选择【窗口】|【公用库】|【声音】命令即可。如果要将【声音】库中的某种声音导入 Flash 文件中，则可以将此声音从【声音】库中拖动到 Flash 文件的【库】面板，如图 9-33 所示。

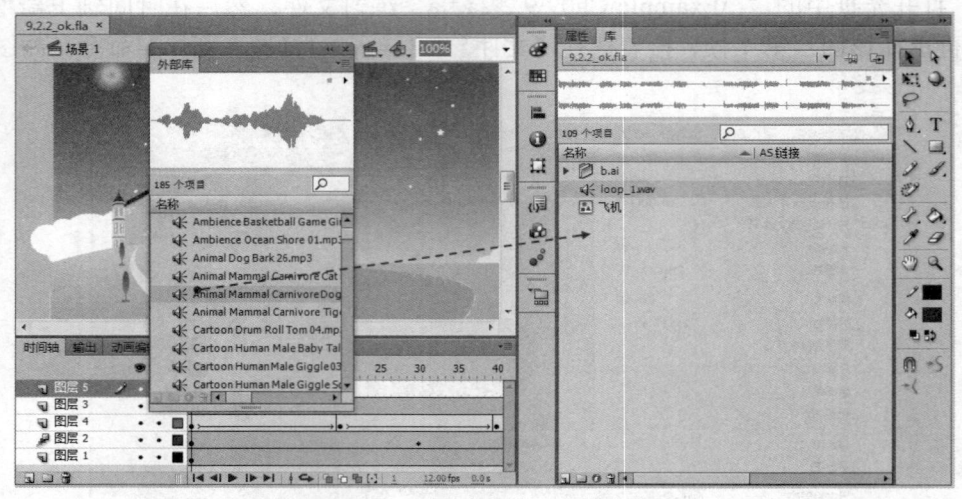

图 9-33 导入【声音】库的声音

2．导出声音

除了导入声音到 Flash 文件外，也可以从 Flash 文件中导出声音为音频文件。在导出声音前，一般需要对声音进行压缩处理。

上机实战　压缩和导出声音

1 打开光盘中的"..\Example\Ch09\9.2.2b.fla"练习文件，如果要导出声音，可以先执行以下的操作之一：

(1) 双击【库】面板中的声音图标。

(2) 右击【库】面板中的声音文件，然后从快捷菜单中选择【属性】命令。

（3）在【库】面板中选择一个声音，然后单击面板右上角的【选项】按钮，从打开菜单中选择【属性】命令，如图 9-34 所示。

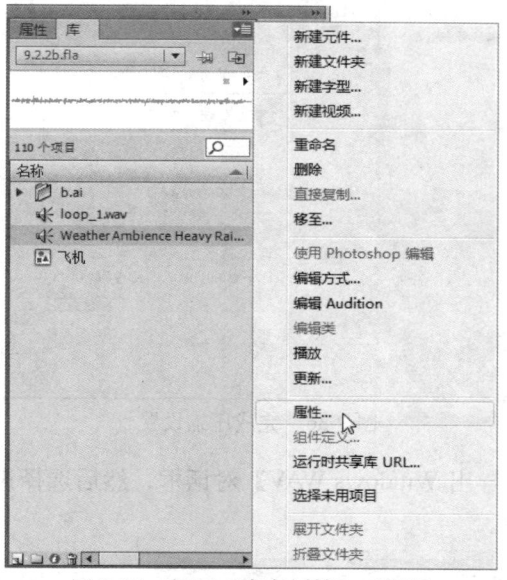

图 9-34　打开【声音属性】对话框

（4）在【库】面板中选择一个声音，然后单击【库】面板底部的【属性】按钮。

2　打开【声音属性】对话框后，可以设置声音的压缩选项，包括"默认"、"ADPCM"、"mp3"、"Raw"和"语音"选项，如图 9-35 示。

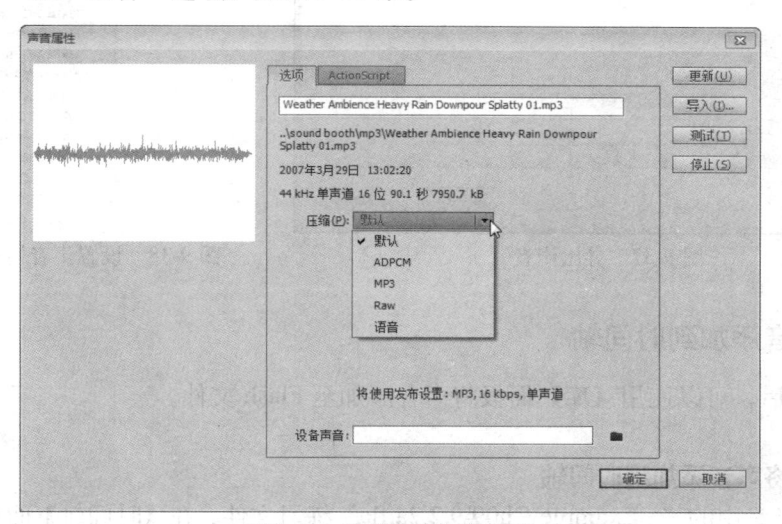

图 9-35　选项声音压缩选项

3　选择压缩选项后，根据选项完成导出设置，然后单击【测试】按钮，测试声音的效果，最后单击【确定】按钮，如图 9-36 所示。

4　完成导出声音前的压缩处理后，可以将声音导入到时间轴，然后选择【文件】|【导出】|【导出影片】命令，接着在【导出影片】对话框中选择保存类型为【WAV 音频】并设置文件名称，最后单击【保存】按钮即可，如图 9-37 所示。

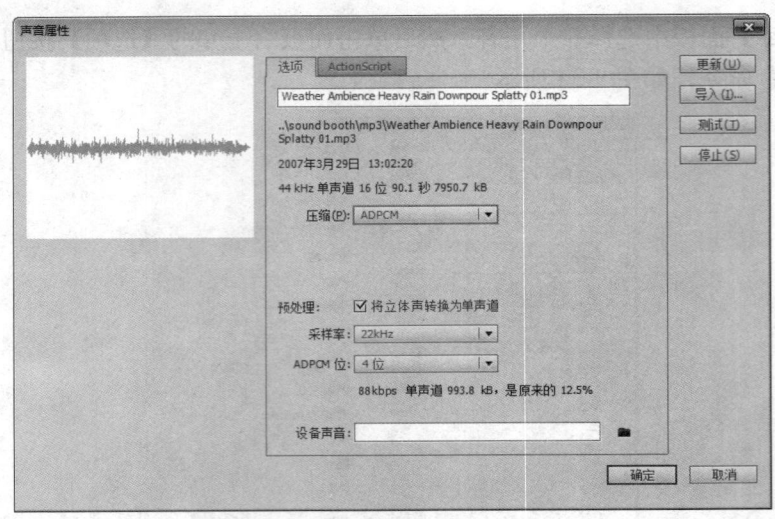

图 9-36 完成压缩设置

5 此时 Flash 弹出【导出 Windows WAV】对话框，然后选择声音格式，再单击【确定】按钮即可，如图 9-38 所示。

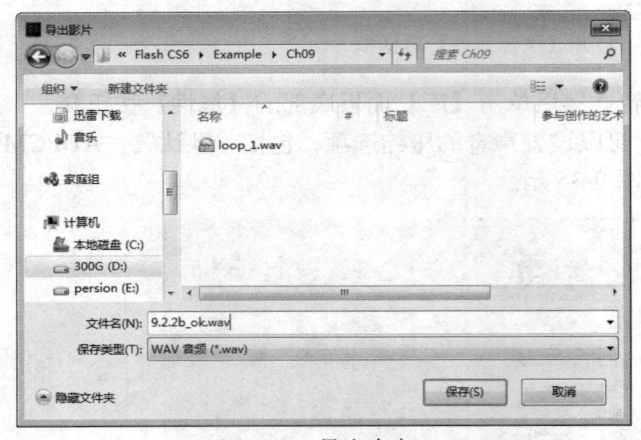

图 9-37 导出声音　　　　　　　　图 9-38 设置声音格式并完成导出

9.2.3　将声音添加到时间轴

导入声音后，可以使用【库】面板将声音添加至 Flash 文件。

上机实战　将声音添加到时间轴

1 打开光盘中的 "..\Example\Ch09\9.2.2a.fla" 练习文件，在【时间轴】面板上选择要包含声音的图层的第 1 个帧或任意关键帧，打开【属性】面板，从【声音】栏目的【名称】菜单中选择声音文件，如图 9-39 所示。

> **TIPS** 可以将多个声音放在一个图层上，或放在包含其他对象的多个图层上。建议将每个声音放在一个独立的图层上，使每个图层都作为一个独立的声道。播放 SWF 文件时，会混合所有图层上的声音，可以使声音效果更丰富。

图 9-39 将声音添加到图层

2 为声音设置同步选项，再为【重复】选项输入一个值，指定声音应循环的次数，或者选择【循环】以连续重复声音，如图 9-40 所示。

图 9-40 设置声音属性

3 为了使声音更加优美，可以为声音设置效果，如图 9-41 所示。

> 声音效果说明如下：
> - 左声道：声音由左声道播放，右声道为静音。
> - 右声道：声音由右声道播放，左声道为静音。
> - 向右淡出：声音从左声道向右声道转移，然后从右声道逐渐降低音量，直至静音。
> - 向左淡出：声音从右声道向左声道转移，然后从左声道逐渐降低音量，直至静音。
> - 淡入：左右声道从静音逐渐增加音量，直至最大音量。
> - 淡出：左右声道从最大音量逐渐减低音量，直至静音。

如果 Flash 默认提供的声音效果不能适合设计需要，可以通过编辑声音封套的方式进行自定义编辑，以达到改变声音的音量和播放效果的目的，如图 9-42 所示。

图 9-41 设置声音的效果

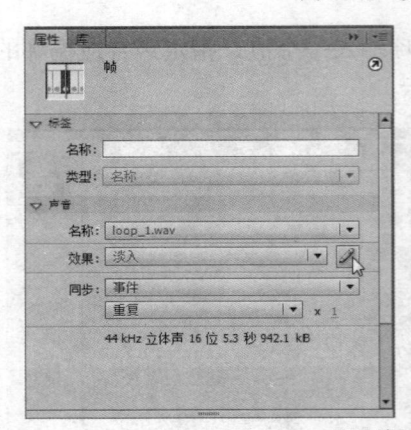

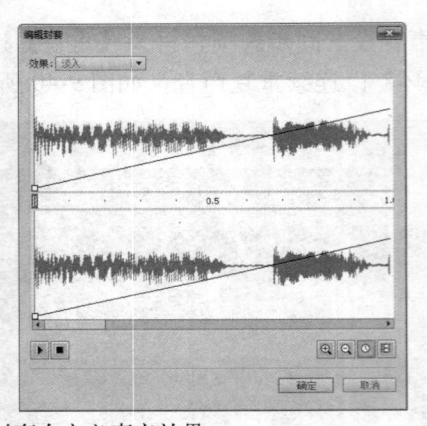

图 9-42 通过编辑封套自定义声音效果

9.2.4 将视频导入到文件

Flash 支持视频播放，它支持导入多种视频格式，包括 MOV、QT、AVI、MPG、MPEG-4、FLV、F4V、3GP、WMV 等，但部分视频格式需要经过 Adobe Media Encoder 程序转换才可以直接导入到 Flash。

用户可以将视频导入舞台或库中以及对导入的视频进行编辑，设置视频的部署方式，视频播放组件的外观，也可以对导入的视频进行压缩，在清晰度和文件大小之间进行取舍。

在 Flash CS6 中，用户可以通过【导入视频】向导将视频导入。

上机实战 导入视频

1 打开光盘中的"..\Example\Ch09\9.2.4.fla"练习文件，再打开【文件】菜单，然后选择【导入】|【导入视频】命令，如图 9-43 所示。

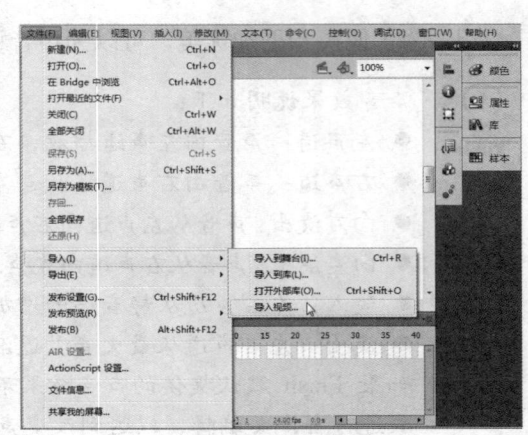

图 9-43 导入视频

2 单击【浏览】按钮打开【打开】对话框，然后选择视频素材文件，再单击【打开】按钮，如图 9-44 所示。

图 9-44 选择视频文件

3 由于视频的原始格式不被 Flash 播放器支持，因此选择导入的视频后，向导会弹出一个不受播放器支持需要转换成 FLV 或 F4V 格式的提示对话框，单击【确定】按钮，再单击【启动 Adobe Media Encoder】按钮，以便将视频转换为 FLV 格式的影片，如图 9-45 所示。

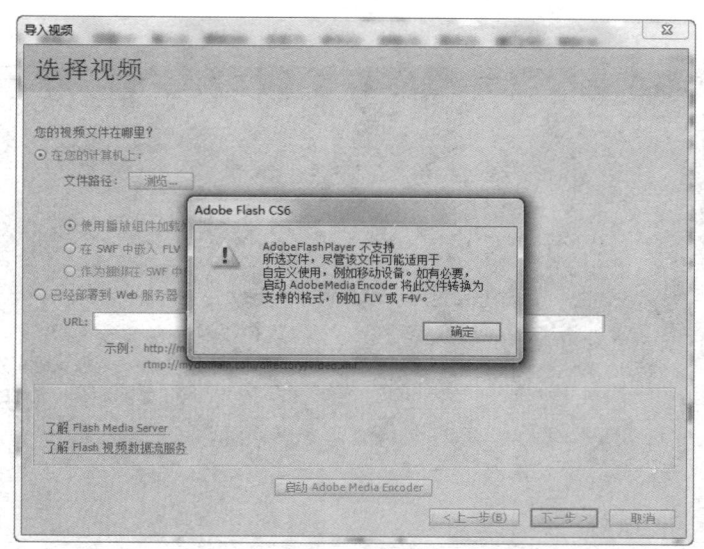

图 9-45 启动 Adobe Media Encode

4 打开【Adobe Media Encoder】软件，显示视频正等待开始新编码，可以更改视频格式的预设设置选项，完成后单击【开始队列】按钮即可，如图 9-46 所示。

> Adobe Media Encoder 是独立编码应用程序，可以让 Adobe 其他程序（如 Flash）使用该应用程序输出到某些媒体格式。根据程序的不同，Adobe Media Encoder 提供了一个专用【导出设置】对话框，该对话框包含与某些导出格式关联的许多设置。

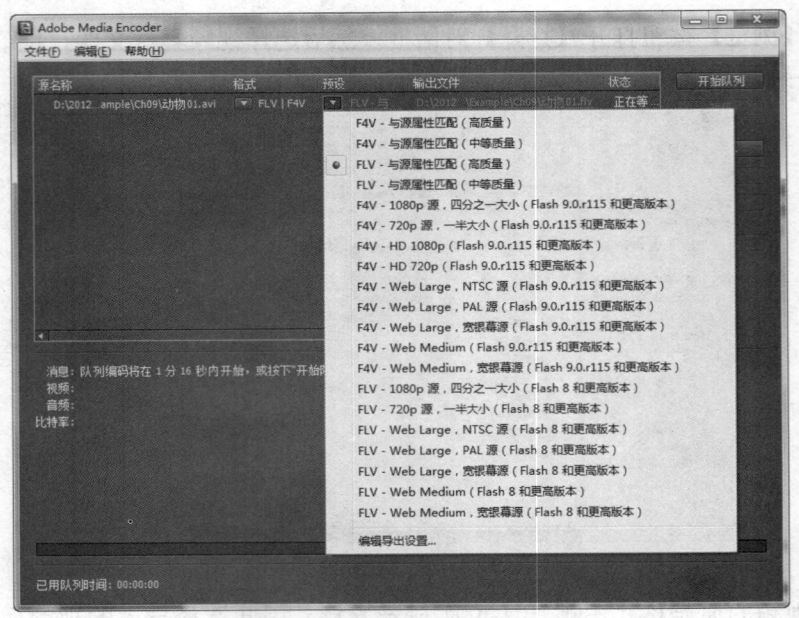

图 9-46 转换视频为 FLV 格式

5 开始队列后，Adobe Media Encoder 将使用指定的视频格式编码重新编组视频，完成后只需单击对话框的【关闭】按钮即可，如图 9-47 所示。

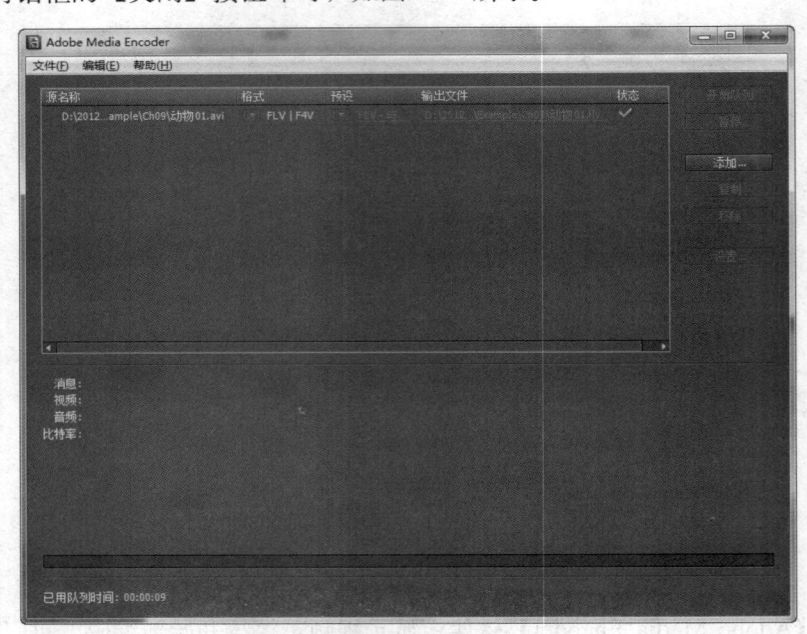

图 9-47 完成转换

6 返回【导入视频】对话框中，重新单击【浏览】按钮，在【打开】对话框中选择 FLV 格式的影片，然后在【导入视频】对话框中选择导入视频的方式，最后单击【下一步】按钮，如图 9-48 所示。

7 如果选择了"使用播放组件加载外部视频"方式，导入视频向导将进入外观设置界面，此时可以选择一种播放组件外观，如图 9-49 所示。

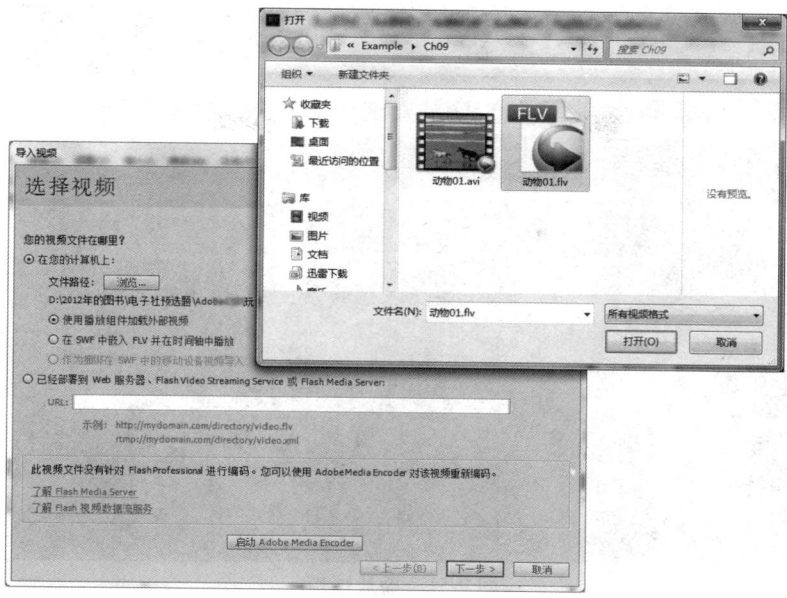

图 9-48 重新导入视频

8 此时向导显示导入视频的所有信息，查看无误后，即可单击【完成】按钮，如图 9-50 所示。

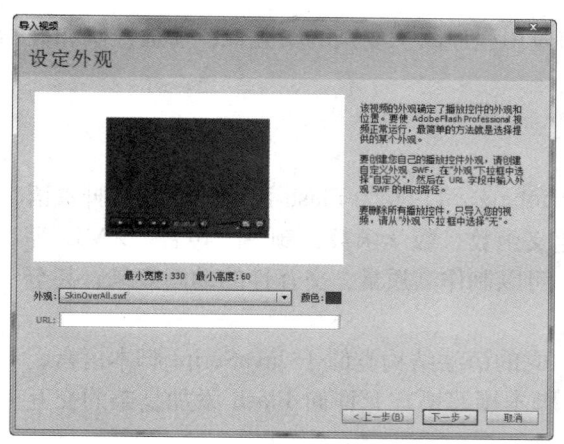

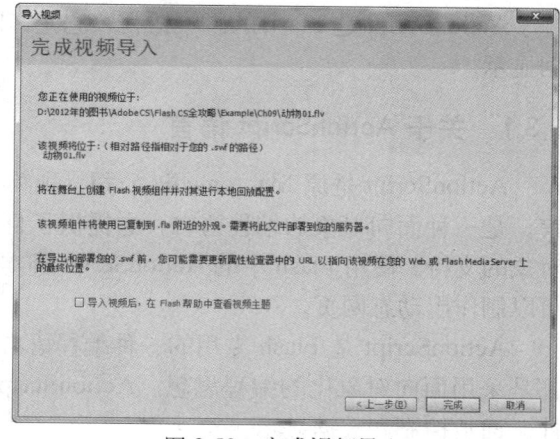

图 9-49 选择播放组件的外观　　　　　　　　图 9-50 完成视频导入

9 导入视频后，视频会放置在舞台，可以单击视频上的回放组件播放视频，如图 9-51 所示。

> 视频导入方式说明如下：
> ● 使用播放组件加载外部视频：这种方式不需要将视频嵌入到 Flash 文件内，而是在 Flash 中添加指定的播放组件，并通过该组件在发布 Flash 文件后加载指定的视频文件，并由组件控制视频的播放、暂停和停止等动作。
> ● 在 SWF 中嵌入 FLV 并在时间轴上播放：这种方式会将视频嵌入 Flash 文件中，所有视频文件数据都将添加到 Flash 文件，因此会导致文件及随后生成的 SWF 文件具有比较大的文件大小。
> ● 作为捆绑在 SWF 中的移动设备视频导入：这种方式与在 Flash 文件中嵌入视频类似，它将视频绑定到 Flash Lite 文件中以部署到移动设备。

图 9-51　播放视频

9.3　ActionScript 脚本的应用

ActionScript 是 Flash 的脚本语言，它允许向应用程序添加复杂的交互性、播放控制和数据显示。

9.3.1　关于 ActionScript 语言

ActionScript 是原 Macromedia 公司（现为 Adobe 公司）专为 Flash 设计的交互性脚本语言，是一种面向对象的编程语言，它提供了自定义函数、数学函数、颜色、声音、XML 等对象的支持。使用 Flash 中的 ActionScript 脚本，可以制作高质量、交互性的动画效果，甚至可以制作出动态网页。

ActionScript 是 Flash 专用的一种编程语言，它的语法结构类似于 JavaScript 脚本语言，都是采用面向对象化的编程思想。ActionScript 脚本撰写语言允许向 Flash 添加复杂的交互性、回放控制和数据显示。

例如，在默认的情况下 Flash 动画按照时间轴的帧数播放，如图 9-52 所示。在为时间轴的第 30 帧添加"返回第 10 帧并播放"（gotoAndPlay(10);）的 ActionScript 后，那么时间轴播放到第 30 帧时即触发 ActionScript，从而返回时间轴第 10 帧重新播放，如图 9-53 所示。

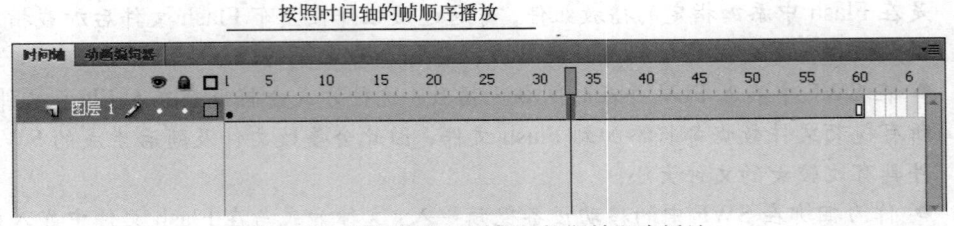

图 9-52　默认情况下时间轴按照帧顺序播放

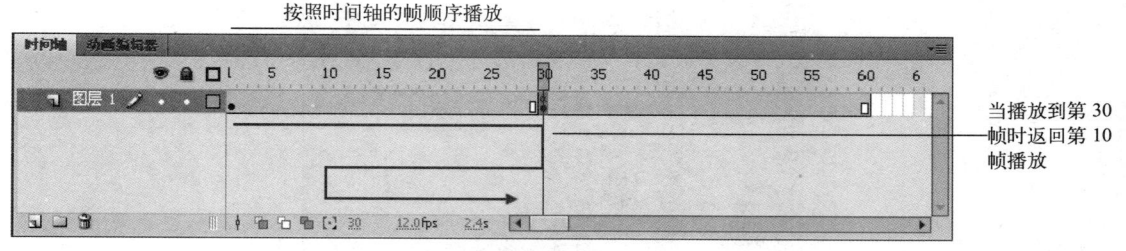

图 9-53　触发 ActionScript 后，改变了播放方式

> - 语言：定义为在计算机中使用的一种互通的交流方式。
> - 脚本：是一种解释型语言，具备了解释型语言的开发迅速、动态性强、学习门槛低等优点。

1. ActionScript 语言的版本

Flash 包含 ActionScript 1.0、ActionScript 2.0、ActionScript 3.0、Flash Lite 1.x ActionScript、Flash Lite 2.x ActionScript 5 个版本，各个版本的说明如下。

- ActionScript 1.0：该版本是最简单的 ActionScript，但仍为 Flash Lite Player 的一些版本所使用，ActionScript 1.0 和 ActionScript 2.0 可以共存于同一个 Flash 文件中。
- ActionScript 2.0：该版本基于 ECMAScript 规范，但并不完全遵循该规范。Flash Player 运行编译后的 ActionScript 2.0 代码比运行编译后的 ActionScript 3.0 代码的速度慢，但它对于许多计算量不大的项目仍然十分有用。
- ActionScript 3.0：这种版本完全符合 ECMAScript 规范，提供了更出色的 XML 处理、改进的事件模型以及用于处理屏幕元素的改进的体系结构。ActionScript 3.0 的执行速度极快，但使用 ActionScript 3.0 的 Flash 文件不能包含 ActionScript 的早期版本。
- Flash Lite 1.x ActionScript：该版本 ActionScript 是 ActionScript 1.0 的子集，支持运行在移动电话和移动设备上的 Flash Lite 1.x 应用程序上，例如开发智能手机上一些游戏程序。
- Flash Lite 2.x ActionScript：该版本的 ActionScript 是 ActionScript 2.0 的子集，支持运行在移动电话和移动设备上的 Flash Lite 2.x 应用程序上。

如果要更改 Flash 文件的 ActionScript 版本，可以打开【发布设置】对话框，通过【Flash】选项卡更改 ActionScript 版本，如图 9-54 所示。

2. ActionScript 的使用方法

在 Flash 中，可以通过以下方法使用 ActionScript。

（1）可以使用【行为】功能，在不编写代码的情况下将代码添加到 Flash 文件中。在添加了行为后，即可轻松地在【行为】面板中配置它（行为仅对 ActionScript 2.0 及更早版本可用）。

（2）可以通过【动作】面板亲自编写 ActionScript 代码，或者将相关的 ActionScript 语法插入，并设置简单的参数即可。

（3）在【动作】面板中，可以使用"脚本助手"模式在不编写代码的情况下将 ActionScript 添加到文件。在选择动作后，Flash 将显示一个用户界面，用于输入每个动作所需的参数。

（4）通过【代码片断】面板使用预设的 ActionScript 语言（仅对 ActionScript 3.0 可用）。

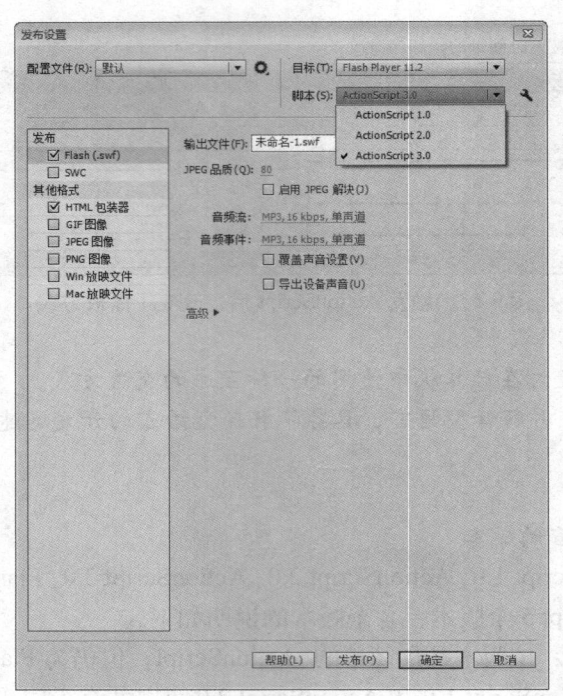

图 9-54　更改脚本语言的版本

9.3.2　使用【行为】面板

行为是一些预定义的 ActionScript 函数，可以将它们附加到 Flash 文件的对象上，而无须自己编写 ActionScript 代码。行为提供了预先编写的 ActionScript 功能，例如帧导航、加载外部 SWF 文件或者 JPEG、控制影片剪辑的堆叠顺序以及影片剪辑拖动功能等。

为了方便没有编程基础的初、中级用户使用 ActionScript 语言制作交互功能，Flash 将常用的 ActionScript 指令以功能项目的行事整合在一个面板上，这就是【行为】面板。只需通过该面板进行简单的选择、设置等操作，就可以完成很多原来需要编写代码的动画效果。

如图 9-55 所示为【行为】面板，在通过【行为】面板为对象添加行为后，面板中会显示该行为的事件与动作。

在 Flash 中，行为由事件和动作组成，当一个事件的发生，就会触发动作的执行。举一个简单的例子，如下面的行为代码：

```
on (release) {
gotoAndStop (11);}
```

其中，on (release)是事件，表示当鼠标按下对象并放开时；gotoAndStop (11)是动作，表示跳到时间轴第 11 帧，并停止播放。

> **TIPS**　ActionScript 3.0 不支持【行为】的应用，因此要使用【行为】面板和用 ActionScript，就需要将 Flash 文件的脚本语言更改为 ActionScript 1.0 或 ActionScript 3.0 版本。另外，事件可以分为【鼠标和键盘事件】、【剪辑事件】、【帧事件】3 类。

下面通过【行为】面板为图层的帧添加【从库加载声音】行为，再为按钮元件实例添加【停止声音】行为为例，介绍通过【行为】面板使用 ActionScript 的方法。

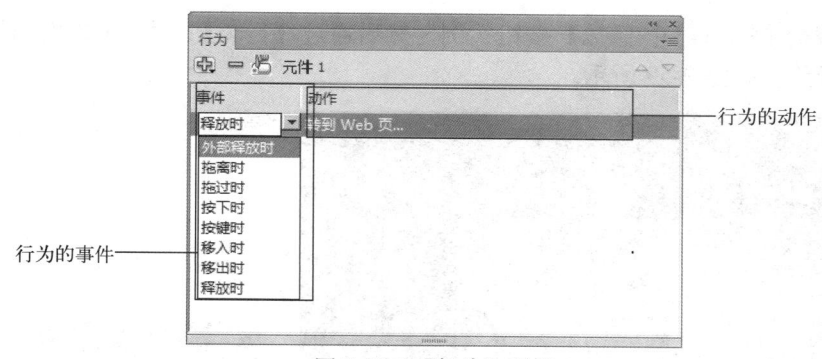

第 9 章 应用文本、媒体和脚本 **223**

图 9-55 【行为】面板

上机实战　使用【行为】面板

1 打开光盘中的"..\Example\Ch09\9.3.2.fla"练习文件，再打开【库】面板，选择面板上的声音，然后单击面板下方的【属性】按钮，如图 9-56 所示。

2 在【声音属性】对话框中单击【ActionScript】选项卡，然后选择【为 ActionScript 导出】复选框，设置声音的标识符，再单击【确定】按钮，如图 9-57 所示。

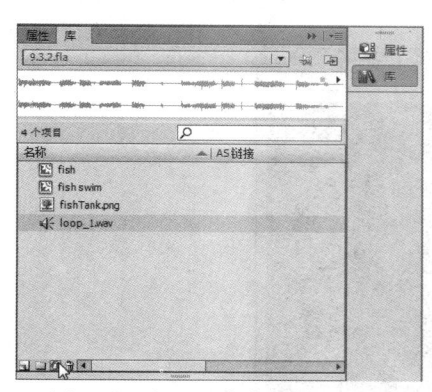

图 9-56 打开【声音属性】面板　　　　图 9-57 设置声音标识符

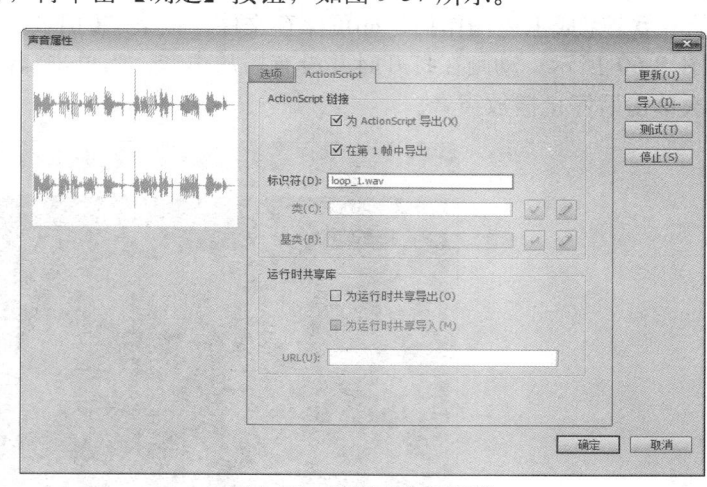

3 选择【停止/播放】按钮实例，再选择【窗口】|【行为】命令打开【行为】面板，为按钮元件实例添加【从库加载声音】行为，如图 9-58 所示。

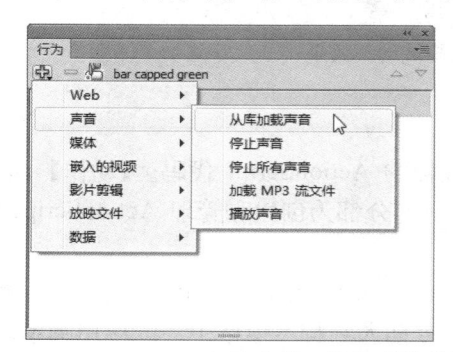

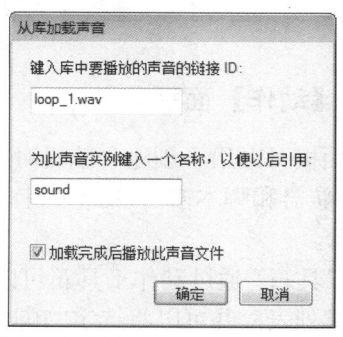

图 9-58 添加【从库加载声音】行为

4 选择舞台上的【停止/播放】按钮实例，然后通过【行为】面板为按钮元件实例添加【停止声音】行为，如图 9-59 所示。

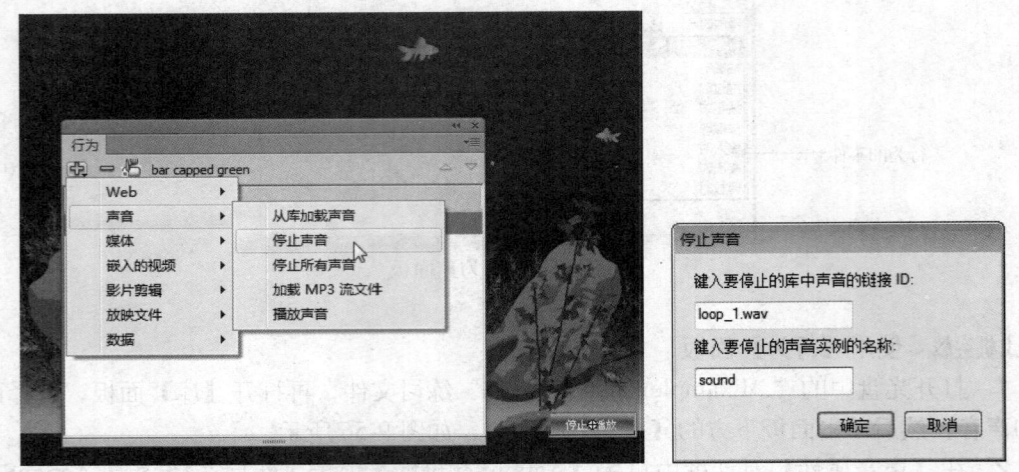

图 9-59 添加【停止声音】行为

5 完成上述操作后，即可保存文件，按下"Ctrl+Enter"快捷键测试动画播放效果，如图 9-60 所示。动画在打开时并没有播放声音，当单击【停止/播放】按钮后将播放声音，再次单击后停止播放声音。

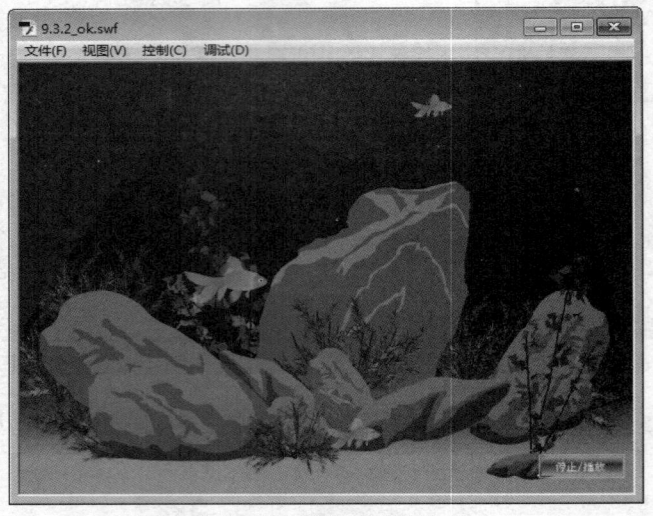

图 9-60 测试动画效果

9.3.3 使用【动作】面板

【动作】面板可以用于创建和编辑对象或帧的 ActionScript 代码。【动作】面板由动作工具箱、脚本导航器和脚本窗格 3 部分组成，每部分都为创建和管理 ActionScript 提供支持，如图 9-61 所示。

- 动作工具箱：通过动作工具箱可以浏览 ActionScript 语言元素（如函数、类、类型等）的分类列表，并可以将选定的脚本指令插入到脚本窗格中，以应用脚本。
- 脚本导航器：脚本导航器可以显示包含脚本的 Flash 元素（如影片剪辑、帧和按钮等）

的分层列表。使用脚本导航器可以在 Flash 文档中的各个脚本之间快速切换。
- 脚本窗格：脚本窗格是一个全功能脚本编辑器（或称作 ActionScript 编辑器），它为创建脚本提供了必要的工具，可以直接在脚本窗格编写代码。

图 9-61 【动作】面板

如果没有编写 ActionScript 的基础，可以单击【动作】面板中的【脚本助手】按钮，使用"脚本助手"模式向 Flash 文件添加 ActionScript 的对象和参数。

当【脚本窗格】添加了 ActionScript 动作项目后，只需选择该动作，再单击【脚本助手】按钮，即可以通过"脚本助手"模式了解动作的作用，并为动作设置对象、参数等内容，如图 9-62 所示。

脚本助手可以帮助用户避免可能出现的语法和逻辑错误。但要正确使用脚本助手，还需要对 ActionScript 有基本的了解，需要知道创建脚本时要使用什么方法、函数和变量才可以让 ActionScript 产生作用。

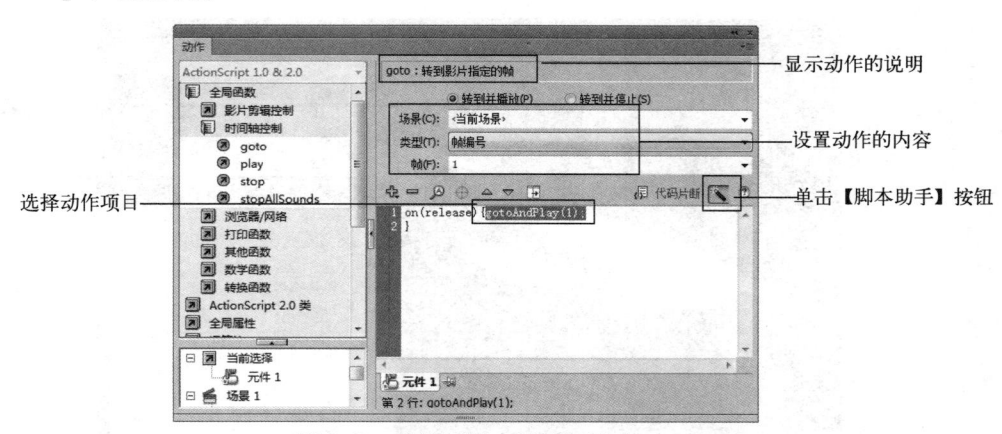

图 9-62 使用"脚本助手"模式

下面通过为帧添加停止播放和跳转到指定帧并停止的 ActionScript 脚本，介绍通过【动作】面板使用 ActionScript 语言的方法。

上机实战　使用【动作】面板

1 打开光盘中的"..\Example\Ch09\9.3.3.fla"练习文件，然后在【动作】图层上方新增

一个图层，并命名图层为【停止】，如图 9-63 所示。

2 为【停止】图层的第 1 帧和第 2 帧插入空白关键帧，然后打开【动作】面板，分别为两个空白关键帧添加"stop();"代码，如图 9-64 所示。

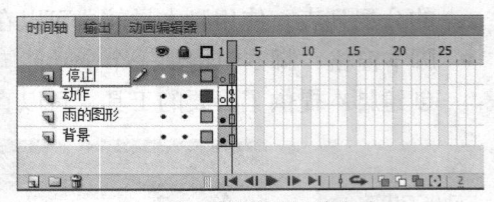

图 9-63 新增图层并命名

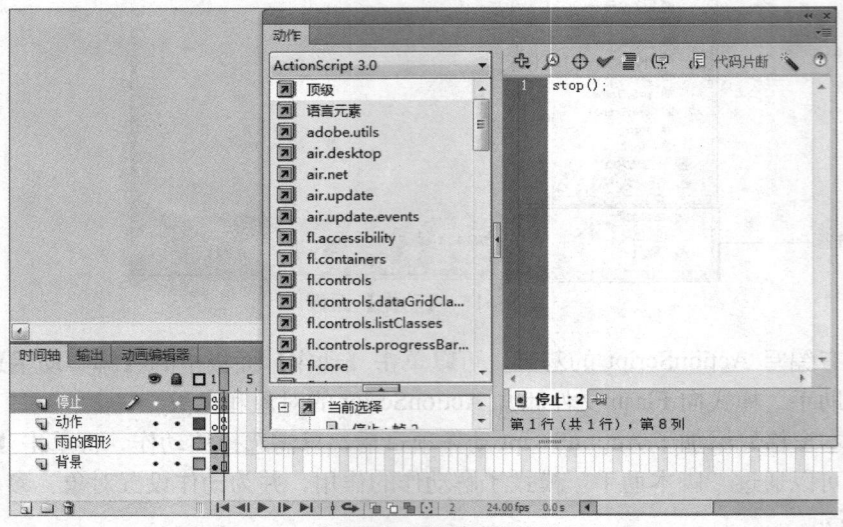

图 9-64 插入空白关键帧并添加停止脚本

3 新增一个图层并命名为【按钮】，然后打开按钮类别的【公用库】面板，选择一个按钮元件并加入到舞台，修改按钮的文本为【开始下雨】，如图 9-65 所示。

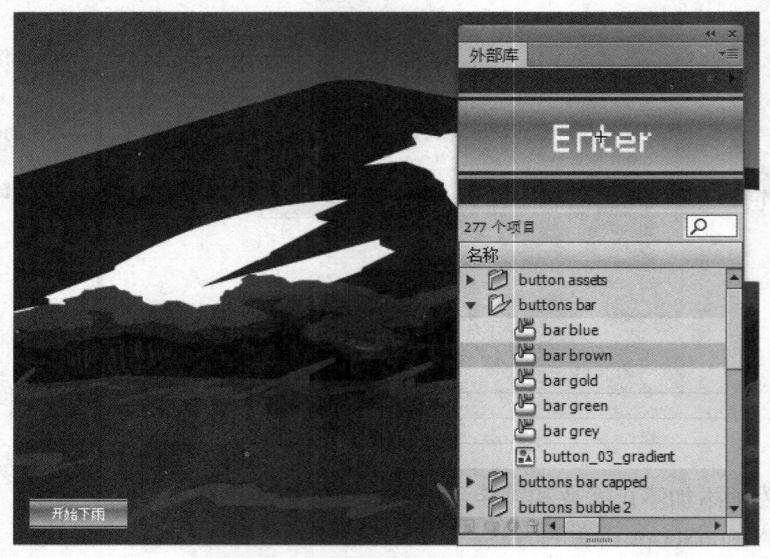

图 9-65 新增图层并加入按钮元件

4 在【按钮】图层第 2 帧上插入空白关键帧，然后选择舞台上的按钮元件并设置实例名称为【button】，如图 9-66 所示。

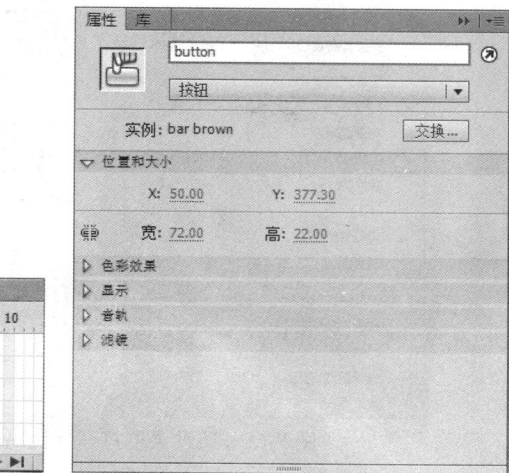

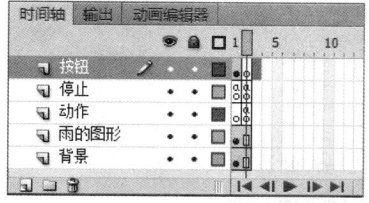

图 9-66 插入空白关键帧并设置按钮元件实例名称

5 在【按钮】图层上新增一个图层并命名为【Action】,然后选择第 1 帧并打开【动作】面板,再输入如图 9-67 所示的脚本代码,设置单击按钮后即跳转到时间轴第 2 帧处,如图 9-67 所示。

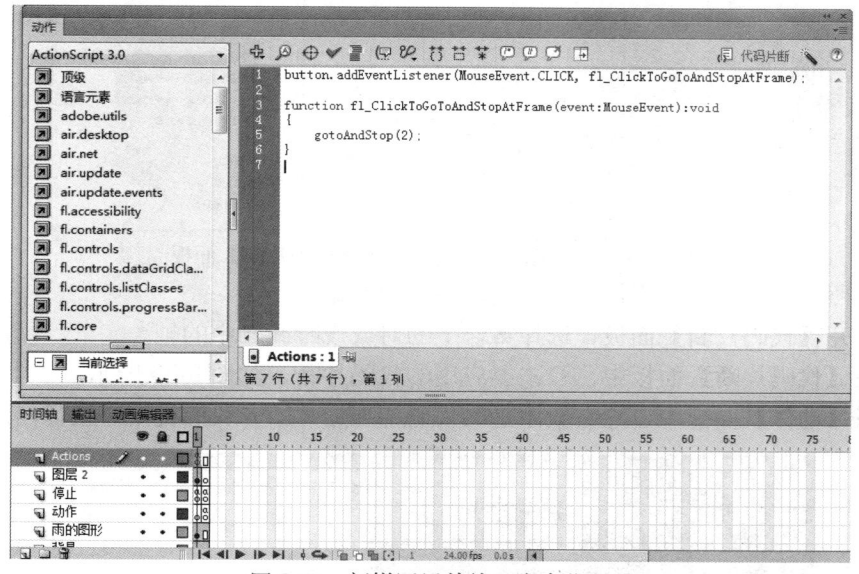

图 9-67 新增图层并编写脚本代码

9.3.4 使用【代码片断】面板

【代码片断】面板可以使非编程人员能快速、轻松地使用简单的 ActionScript 3.0。借助该面板,可以将 ActionScript 3.0 代码添加到 Flash 文件以启用常用功能。

可以使用以下方法打开【代码片断】面板。

(1) 选择【窗口】|【代码片断】命令,如图 9-68 所示。

(2) 在【动作】面板中单击【代码片断】按钮, 即可打开【代码片断】面板,如图 9-69 所示。

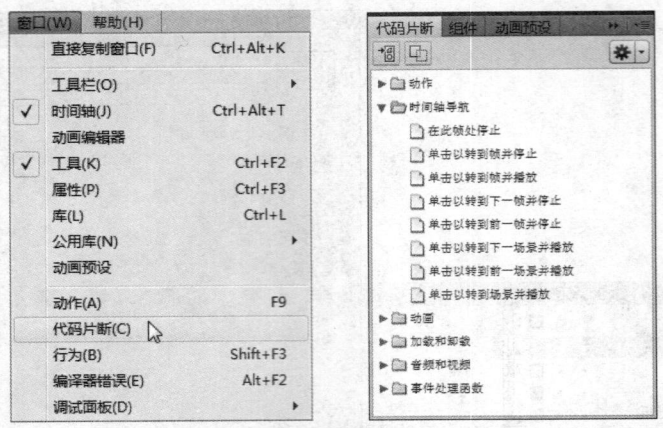

图 9-68　通过菜单打开【代码片断】面板

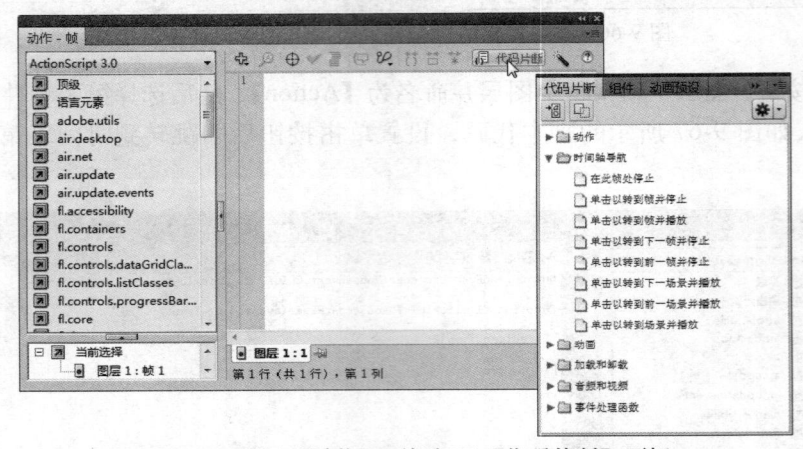

图 9-69　通过【动作】面板打开【代码片断】面板

可以依照以下步骤将代码片断应用到对象或时间轴帧。
(1) 打开【代码片断】面板，选择舞台上的对象或时间轴中的帧。
(2) 在【代码片断】面板中，双击要应用的代码片断，如图 9-70 所示。
(3) 在【动作】面板中，查看新添加的代码并根据片断开头的说明替换任何必要的项。

图 9-70　对元件实例应用代码

9.4 ActionScript 3.0 在滤镜上的应用

Flash CS6 提供了"滤镜"功能，可以为文本、按钮和影片剪辑制作丰富的视觉效果，例如模糊、发光、渐变发光等。

9.4.1 关于滤镜

利用 Flash 的滤镜功能，可以为文本、按钮和影片剪辑制作特殊的视觉效果，并且可以将投影、模糊、发光和斜角等图形效果应用于图形对象。通过该功能，不但可以让对象产生特殊效果，还可以利用补间动画让使用的滤镜效果活动起来。

例如：一个运动的对象，使用滤镜功能为其添加投影效果，然后利用补间动画效果让对象与其投影一起运动，则对象的运动动画效果将更加逼真，如图 9-71 所示。

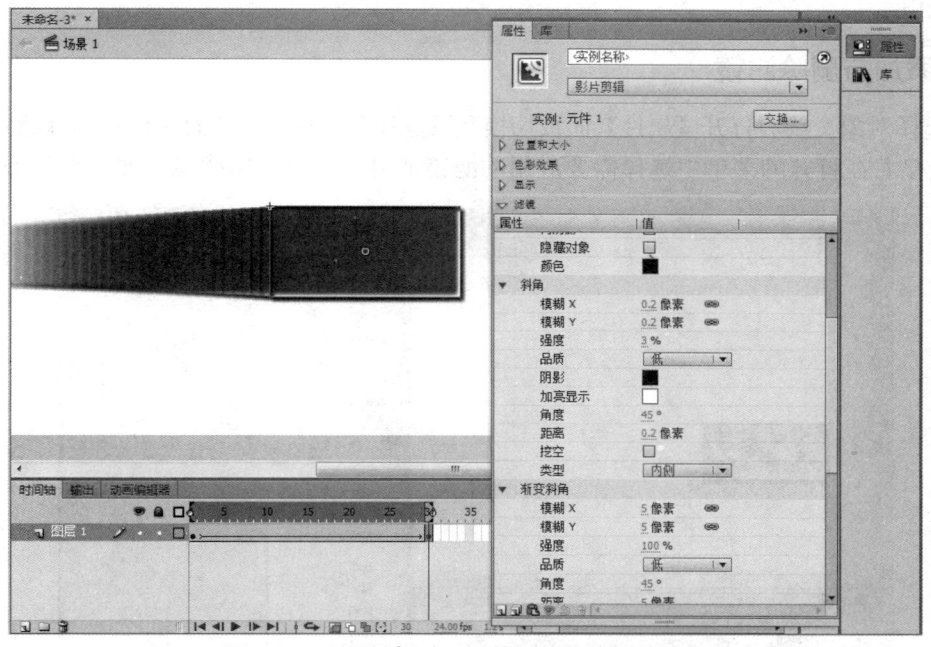

图 9-71 利用补间动画让使用的滤镜效果活动

> **TIPS：** 要让时间轴中的滤镜活动起来，需要由一个补间接合不同关键帧上的各个对象，并且都有在中间帧上补间的相应滤镜的参数。如果某个滤镜在补间的另一端没有相匹配的滤镜（相同类型的滤镜），则会自动添加匹配的滤镜，以确保在动画序列的末端出现该效果。

Flash CS6 提供了"投影"、"模糊"、"发光"、"斜角"、"渐变发光"、"渐变斜角"、"调整颜色" 7 种滤镜，可以为对象应用其中的一种，也可以应用全部滤镜。关于上述滤镜的说明如下：

- "投影"：模拟对象投影到一个表面的效果。利用这种滤镜可以制作出对象投影的效果，可以使对象更具有立体感。
- "模糊"：可以柔化对象的边缘和细节。将模糊滤镜应用于对象后，可以对象看起来好像位于其他对象的后面，或者使对象看起来好像是运动的。

- "发光"：可以为对象的边缘应用颜色。利用发光滤镜可以制作出光晕字效果，或者为对象制作出发光的动画效果。
- "斜角"：可以向对象应用加亮效果，使其看起来凸出于背景表面。使用斜角滤镜可以创建内侧斜角、外侧斜角或者整个斜角效果，从而使对象具有更强烈的凸出三维立体效果。
- "渐变发光"：可以在发光表面产生带渐变颜色的发光效果。渐变发光要求渐变开始处颜色的 Alpha 值为 0，不能移动此颜色的位置，但可以改变该颜色。
- "渐变斜角"：可以产生一种凸起效果，使对象看起来好像从背景上凸起，且斜角表面有渐变颜色。同样，"渐变斜角"滤镜要求渐变的中间有一种颜色的 Alpha 值为 0，用户无法移动此颜色的位置，但可以改变该颜色。
- "调整颜色"：可以调整所选影片剪辑、按钮或者文本对象的高度、对比度、色相和饱和度。

9.4.2 添加与删除滤镜

先选择对象，然后打开【属性】面板切换到【滤镜】选项组，此时可以单击【添加滤镜】按钮，接着在打开的菜单中选择需要应用的滤镜即可为对象应用滤镜，如图 9-72 所示。

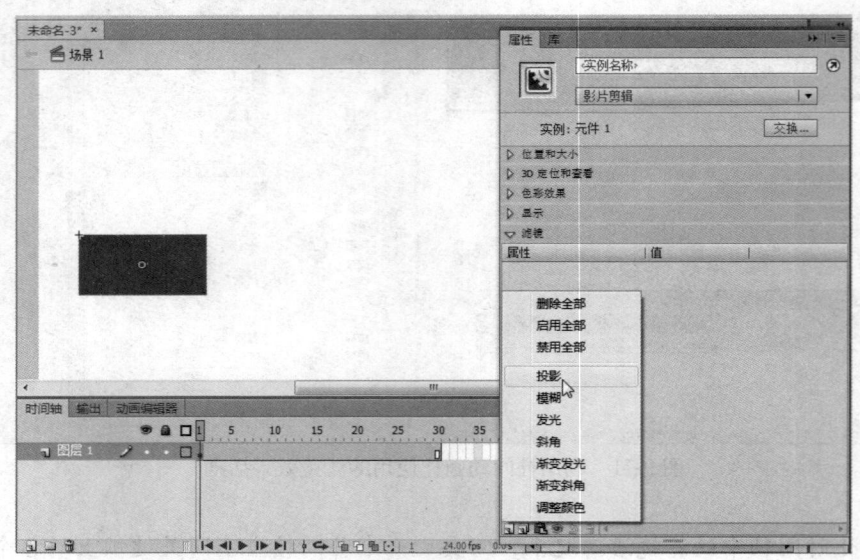

图 9-72　添加滤镜

在【滤镜】列表中选择滤镜项目，然后单击【删除滤镜】按钮即可删除滤镜。如果要将所有应用的滤镜都删除，可以单击【添加滤镜】按钮，然后在打开的菜单中选择【删除全部】命令即可。

对象每添加一个新滤镜，就会显示在【滤镜】面板的对象滤镜列表中，可以对一个对象应用多个滤镜，也可以删除以前应用的滤镜。另外，在应用滤镜后，还可以通过【滤镜】面板设置滤镜的参数，使它可以产生不同的效果，如图 9-73 所示。

> 在 Flash 中，只能对文本、按钮和影片剪辑对象应用滤镜。

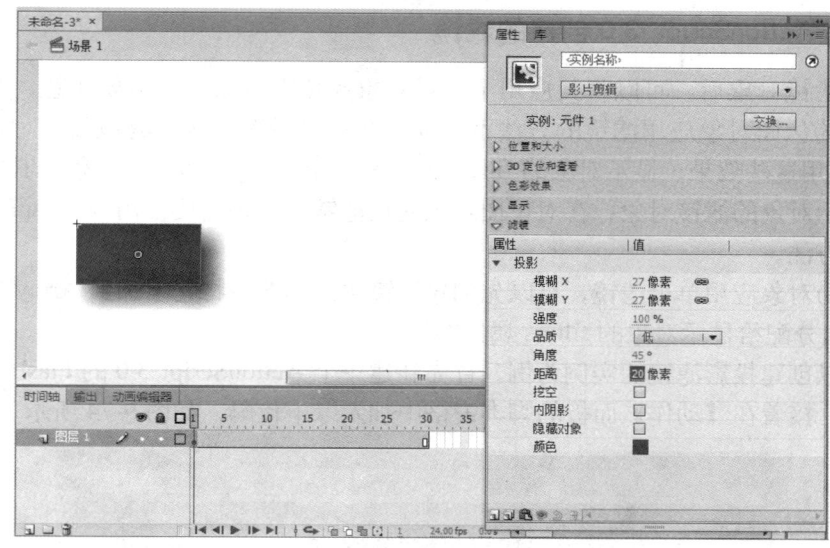

图 9-73 设置滤镜参数

9.4.3 使用 ActionScript 3.0 创建滤镜

通过 ActionScript 3.0 编程，可以对位图和显示对象应用投影、斜角、模糊、发光等各种滤镜效果。

在 Flash CS6 中，可以通过调用所选的滤镜类的构造函数的方法来创建滤镜，例如要创建 BlurFilter 类的滤镜实例，则可以使用以下代码来实现：

```
import flash.filters.BlurFilter;
var myFilter: BlurFilter = new BlurFilter();
```

虽然上述代码没有显示参数，但 BlurFilter()构造函数（与所有滤镜类的构造函数一样）可接受多个用于自定义滤镜效果外观的可选参数。

ActionScript 3.0 包括 9 个可用于显示对象和位图对象的滤镜类：

- 斜角滤镜（BevelFilter 类）。
- 模糊滤镜（BlurFilter 类）。
- 投影滤镜（DropShadowFilter 类）。
- 发光滤镜（GlowFilter 类）。
- 渐变斜角滤镜（GradientBevelFilter 类）。
- 渐变发光滤镜（GradientGlowFilter 类）。
- 颜色矩阵滤镜（ColorMatrixFilter 类）。
- 卷积滤镜（ConvolutionFilter 类）。
- 置换图滤镜（DisplacementMapFilter 类）。

其中，前 6 个滤镜是简单滤镜，可以用于创建一种特定效果，并可以对效果进行简单的自定义。可以使用 ActionScript 应用这 6 个滤镜，也可以在 Flash CS6 中通过【滤镜】面板将其应用到对象上。后 3 个滤镜仅在 ActionScript 中可用。这些滤镜（即颜色矩阵滤镜、卷积滤镜和置换图滤镜）所创建的效果具有极其灵活的形式，它们不仅可以进行优化以生成单一的效果，而且还具有强大的功能和灵活性。例如，如果为卷积滤镜的矩阵选择不同的值，则可以创建模糊、浮雕、锐化、查找颜色边缘、变形等滤镜效果。

9.4.4 应用 ActionScript 3.0 创建的滤镜

在创建滤镜对象后，可以将其应用于显示对象或位图对象。但需要注意，为显示对象应用滤镜和为位图对象应用滤镜的方法不一样。在对显示对象应用滤镜效果时，可以通过 filters 属性应用这些效果。显示对象的 filters 属性是一个 Array（数组）实例，其中的元素是应用于该显示对象的滤镜对象；在对位图对象应用滤镜时，则需要使用 BitmapData 对象的 applyFilter()方法。

如果要为对象应用单个滤镜，可以先创建滤镜实例，然后将它添加到 Array 实例上，再将 Array 对象分配给显示对象的 filters 属性即可。

下面将以创建投影滤镜的实例为例，首先新建一个 ActionScript 3.0 的 Flash 文件，然后选择第 1 帧，接着在【动作】面板的脚本窗格中加入以下代码，如图 9-74 所示。

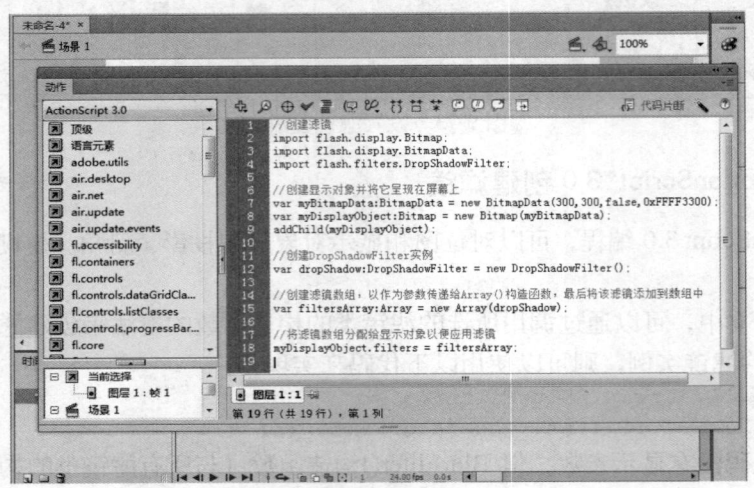

图 9-74 创建并应用滤镜

上机实战　创建投影滤镜

```
//创建滤镜
import flash.display.Bitmap;
import flash.display.BitmapData;
import flash.filters.DropShadowFilter;

//创建显示对象并将它呈现在屏幕上
var myBitmapData:BitmapData = new BitmapData(300,300,false,0xFFFF3300);
var myDisplayObject:Bitmap = new Bitmap(myBitmapData);
addChild(myDisplayObject);
```

设置显示对象的大小和颜色

```
//创建 DropShadowFilter 实例
var dropShadow:DropShadowFilter = new DropShadowFilter();

//创建滤镜数组，以作为参数传递给 Array()构造函数，最后将该滤镜添加到数组中
var filtersArray:Array = new Array(dropShadow);

//将滤镜数组分配给显示对象以便应用滤镜
myDisplayObject.filters = filtersArray;
```

应用滤镜的结果如图 9-75 所示。

图 9-75　为显示对象应用投影滤镜的效果

9.5　课堂实训

下面通过制作可控制的贺卡动画和定义声道互换的声音效果两个范例，介绍 Flash CS6 文本、媒体和脚本的应用。

9.5.1　制作可控制的贺卡动画

本例将通过制作一个可以通过按钮控制播放的贺卡动画为例，介绍通过【动作】面板为按钮元件实例添加 ActionScript 的方法。动画的效果如图 9-76 所示。

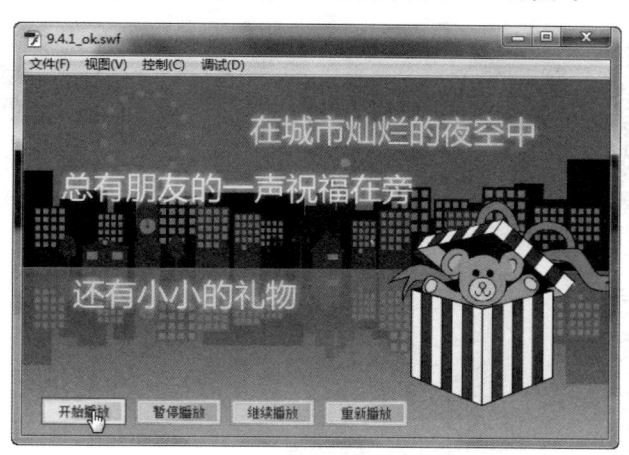

图 9-76　贺卡动画的效果

上机实战　制作可控制的贺卡动画

1 打开光盘中的 "..\Example\Ch09\ 9.5.1.fla" 练习文件，在【时间轴】面板中单击【新建图层】按钮，插入一个新图层并命名为【AS】，接着在该图层第 160 帧上插入空白关键帧，如图 9-78 所示。

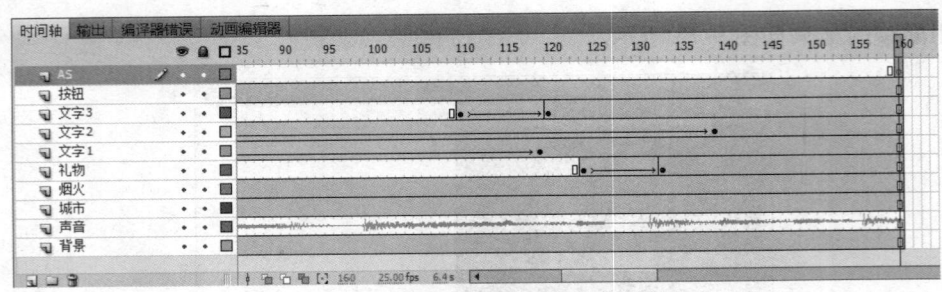

234 新编中文版 Flash CS6 标准教程

图 9-78 新增图层并插入空白关键帧

2 打开【动作】面板，然后在 AS 图层第 1 帧和第 160 帧上分别添加 "stop();" 脚本代码，如图 9-79 所示。

图 9-79 添加停止动作

3 此时选择 AS 图层第 2 帧，然后按下 F7 功能键插入空白关键帧，接着通过【属性】面板设置帧标签的名称为【开始播放】，如图 9-80 所示。

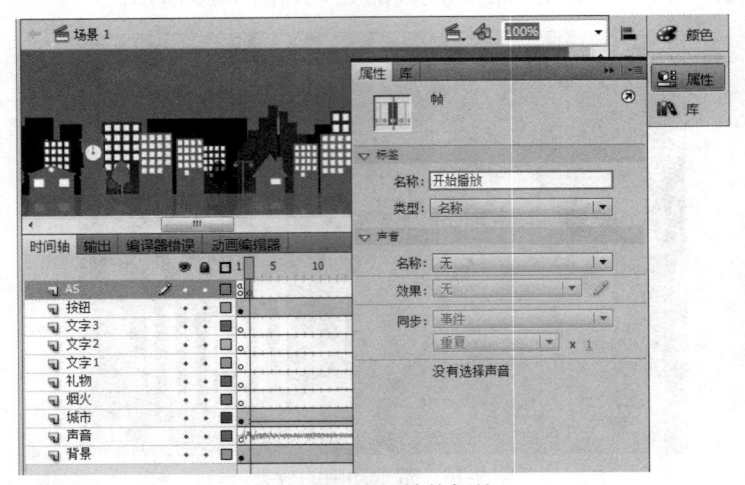

图 9-80 设置帧的标签

4 选择舞台左下方的【开始播放】按钮，再按下 F9 功能键打开【动作】面板，接着在脚本窗格中输入如图 9-81 所示的脚本代码，使时间轴移到下一帧并开始播放。

5 选择舞台左下方的【暂停播放】按钮，在【动作】面板的脚本窗格中添加停止播放的动作脚本 "on(release){stop();}"，如图 9-82 所示。

图 9-81　为【开始播放】按钮添加代码

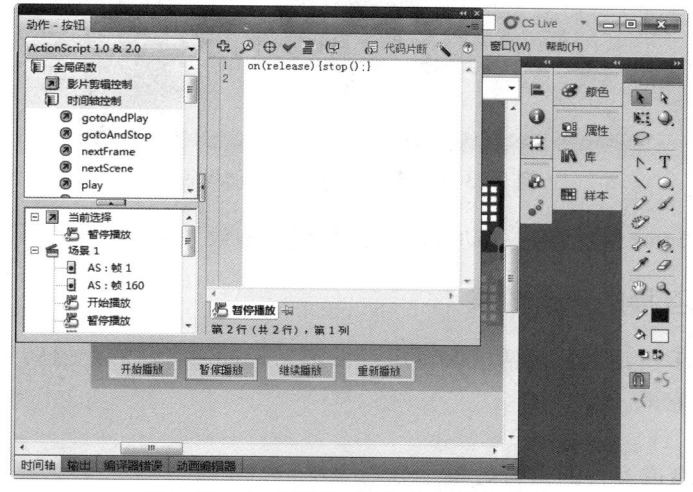

图 9-82　为【暂停播放】按钮添加代码

6 选择舞台左下方的【继续播放】按钮，在【动作】面板的脚本窗格中添加播放的动作脚本"on(release){play();}"，如图 9-83 所示。

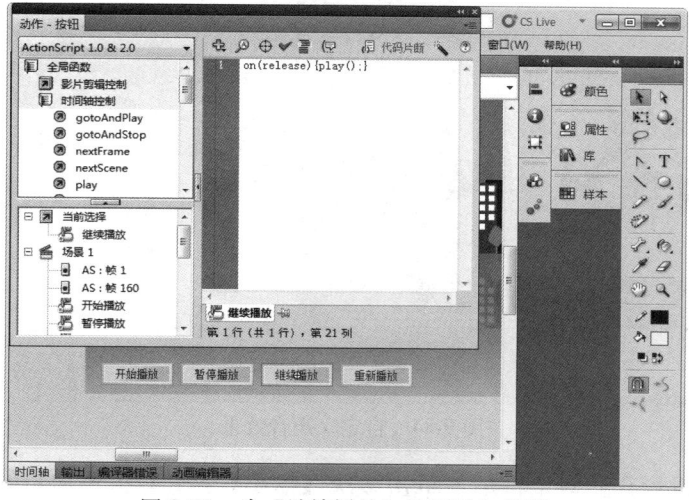

图 9-83　为【继续播放】按钮添加代码

7 选择舞台下方的【重新播放】按钮，接着在【动作】面板的脚本窗格中添加跳转到"开始播放"的帧上播放的动作脚本"on(release){gotoAndPlay("开始播放");}"，如图 9-83 所示。

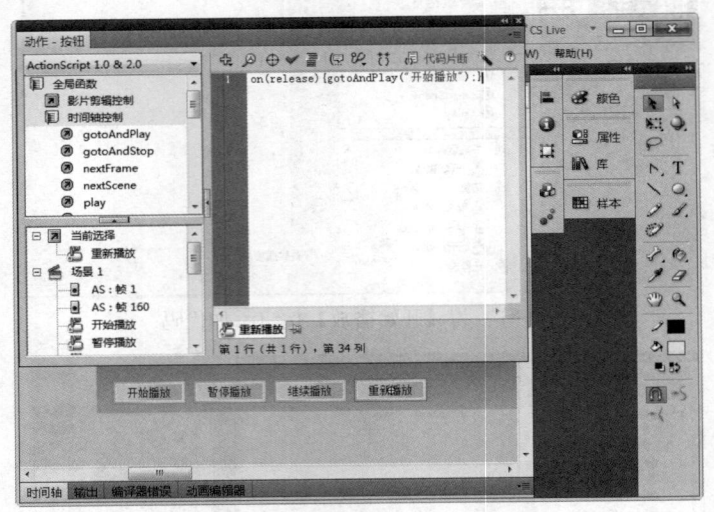

图 9-83 为【重新播放】添加代码

8 按下 Ctrl+Enter 快捷键打开动画播放器测试动画效果。

9.5.2 定义声道互换的声音效果

本例将通过【编辑封套】对话框编辑声音，定义一种声音从右声道转到左声道，再从左声道转到右声道的效果。

上机实战 定义声道互换的声音效果

1 打开光盘中的"..\Example\Ch09\9.5.2.fla"练习文件，选择图层 3 的第 1 帧，然后打开【属性】面板的【效果】列表框，再选择【自定义】选项，如图 9-84 所示。

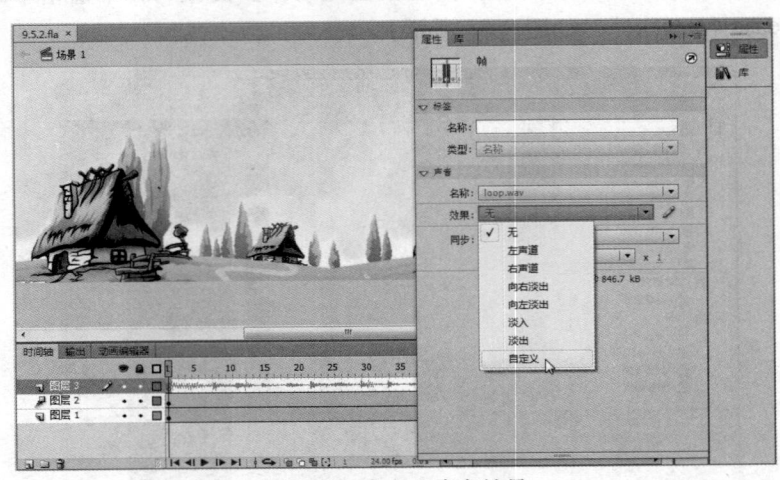

图 9-84 自定义声音效果

2 打开【编辑封套】对话框后，单击多次【缩小】按钮缩小窗口的显示，直至显示全部的声音，如图 9-85 所示。

3　使用鼠标在封套线上单击添加封套手柄。使用相同的方法为封套线添加多个封套手柄，结果如图 9-86 所示。

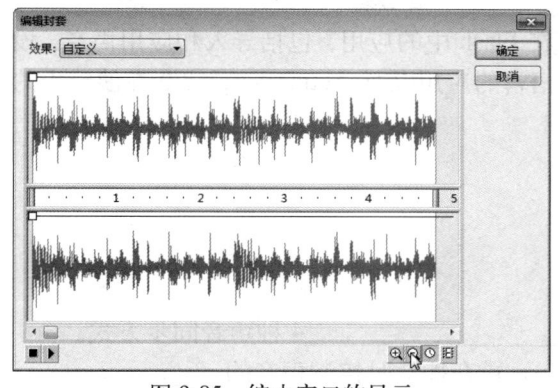

图 9-85　缩小窗口的显示 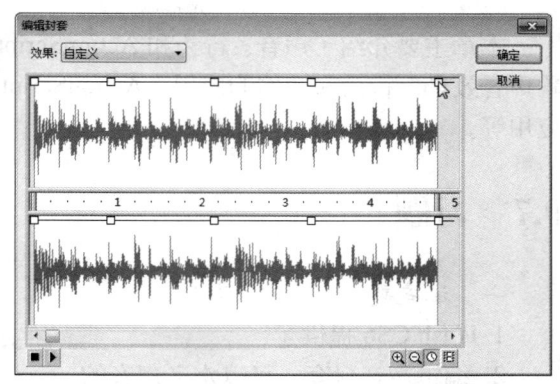　　　　　　　　　图 9-86　为封套线添加多个封套手柄

4　选择左声道封套线上"开始时间"的封套手柄，然后拖到下方，设置左声音的音量为 0，如图 9-87 所示。

5　使用步骤 4 的方法，分别调整左、右声道的封套线上的封套手柄，以调整左、右声道的声音效果，结果如图 9-88 所示。

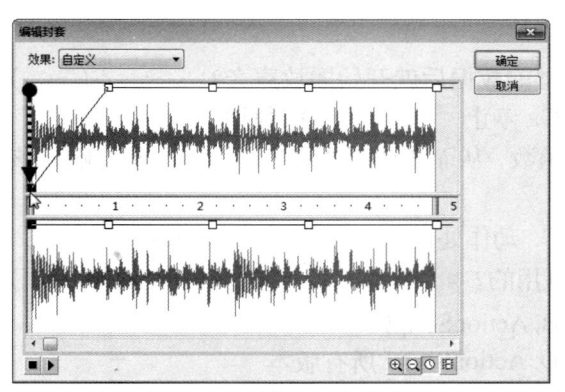

图 9-87　移动封套手柄的位置 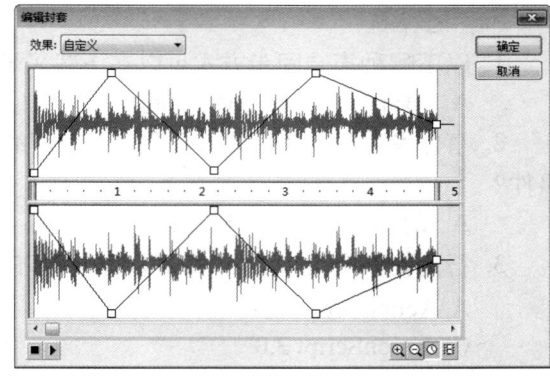　　　　　　　图 9-88　调整其他封套手柄位置

6　单击【播放声音】按钮，可以预听声音的效果，如图 9-89 所示。

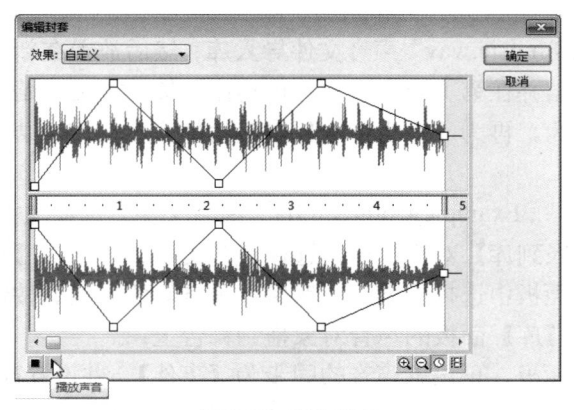

图 9-89　播放声音

9.6 本章小结

本章主要介绍了声音、行为和 ActionScript 在 Flash 中的应用，包括导入和应用声音、设置声音效果、行为和动作的应用、ActionScript 语言的应用以及 ActionScript 3.0 在滤镜上的应用等。

9.7 习题

一、填充题

1. Flash CS6 提供了_____、_____、_____、_____4 种声音同步方式。
2. 编辑声音封套，可以定义声音的_____，或在播放时控制声音的_____。
3. 行为由_____和_____组成，当一个_____的发生时就会触发_____的执行。
4. 事件可以分为_____、_____、_____3 类。
5. ActionScript 是_____专用的一种编程语言，它的语法结构类似于_____语言，都是采用_____的编程思想。

二、选择题

1. 以下哪种声音同步方式可以在下载了足够的数据后就开始播放声音？（　　）
   A. 事件　　　　　B. 开始　　　　　C. 停止　　　　　D. 数据流
2. 事件发生时，必须编写一个什么类型的函数，从而在该事件发生时让一个动作响应该事件？（　　）
   A. 动作事件　　　B. 事件处理　　　C. 动作处理　　　D. ActionScript
3. 行为在哪个版本的 ActionScript 中是不可用的？（　　）
   A. ActionScript 1.0　　　　　　　B. ActionScript 2.0
   C. ActionScript 3.0　　　　　　　D. ActionScript 所有版本
4. 在 Flash 中，用户不能对以下哪种类型的对象应用滤镜？（　　）
   A. 文本　　　　　B. 按钮　　　　　C. 影片剪辑　　　D. 形状

三、操作题

将"..\Example\Ch09\music.wav"声音文件导入库，然后放置在新建的图层上并设置循环播放，接着新建一个图层并在第 1 帧上添加停止动作，最后为【开始播放】按钮添加跳转到第 2 帧并开始播放的行为，再为【停止播放】按钮添加停止动作，结果如图 9-90 所示。

提示：

（1）打开光盘中的"..\Example\Ch09\9.8.fla"练习文件，选择【文件】|【导入】|【导入到库】命令，打开【导入到库】对话框后，选择声音文件，再单击【打开】按钮。

（2）在【时间轴】面板中选择图层 3，然后单击【新建图层】按钮插入图层 4，接着选择图层 4 的第 1 帧并将【库】面板的声音对象拖到舞台上。

（3）打开【属性】面板，再设置声音的同步为【事件】，并设置声音循环播放。

（4）在图层 4 上插入图层 5，然后选择图层 5 第 1 帧，在【动作】面板的【脚本】窗格中添加"stop();"代码。

（5）选择舞台上的【开始播放】按钮，然后单击【添加行为】按钮，从打开的菜单中选择【影片剪辑】|【转到帧或标签并在该处播放】命令，打开对话框后设置播放帧为2，最后单击【确定】按钮。

（6）选择舞台上的【停止播放】按钮，然后在【动作】面板的【脚本】窗格中添加"on(release){stop();}"代码即可。

图 9-90　发布预览

第 10 章 综合实例

教学提要

本章综合 Flash CS6 软件功能和应用,通过实例的形式介绍不同动画的创作方法和技巧。

教学重点

- 使用工具绘制矢量卡通插图
- 制作有多种效果的公司徽标动画
- 制作漫天飘雪的雪景动画效果
- 制作有声音效果的网站导航条动画

10.1 绘制矢量卡通插图

下面以一个老虎头像的卡通插画为例,介绍在 Flash CS6 中绘制插画的方法。在本例中,首先绘制多个椭圆形和圆形构成老虎的面庞形状,然后通过绘制矩形并修改矩形的形状,制作出老虎的毛发纹理,接着通过绘制矩形和三角形制作出老虎的鼻子和鼻梁的形状,最后通过绘制椭圆并修改椭圆的形状,再绘制多条线条,制作出老虎的两个耳朵和胡须形状,结果如图 10-1 所示。

图 10-1 绘制卡通老虎面部插画的效果

上机实战 绘制矢量卡通插图

1 打开 Flash CS6 程序,然后单击【ActionScript 3.0】按钮,新建一个 Flash 文件,如图 10-2 所示。

2 在工具箱中选择【椭圆工具】,然后设置笔触颜色为【蓝色】、填充颜色为

【#FFCC33】、笔触高度为 5，接着按下【对象绘制】按钮，如图 10-3 所示。

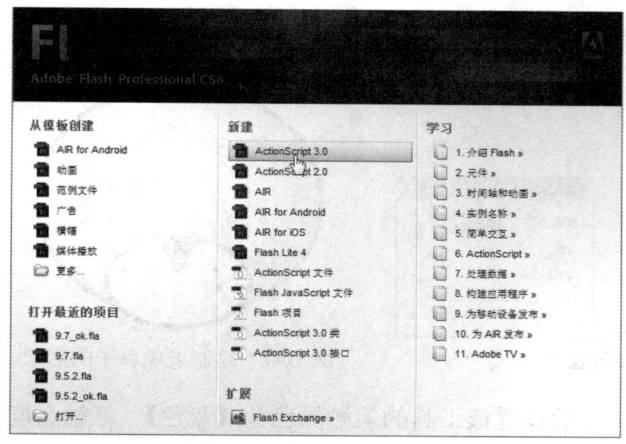

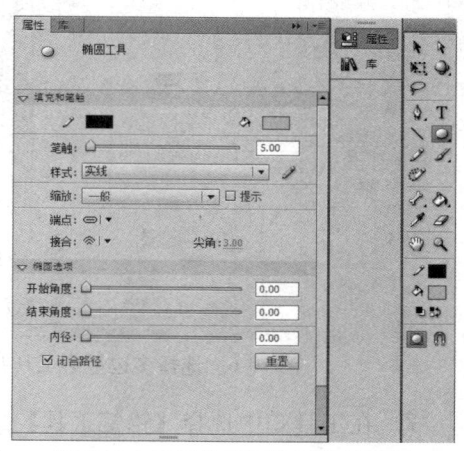

图 10-2　新建 Flash 文件

图 10-3　选择并设置椭圆工具属性

3　在舞台上先绘制一个较大的椭圆形，然后更改填充颜色为【白色】，在椭圆形的下方绘制一个较小的椭圆形，接着选择两个椭圆形对象，然后垂直居中对齐，如图 10-4 所示。

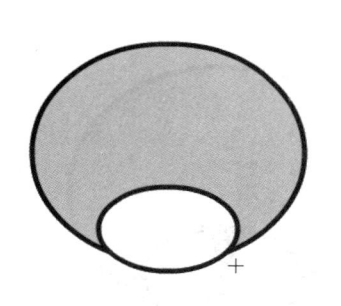

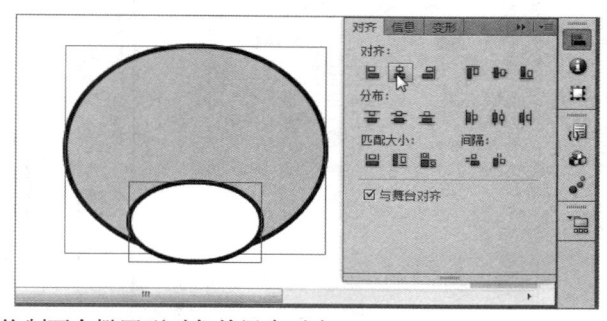

图 10-4　绘制两个椭圆形对象并居中对齐

4　在工具箱中选择【刷子工具】，然后设置填充颜色为【蓝色】，再设置刷子工具的模式、大小和形状，接着在白色椭圆形两侧对称地点上几点，如图 10-5 所示。

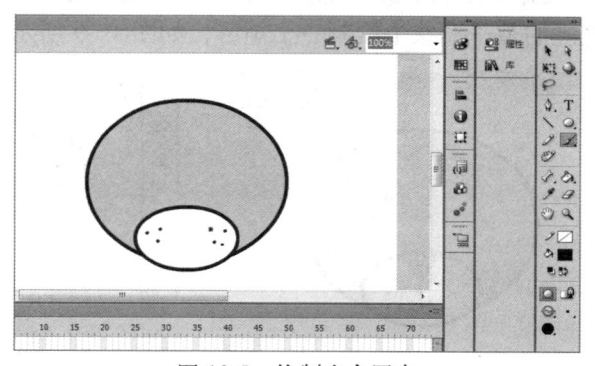

图 10-5　绘制多个圆点

5　选择【多边星形工具】，然后打开【属性】面板并设置颜色、笔触、端点、接合等属性，再单击【选项】按钮，设置样式、边数和星形顶点大小等属性，如图 10-6 所示。

6　在白色椭圆形上方绘制一个三角形，作为老虎的鼻子形状，如图 10-7 所示。

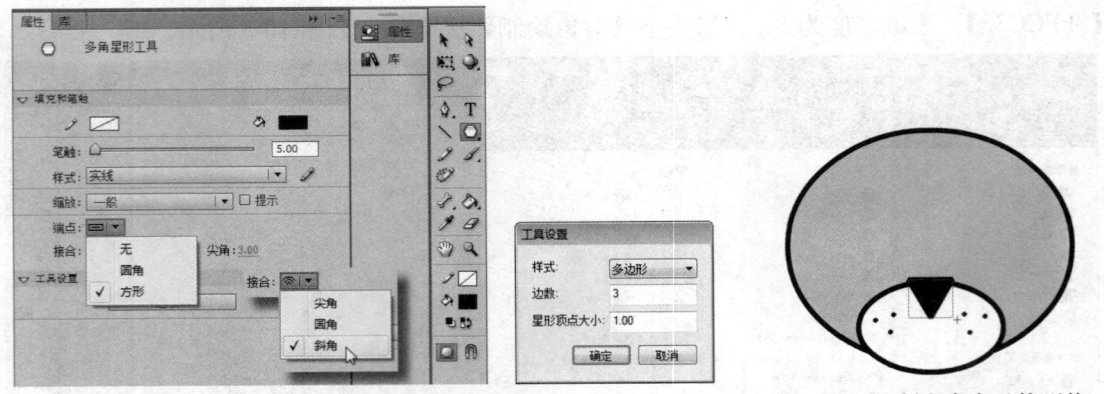

图 10-6　选择多边星形工具并设置属性　　　　图 10-7　绘制老虎鼻子的形状

7 在工具箱中选择【铅笔工具】，然后设置该工具的笔触颜色为【蓝色】、笔触高度为 5，然后在三角形下方绘制老虎嘴部的形状，如图 10-8 所示。

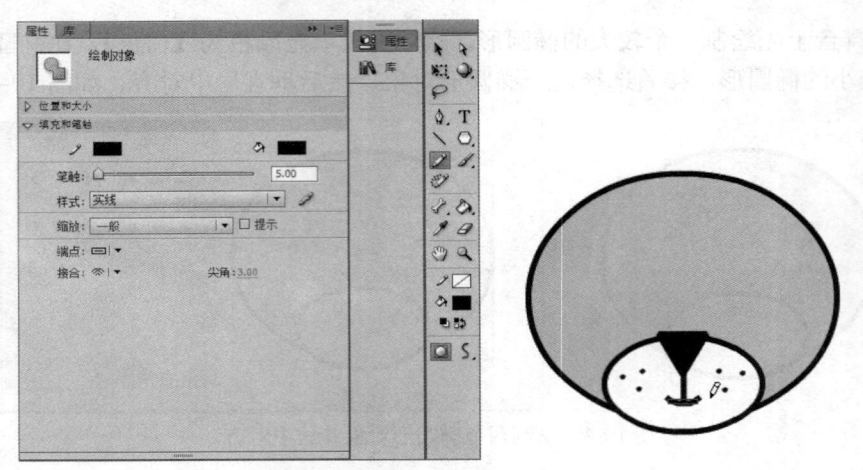

图 10-8　绘制老虎嘴部的形状

8 在工具箱中选择【矩形工具】，然后设置填充颜色为【#FF9900】并按下【对象绘制】按钮，接着在老虎的鼻子形状上绘制一个矩形，如图 10-9 所示。

图 10-9　绘制一个矩形对象

第 10 章 综合实例 243

9 选择绘制的矩形对象，然后在对象上单击右键并选择【排列】|【下移一层】命令，将矩形对象移到三角形对象的下方，如图 10-10 所示。

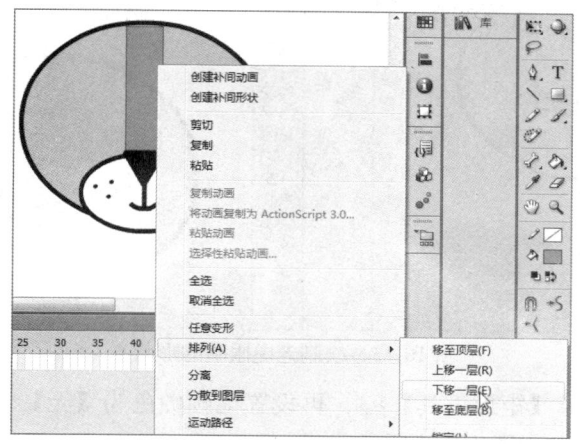

图 10-10 调整矩形对象的排列顺序

10 在工具箱中选择【选择工具】 ，再将此工具移到三角形上边缘上，然后向上拖动三角形上边缘，接着向上拖动矩形对象的上边缘，修改三角形和矩形和上边缘的形状，如图 10-11 所示。

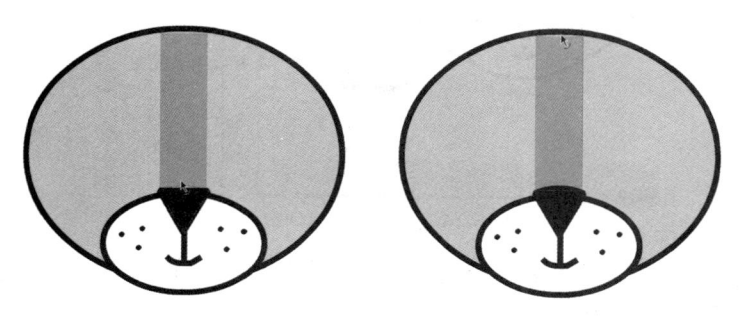

图 10-11 调整三角形和矩形上边缘的形状

11 使用【选择工具】 移动矩形上方的两个角点，缩小矩形上边缘的宽度，从而制作出老虎鼻梁的形状，如图 10-12 所示。

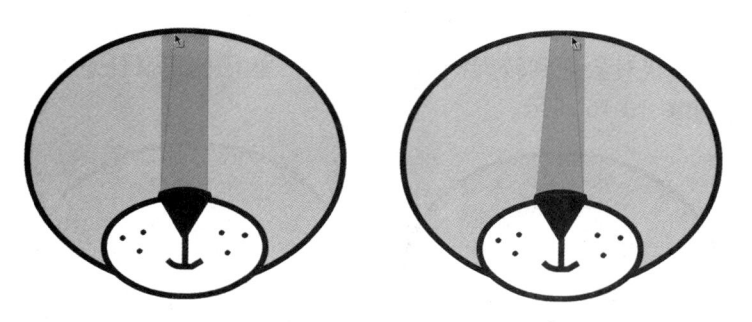

图 10-12 调整矩形上边缘的宽度

12 选择【椭圆工具】 ，再设置笔触颜色为【无】、填充颜色为【蓝色】，然后在较大椭圆形偏下方的两侧绘制两个一样大小的圆形，作为老虎的眼睛，如图 10-13 所示。

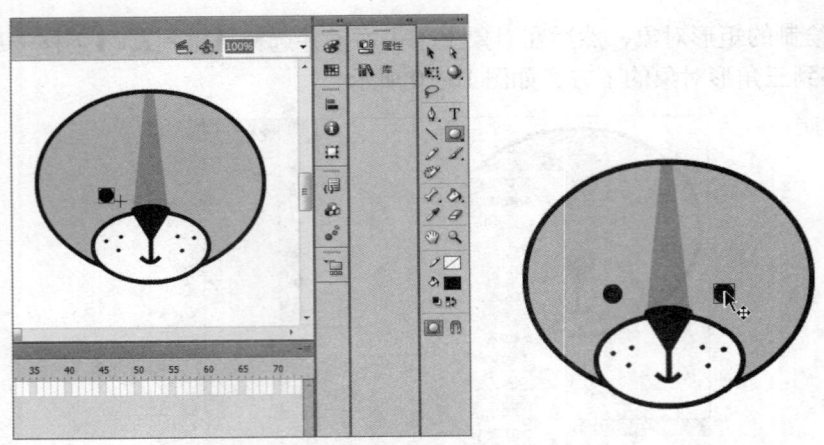

图 10-13 绘制老虎眼睛的形状

13 在工具箱中选择【矩形工具】■，再设置笔触颜色为【无】、填充颜色为【蓝色】，然后绘制一个矩形对象，如图 10-14 所示。

图 10-14 绘制蓝色矩形对象

14 选择【选择工具】■，然后拖动矩形右下角的角点，再向上拖动上边缘，接着向上拖动下边缘，将矩形修改成弧状的对象，如图 10-15 所示。

图 10-15 调整矩形的形状

15 将修改后的形状对象拖到较大椭圆形的左侧，然后使用【任意变形工具】■调整形状的大小和角度，如图 10-16 所示。

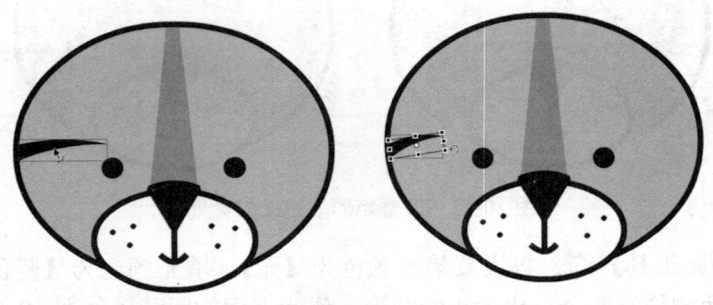

图 10-16 调整形状的位置、大小和角度

16 使用步骤 13 和步骤 15 的方法，制作其他弧形形状，然后制出老虎的脸部纹理毛发和头部的毛发，如图 10-17 所示。

图 10-17　制作老虎的毛发

17 选择【椭圆工具】，再设置笔触颜色为【蓝色】、填充颜色为【#FFCC33】、笔触高度为 5，然后绘制一个椭圆形，并将椭圆形放置在老虎头部的右侧，接着适当调整一下椭圆形角度，如图 10-18 所示。

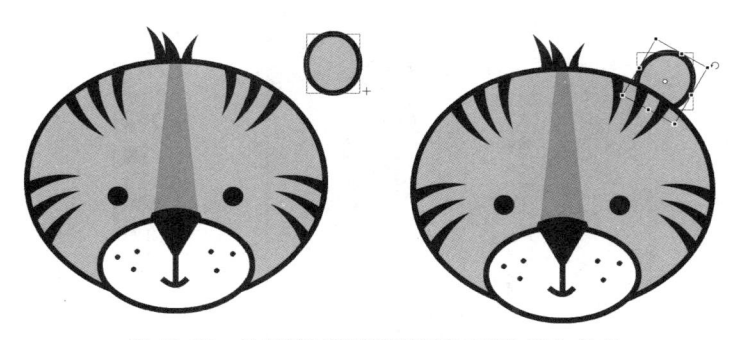

图 10-18　绘制椭圆形并调整椭圆形位置和角度

18 选择【选择工具】，然后将工具移到椭圆形边缘处，拖动鼠标调整椭圆的边缘，制作出老虎的耳朵形状，如图 10-19 所示。

图 10-19　调整椭圆形的形状

19 选择【椭圆工具】，再设置笔触颜色为【无】、填充颜色为【蓝色】，然后绘制一个较小的椭圆形，将此椭圆形放置在耳朵形状的下方，作为构成老虎耳朵的形状，使用相同的方法制作老虎另外一个耳朵形状，如图 10-20 所示。

图 10-20 制作老虎的耳朵形状

20 选择【线条工具】，然后设置笔触颜色为【蓝色】、笔触高度为 5、笔触端点为【圆角】，如图 10-21 所示。

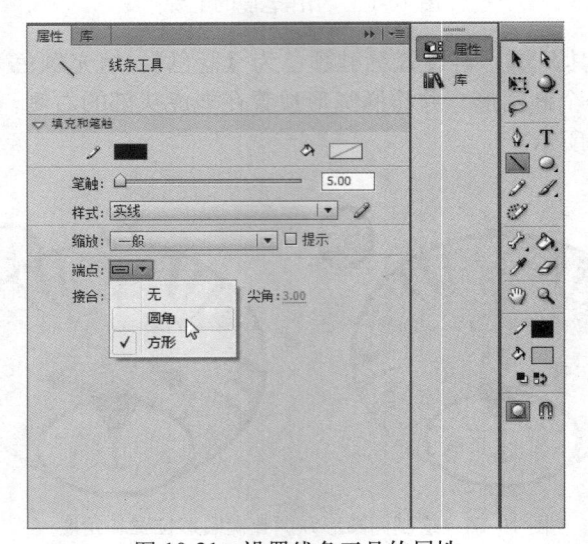

图 10-21 设置线条工具的属性

21 此时使用【线条工具】在老虎嘴部下方绘制多条直线，构成老虎的胡须形状，如图 10-22 所示。

图 10-22 绘制老虎的胡须形状

22 选择【刷子工具】，然后设置填充颜色为【白色】，再设置工具的大小，在老虎鼻子形状上添加一个白色形状，作为老虎鼻子的反光区域，最后使用选择【选择工具】，调整老虎鼻子形状两侧的边缘，使鼻子的效果更好，如图 10-23 所示。

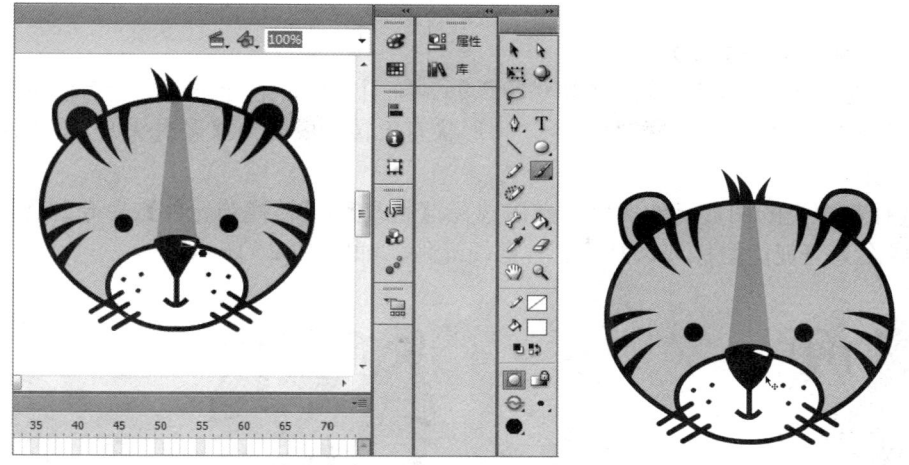

图 10-23 为老虎鼻子添加反光形状并调整鼻子边缘形状

10.2 制作公司徽标的动画

下面将利用 10.1 节绘制的卡通老虎插画作为公司徽标图像，然后配置公司名称文本制作出老虎插画的三维效果，并且使公司名称通过遮罩实现徽标动画效果，如图 10-24 所示。

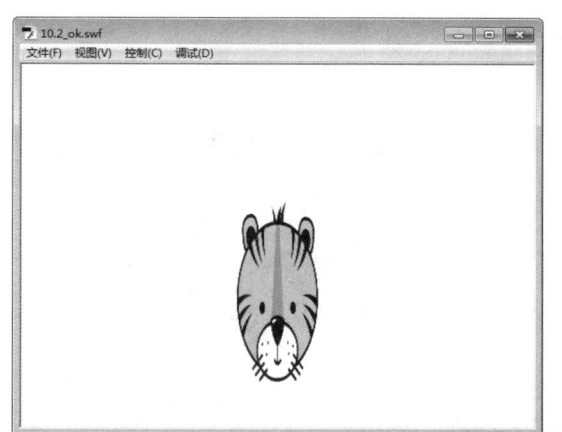

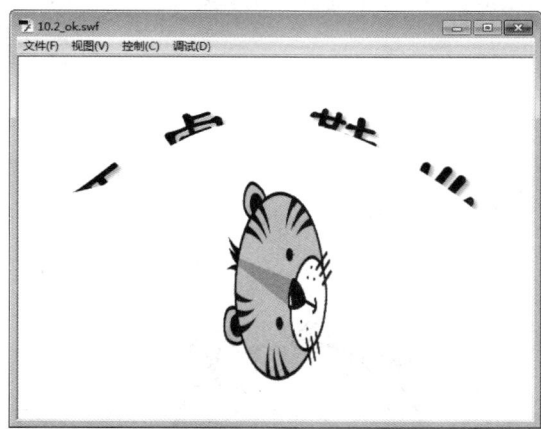

图 10-24 制作公司徽标动画的效果

上机实战　制作公司徽标动画

1 打开光盘中的"..\Example\Ch10\10.2.fla"练习文件，选择舞台上所有的形状对象，然后选择【修改】|【转换为元件】命令，将形状对象转换成名为【老虎头像】的图形元件，如图 10-25 所示。

2 选择舞台上的图形元件实例，然后选择【修改】|【转换为元件】命令，将图形元件实例转换成名为【亚虎徽标剪辑】的影片剪辑元件，如图 10-26 所示。

图 10-25　将形状对象转换为图形元件 　　　　图 10-26　将图形元件转换为影片剪辑元件

3 选择【选择工具】，将影片剪辑元件实例拖到舞台的下方，然后在图层 1 的第 80 帧上按下 F6 功能键插入关键帧，如图 10-27 所示。

图 10-27　调整元件的位置并插入关键帧

4 选择图层 1 的第 1 帧，然后使用【任意变形工具】从外往中心缩小元件实例，接着选择元件实例并通过【属性】面板设置 Alpha 为 0%，使元件实例变成透明，如图 10-28 所示。

5 为图层 1 的两个关键帧之间创建补间动画，然后在第 20 帧上插入属性关键帧，并等比例放大元件实例，接着在工具箱中选择【3D 旋转工具】，再按住绿色的 Y 轴线右端并拖到左端，以水平反转元件实例，如图 10-29 所示。

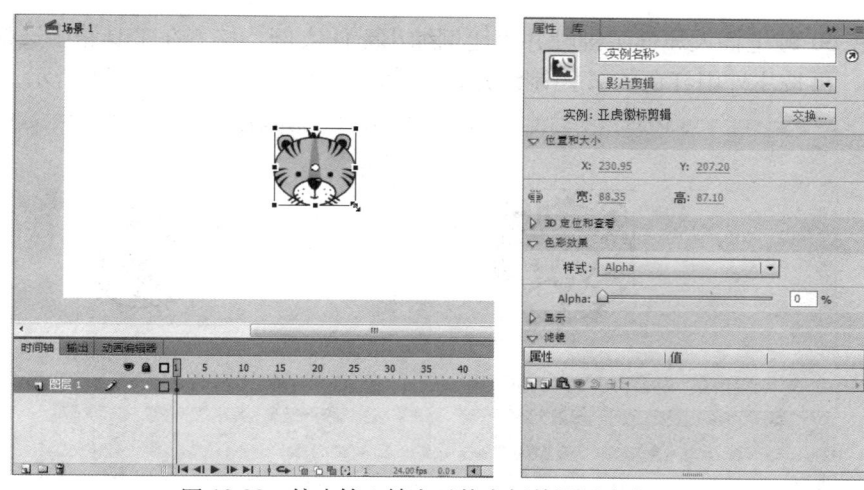

图 10-28　缩小第 1 帧上元件实例并设置完全透明

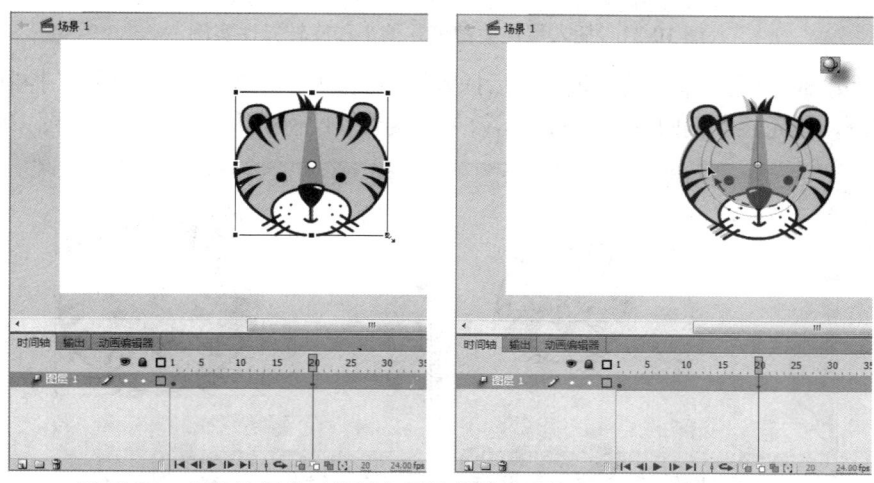

图 10-29　创建补间动画并插入属性关键帧后扩大和 3D 旋转元件实例

6　在第 40 帧上插入属性关键帧，并等比例放大元件实例，接着在工具箱中选择【3D 旋转工具】，再按住绿色的 Y 轴线左端并拖到右端，以水平反转元件实例，如图 10-30 所示。

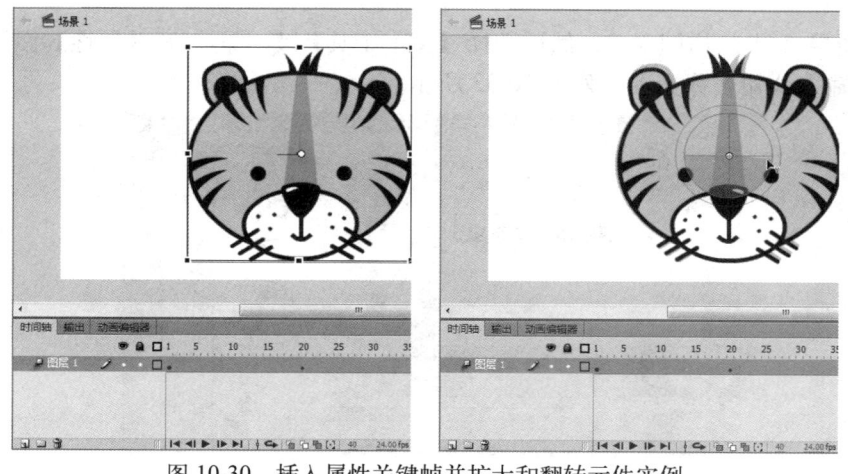

图 10-30　插入属性关键帧并扩大和翻转元件实例

7 在第 60 帧上插入属性关键帧并等比例缩小元件实例，接着在工具箱中选择【3D 旋转工具】，再按住外围红色的 Z 控制线并拖到旋转元件实例，如图 10-31 所示。

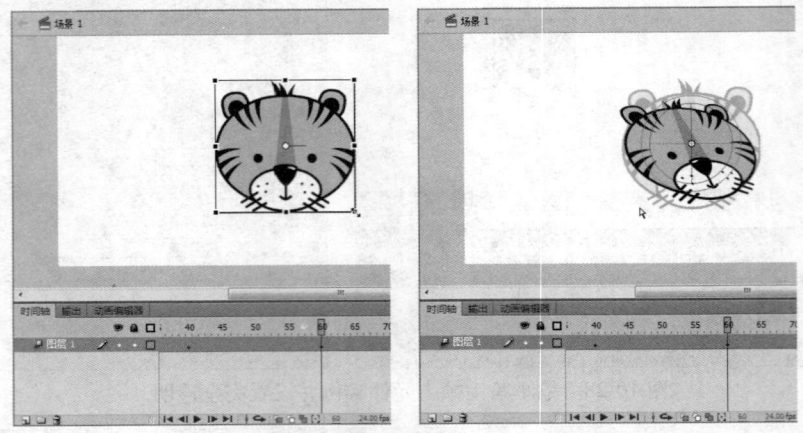

图 10-31 插入属性关键帧并缩小和旋转元件实例

8 清除第 80 帧上原来的关键帧，然后插入属性关键帧并按住外围红色的 Z 控制线并拖到旋转元件实例，使元件实例回复正面的显示效果，接着等比例扩大元件实例，如图 10-32 所示。

图 10-32 插入属性关键帧并旋转和扩大元件实例

9 在图层 1 上新增图层 2，然后选择【文本工具】，再打开【属性】面板设置文本属性，接着输入公司名称文本，如图 10-33 所示。

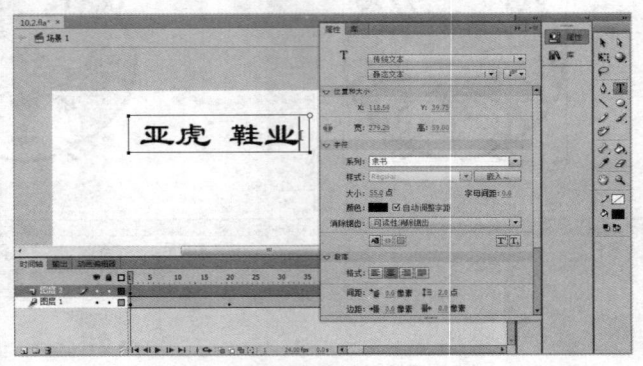

图 10-33 输入公司名称文本

10 选择文本对象并选择【修改】|【转换为元件】命令，将文本转换成名称为【公司名】的影片剪辑元件，接着按下 Ctrl+B 快捷键，将文本分离成独立的文本字符，如图 10-34 所示。

图 10-34　将文本转换为元件并分离文本

11 为了让文本更加符合设计，此时使用【文本工具】修改文本的大小为 100 点，如图 10-35 所示。

图 10-35　修改文本的大小

12 返回场景中，选择【公司名】影片剪辑元件，然后打开【属性】面板，设置影片剪辑元件的【投影】滤镜，如图 10-36 所示。

图 10-36　为元件实例添加投影滤镜

13 在图层 2 上新增图层 3，在工具箱中选择【矩形工具】并设置笔触颜色为【无】、填充颜色为【红色】，在图层 3 第 40 帧上插入关键帧，再绘制一个矩形对象，如图 10-37 所示。

图 10-37　新增图层并绘制矩形

14 选择【选择工具】 ，然后修改矩形的形状，使它完全遮盖公司名称，接着在图层 3 第 80 帧处插入关键帧，如图 10-38 所示。

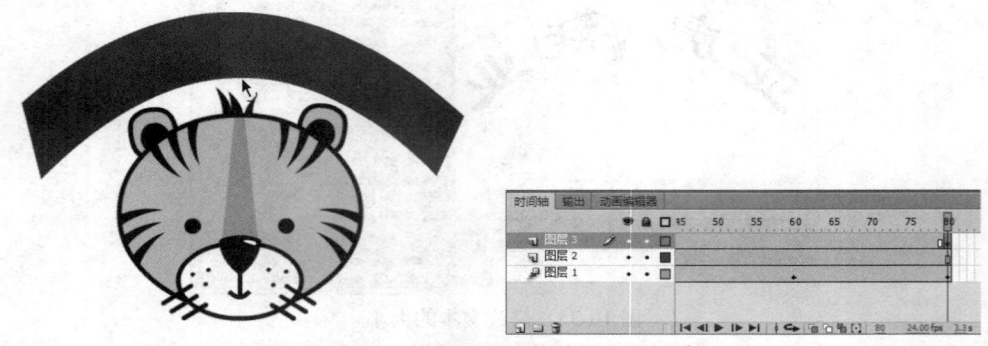

图 10-38　修改矩形形状并插入关键帧

15 选择图层 3 的第 40 帧，然后使用【选择工具】 修改该帧下矩形的形状，使它不要遮盖公司名称，接着为图层 3 的关键帧之间创建补间形状动画，如图 10-39 所示。

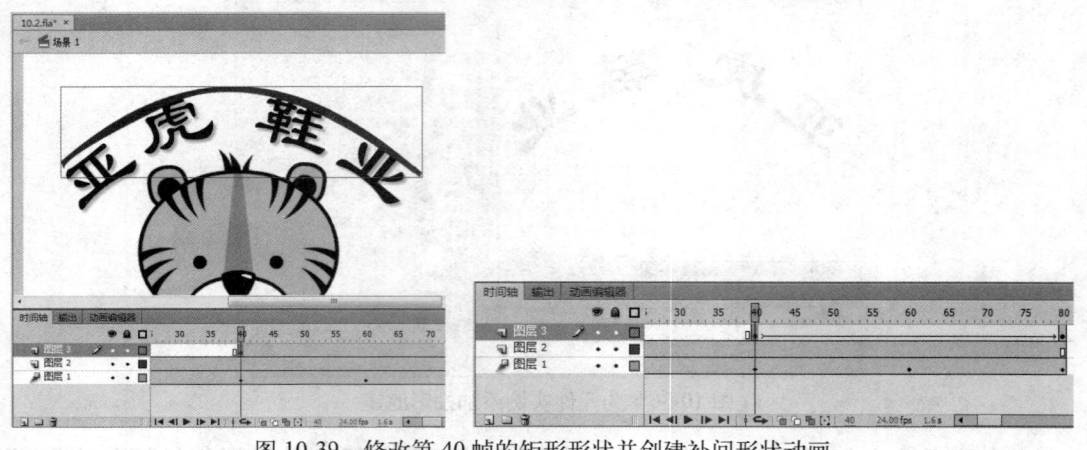

图 10-39　修改第 40 帧的矩形形状并创建补间形状动画

16 选择图层 3 并单击右键，在弹出菜单中选择【遮罩层】命令，将图层 3 转换为遮罩层，接着将图层 2 的第 1 个关键帧拖到第 40 帧处，如图 10-40 所示。

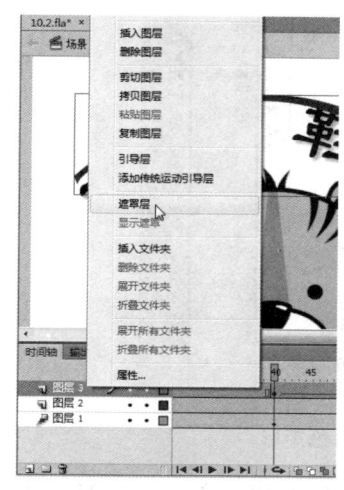

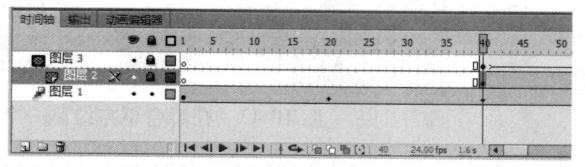

图 10-40　转换遮罩层并调整关键帧的位置

17 在图层 3 上新增图层 4，在图层 4 第 80 帧上插入关键帧，然后打开【动作】面板，并输入停止播放的脚本代码，如图 10-41 所示。

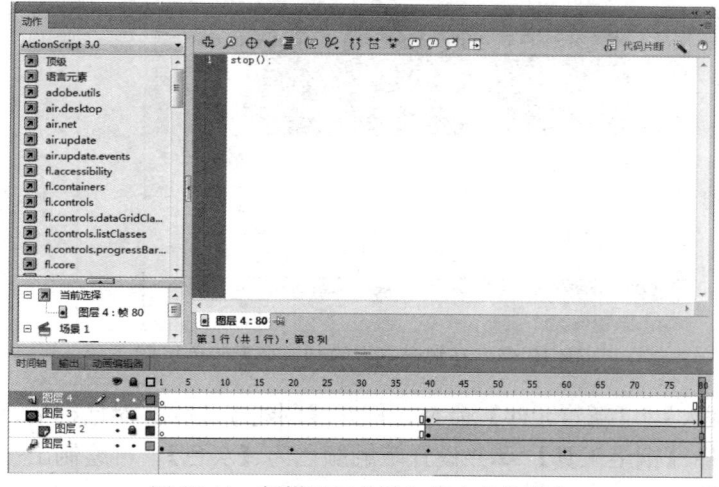

图 10-41　新增图层并添加停止动作脚本

10.3　制作冬天的雪景动画

下面将通过绘图、导入卡通树插图和编写动作脚本，制作一个冬天雪花漫天飘逸的动画场景，结果如图 10-42 所示。

上机实战　制作冬天雪景动画

1 打开光盘中的 "..\Example\Ch10\10.3.fla" 练习文件，在工具箱中选择【矩形工具】，然后在舞台下方绘制一个白色无笔触的矩形，如图 10-43 所示。

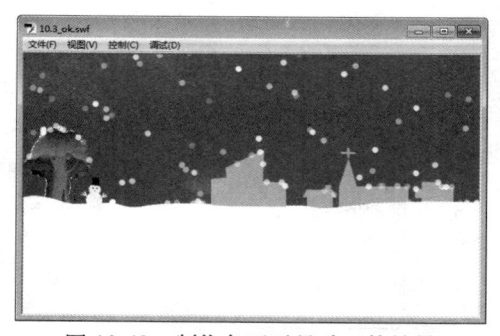

图 10-42　制作冬天雪景动画的效果

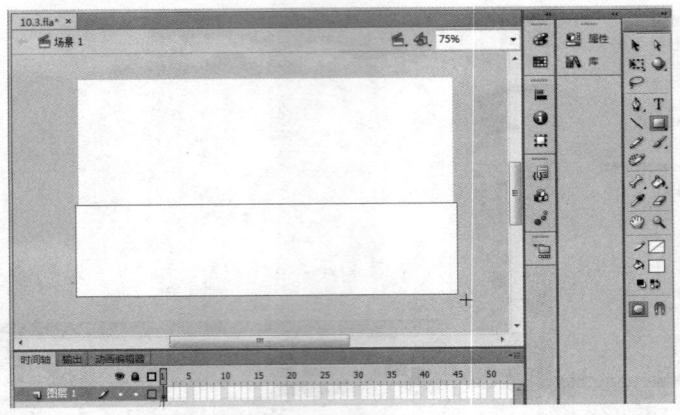

图 10-43 在舞台下方绘制一个白色矩形

2 更改填充颜色为【#0099FF】,然后在舞台的上半部分中绘制一个矩形,如图 10-44 所示。

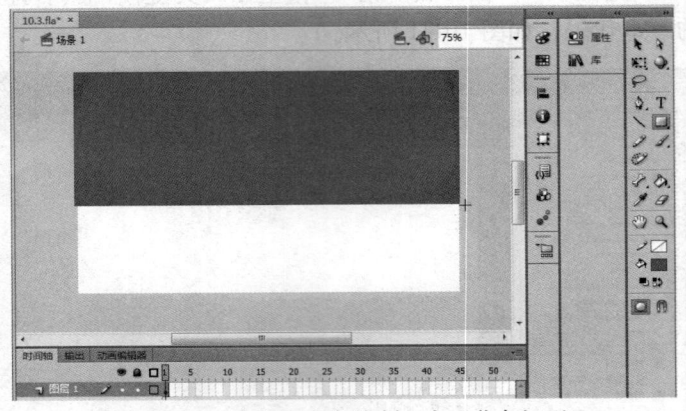

图 10-44 在舞台上方绘制一个天蓝色矩形

3 选择【插入】|【新建元件】命令,打开【创建新元件】对话框后,设置元件的名称和类型,接着选择【钢笔工具】 并设置笔触颜色为【灰色】,再绘制出一个类似房子的路径,如图 10-45 所示。

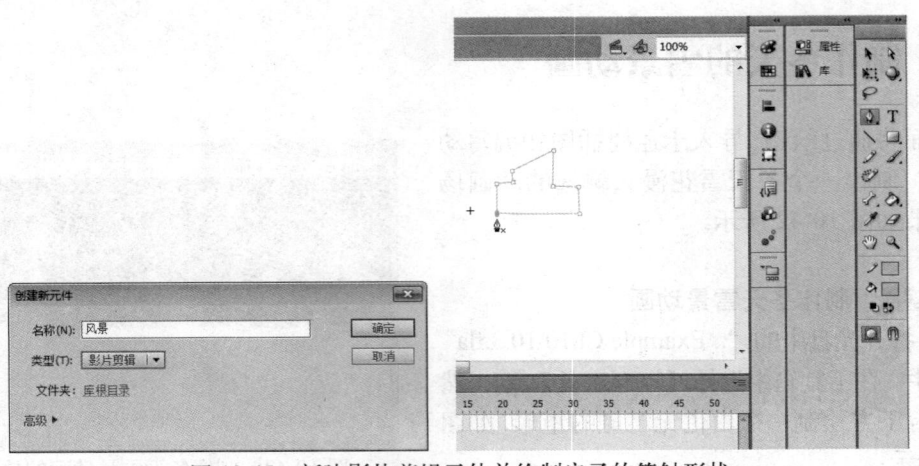

图 10-45 新建影片剪辑元件并绘制房子的笔触形状

4 在工具箱中选择【颜料桶工具】 ，然后设置填充颜色为同样的灰色，在笔触范围内单击填充颜色，如图10-46所示。

5 使用相同的方法制作其他房子的形状，结果如图10-47所示。

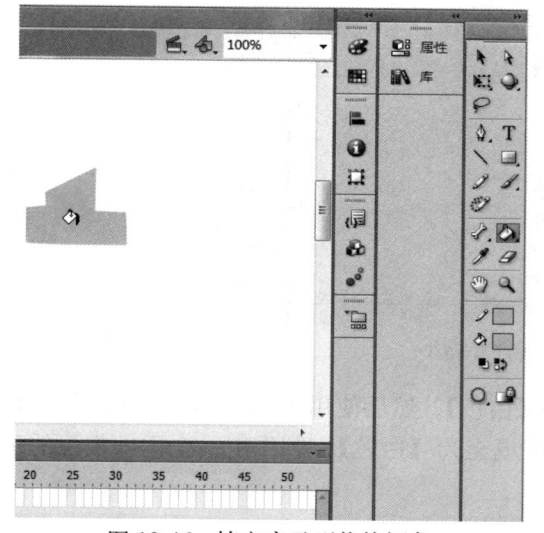

图10-46 填充房子形状的颜色

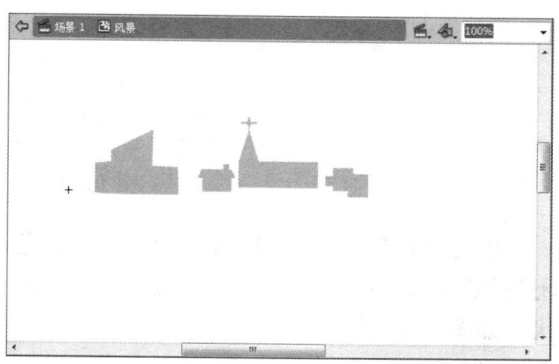

图10-47 制作其他房子形状

6 选择【文件】|【导入】|【导入到舞台】命令，打开【导入】对话框后，选择需要导入的图像再单击【打开】按钮，如图10-48所示。

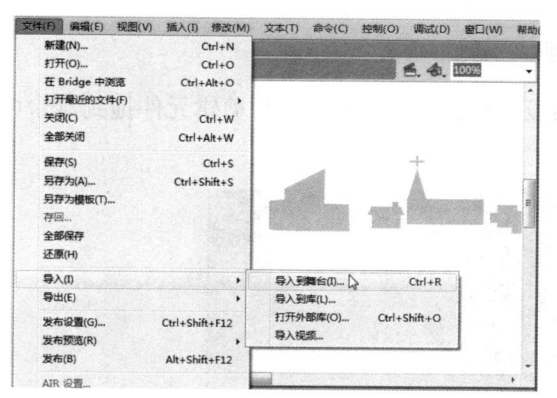

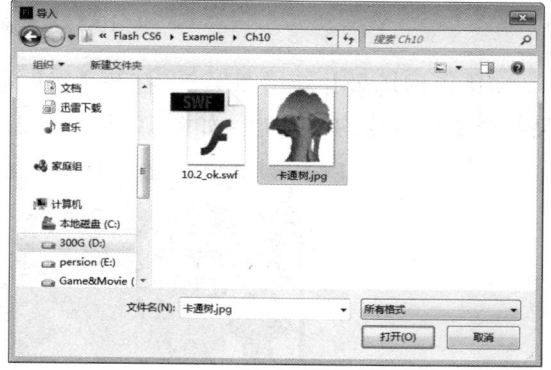

图10-48 导入位图素材

7 选择导入的位图对象，然后按下"Ctrl+B"快捷键将位图分离成形状，接着使用【任意变形工具】 等比例缩小形状，如图10-49所示。

图10-49 分离位图并缩小

8 打开【库】面板，将已有的【雪人】图形元件拖到卡通树形状的右下方，然后使用【任意变形工具】 等比例缩小元件，如图10-50所示。

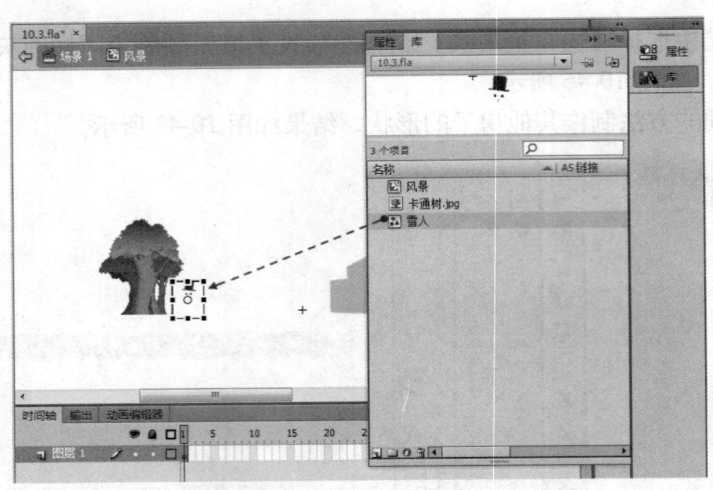

图 10-50　加入元件并缩小

9　选择【钢笔工具】并设置笔触颜色为【白色】，然后使用工具绘制一个上边缘的封闭笔触区域，使用【颜料桶工具】将笔触区域填充为【白色】，制作出一个雪地表面的形状，如图 10-51 所示。

图 10-51　绘制一个雪地形状

10　返回场景并新增图层 2，打开【库】面板，然后将【风景】影片剪辑元件拖到舞台中央两个矩形对象的交接处，如图 10-52 所示。

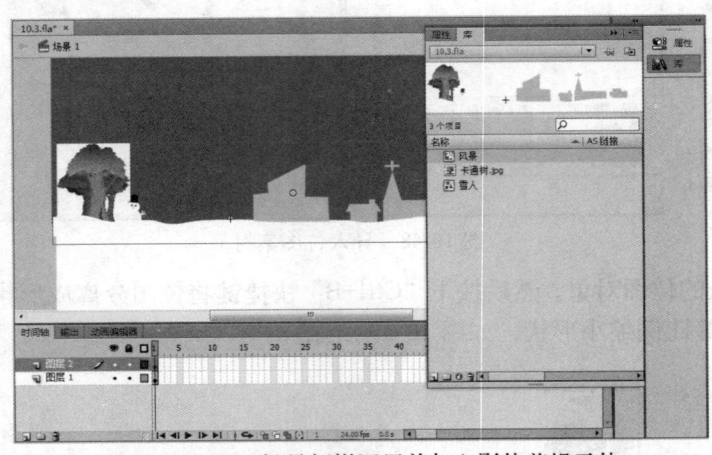

图 10-52　返回场景新增图层并加入影片剪辑元件

11　由于卡通树插图有白色的背景，需要去除这些背景。双击影片剪辑元件打开该元件的编辑窗口，然后选择【套索工具】并按下【魔术棒】按钮，在卡通树插图白色背景处单击，按下 Delete 键删除白色背景形状即可，如图 10-53 所示。

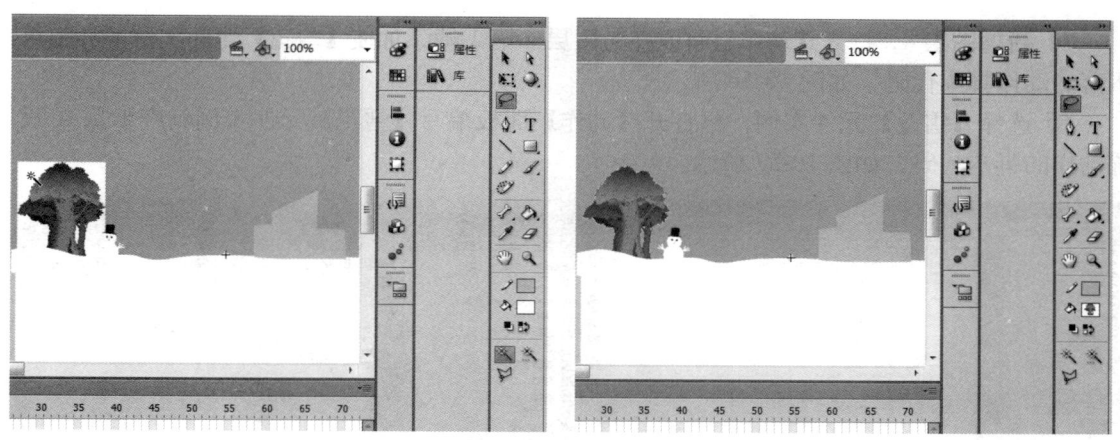

图 10-53　通过编辑元件去除卡通树插图的白色背景形状

12 选择【插入】|【新建元件】命令，打开【创建新元件】对话框后，设置元件的名称和类型并单击【确定】按钮，然后使用【椭圆工具】 绘制一个没有笔触的白色圆形，如图 10-54 所示。

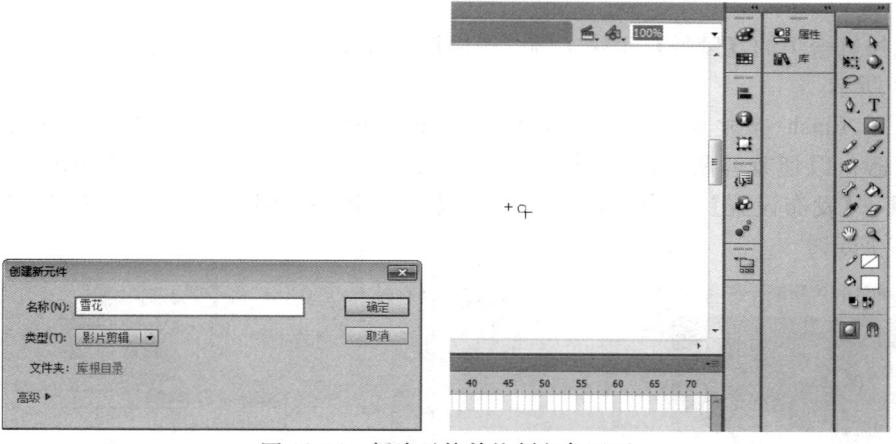

图 10-54　新建元件并绘制白色圆形

13 返回场景中并新增图层 3，通过【库】面板将【雪花】影片剪辑元件加入到舞台的左上角，接着选择该元件实例并设置实例名称为【snow】，如图 10-55 所示。

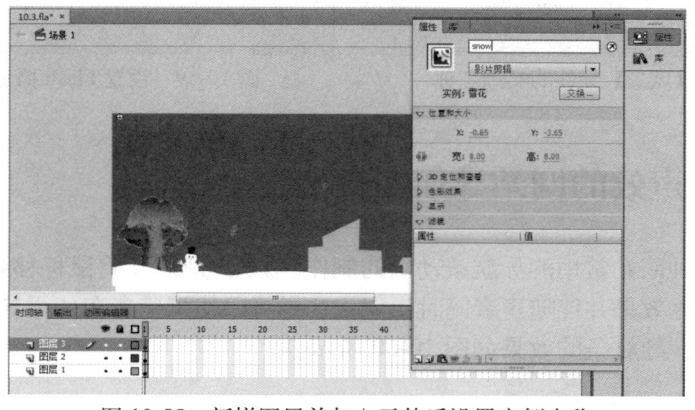

图 10-55　新增图层并加入元件后设置实例名称

14 新增图层 4，打开【动作】面板并为图层 4 第 1 帧添加使【雪花】元件实例循环随机飘落的动作脚本代码，如图 10-56 所示。

15 选择【雪花】元件实例，再打开【动作】面板编写【雪花】元件实例响应步骤 4 设置动作的脚本代码，如图 10-57 所示。

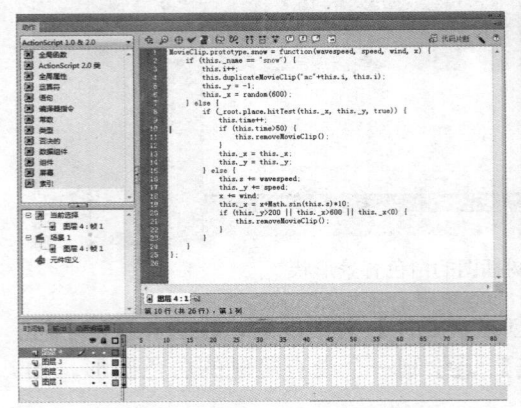

图 10-56 新增图层并编写动作脚本代码

图 10-57 为【雪花】元件实例编写脚本代码

16 选择舞台上的【风景】元件实例，然后打开【属性】面板并设置该元件的实例名称，如图 10-58 所示。

17 为了 Flash 播放器可以支持本例的 ActionScript 脚本，因此需要设置较低版本的 Flash 播放器，以便兼容所有网络用户（Flash 动画常用与网络传播）的 Flash 播放器。选择【文件】|【发布设置】命令，设置目标为【Flash Player 6】，最后单击【确定】按钮，如图 10-59 所示。

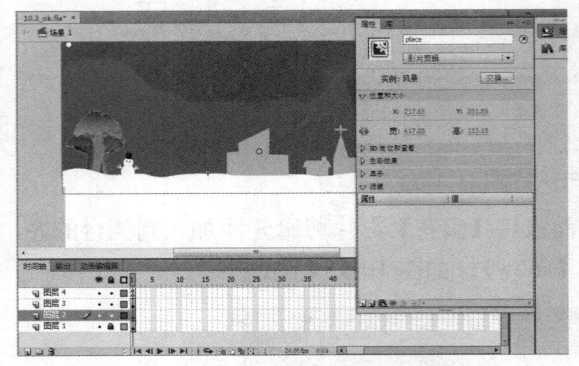

图 10-58 设置【风景】元件的实例名称

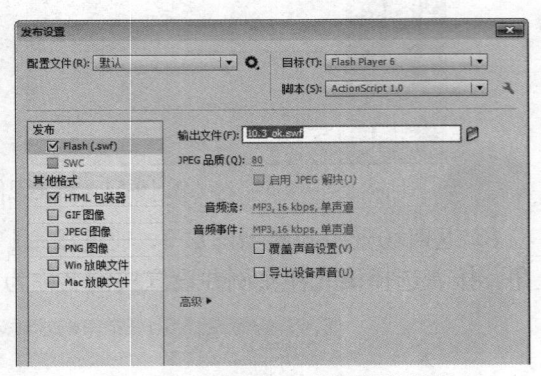

图 10-59 设置 Flash 播放器的版本

10.4 制作有声效的网站导航条

下面将介绍一种网站常用的导航条动画的制作。在该动画中，将鼠标移到按钮文字上时，按钮将出现一种变化效果并伴随声音同时出现，这样可以使浏览者在使用导航条链接时体验动画的动感和音效。导航条的效果如图 10-60 所示。

第 10 章 综合实例 259

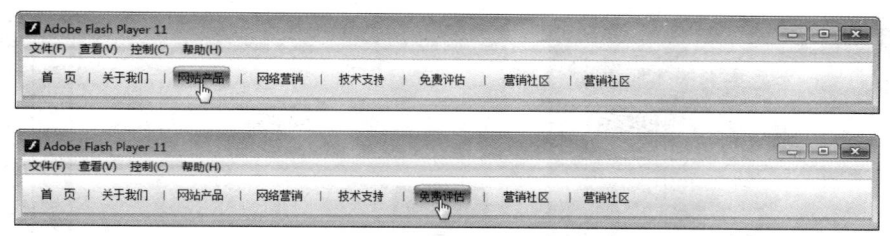

图 10-60 导航条动画的效果

上机实战　制作有声效的网站导航条

1 打开光盘中的"..\Example\Ch10\10.4.fla"练习文件，然后选择【插入】|【新建元件】命令，打开【创建新元件】对话框后，设置元件名称并选择元件类型为【图形】，最后单击【确定】按钮创建图形元件，如图 10-61 所示。

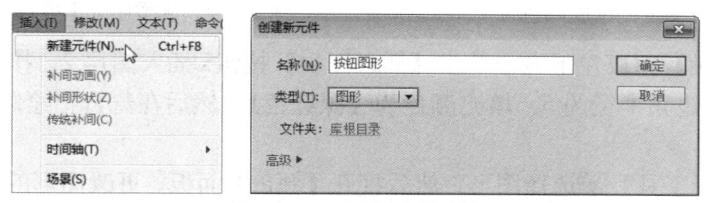

图 10-61 创建图形元件

2 创建图形元件后将直接进入该元件的编辑窗口，在工具箱中选择【矩形工具】，并打开【属性】面板，设置矩形选项中的半径为 5、填充颜色为【深红色】，接着在舞台上绘制一个圆角矩形，如图 10-62 所示。

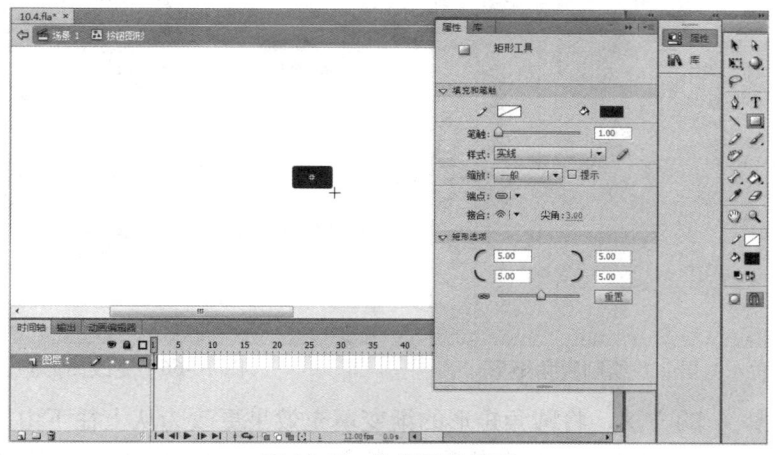

图 10-62 绘制圆角矩形

3 选择【选择工具】，然后选择图形，接着按下"Shift+F9"快捷键打开【颜色】面板，设置图形的颜色类型为【线性】，再将颜色轴左边的颜色控制点向右移动，最后选择颜色轴右边的控制点，设置该点颜色的 Alpha 为 0%，如图 10-63 所示。

4 在工具箱中选择【渐变变形工具】，然后选择图形，此时将出现变形控制点。使用鼠标按住圆形的变形控制点，然后旋转 90°，使红色到透明的渐变效果从上到下变化，接着按住方形的变形控制点并向上移动，缩小图形渐变的高度，如图 10-64 所示。

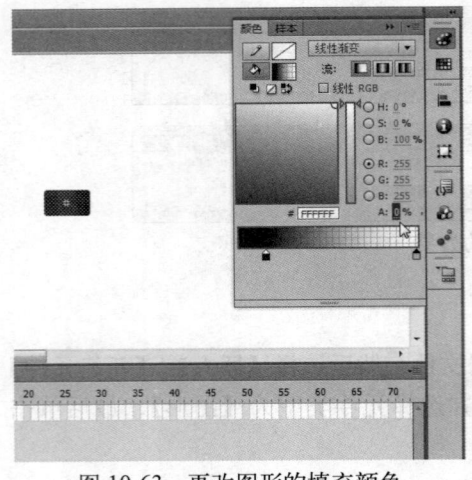

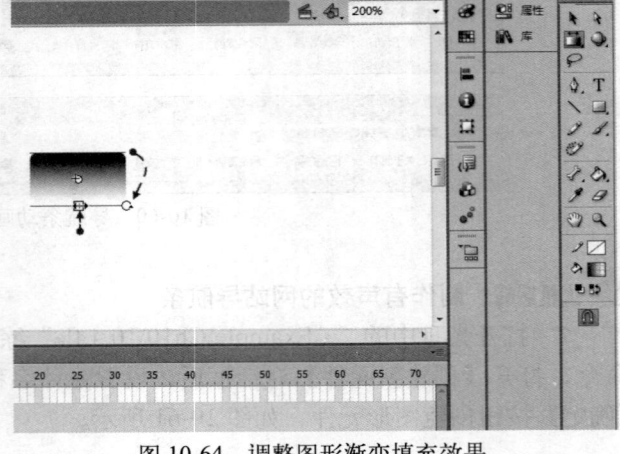

图 10-63　更改图形的填充颜色　　　　　　图 10-64　调整图形渐变填充效果

5　在【时间轴】面板左下方上单击【插入图层】按钮插入图层 2，接着选择【矩形工具】，设置矩形边角半径为 5、填充颜色为【深红色】，然后在舞台上绘制一个圆角矩形，如图 10-65 所示。

6　使用【选择工具】选择图形，然后打开【颜色】面板，更改图形的填充颜色为【白色】、填充类型为【线性】，接着选择颜色轴右边的控制点，设置该点颜色的 Alpha 为 0%，如图 10-66 所示。

图 10-65　插入图层 2 并绘制圆角矩形　　　　图 10-66　更改图形颜色

7　使用步骤 4 的方法，将圆角矩形的渐变填充效果更改为从上往下由白色到透明填充，然后将图形移到步骤 2 绘制的圆角矩形上，制作成具有水晶效果的按钮图形，如图 10-67 所示。

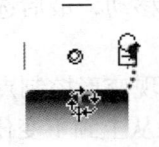

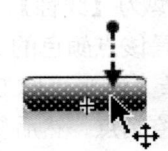

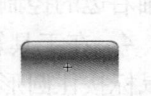

图 10-67　调整图形渐变填充效果并移动图形

8 选择【插入】|【新建元件】命令，打开【创建新元件】对话框后，设置元件名称并选择元件类型为【影片剪辑】，然后单击【确定】按钮，按下"Ctrl+L"快捷键打开【库】面板，将【按钮图形】元件拖入舞台上，如图10-68所示。

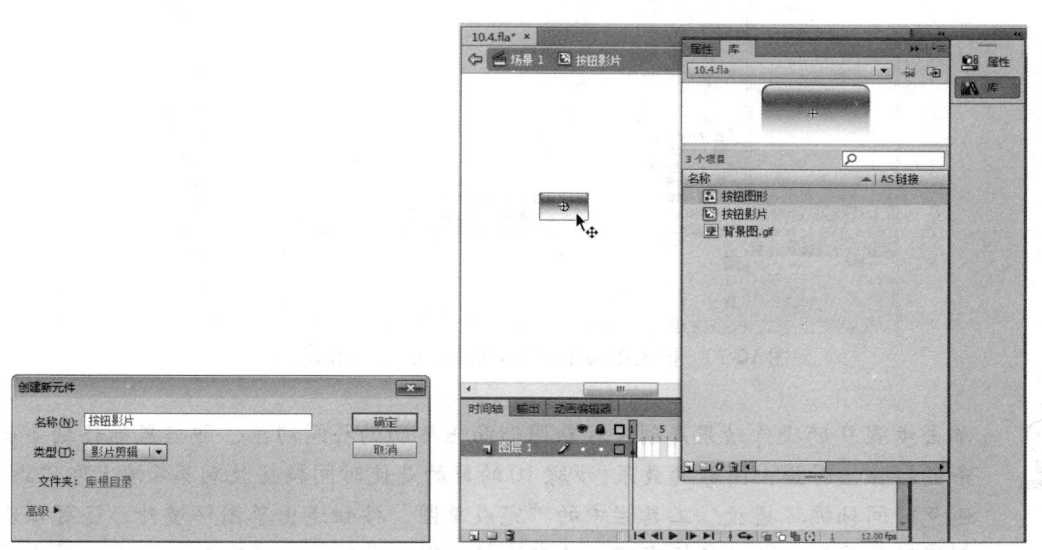

图10-68 创建影片剪辑元件并加入按钮图形

9 在图层1的第4帧上按下F6功能键插入关键帧，然后将【按钮图形】元件向上移，接着选择第1帧，在选择该帧下的【按钮图形】元件，通过【属性】面板设置颜色效果为【Alpha】、数值为0%，再次选择第1帧并单击右键，从打开的菜单中选择【创建传统补间】命令，如图10-69所示。

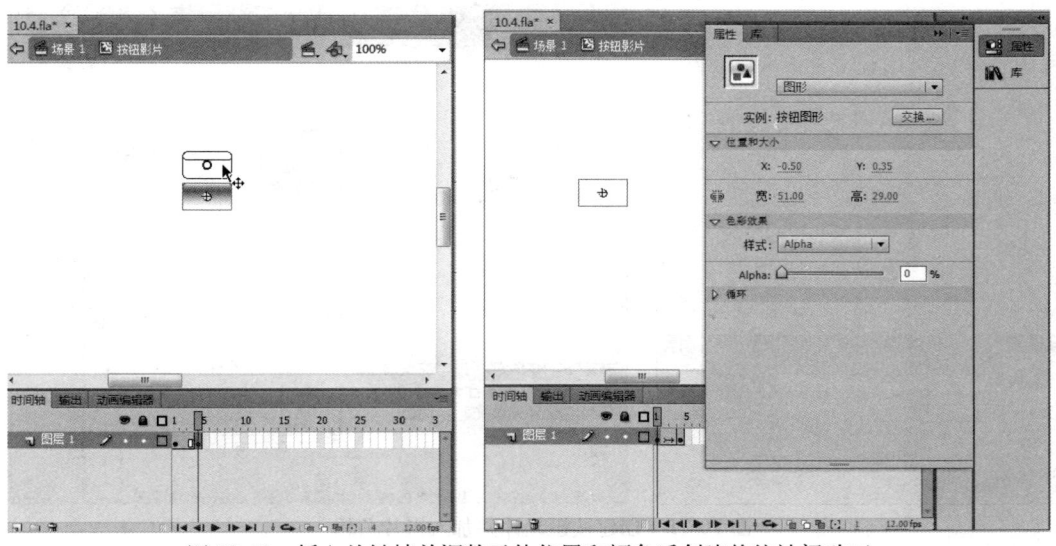

图10-69 插入关键帧并调整元件位置和颜色后创建传统补间动画

10 在【时间轴】面板左下方上单击【插入图层】按钮，插入图层2，然后在图层2第4帧上按下F7功能键插入空白关键帧，接着按下F9功能键打开【动作】面板，并在【动作】列表中双击【stop】动作，为空白关键帧添加"stop();"动作，如图10-70所示。

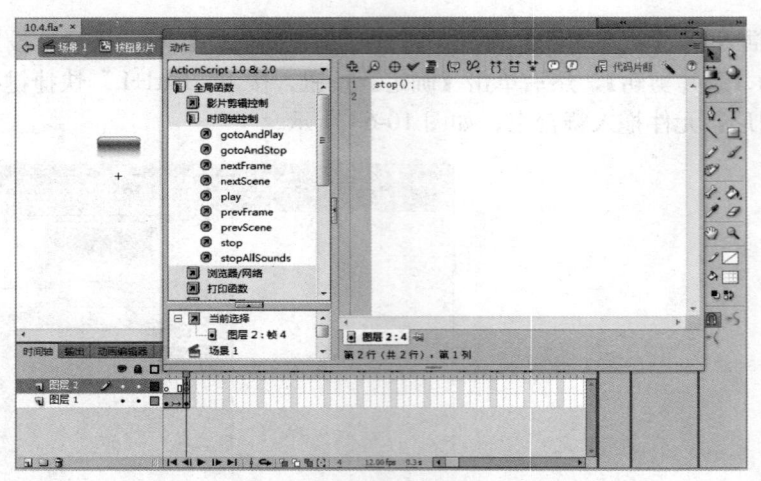

图 10-70 插入图层和空白关键帧并添加停止动作

> 单击步骤 9 的操作结果是创建按钮图形向上移动的补间动画,即当鼠标移到导航条的按钮上时弹出图形的效果。步骤 10 的目的是使时间轴播放到第 4 帧上即停止,避免时间轴循环播放。工具栏中的"完成草图"按钮退出草图环境外,还可以在创建完草图后,单击鼠标右键,从中选择"完成草图"选项 ,也可退出草图环境。

11 选择【插入】|【新建元件】命令,打开【创建新元件】对话框后,设置名称为【首页】、类型为【按钮】,然后单击【确定】按钮,在【指针经过】帧上按下 F7 功能键插入空白关键帧,打开【库】面板,将【按钮影片】元件加入到舞台,如图 10-71 所示。

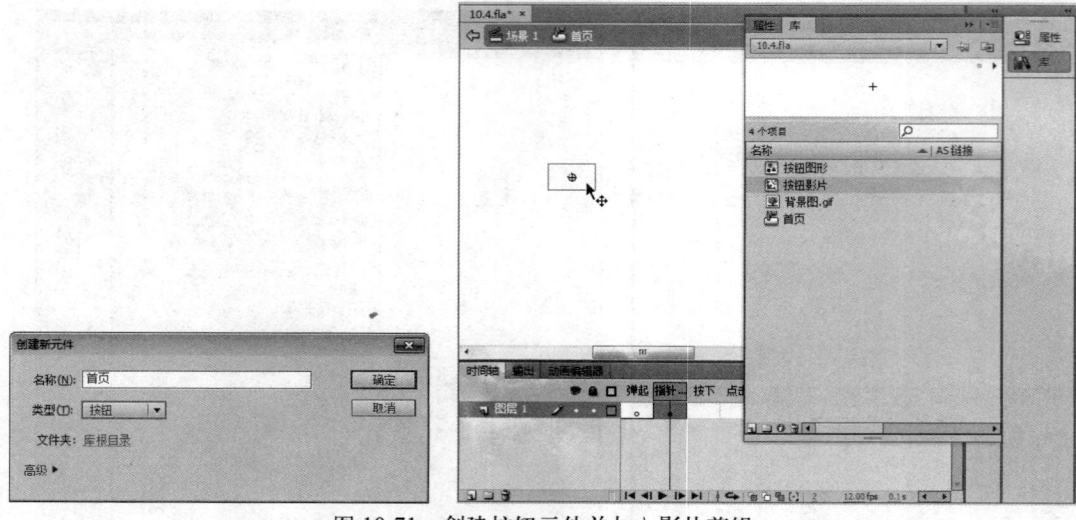

图 10-71 创建按钮元件并加入影片剪辑

12 在按钮元件的时间轴的【点击】帧上插入空白关键帧,然后选择【矩形工具】 ,在舞台上绘制一个圆角矩形图形,作为点击按钮的激活区,如图 10-72 所示。

13 在【时间轴】面板左下方上单击【插入图层】按钮 ,插入图层 2,然后在【点击】帧的图形位置上输入按钮文字,设置如图 10-73 所示的属性。

图 10-72　插入空白关键帧并绘制圆角矩形 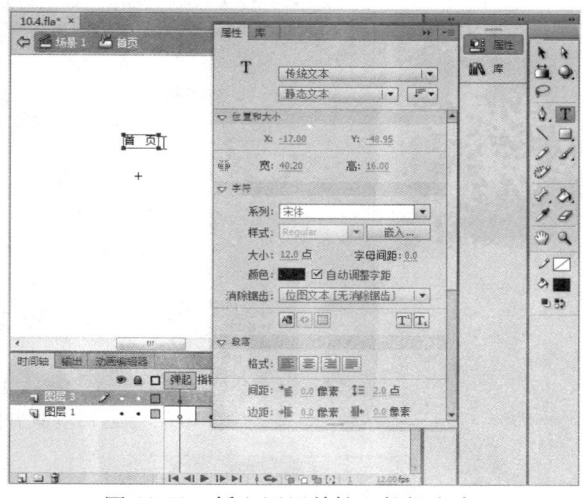　　图 10-73　插入图层并输入按钮文字

14 选择【文件】|【导入】|【导入到库】命令，打开【导入到库】对话框后，在本书光盘中的"..\Example\Ch10\"文件夹中选择声音素材，单击【打开】按钮，在按钮元件的时间轴上插入图层 3，在【指针经过】帧上插入空白关键帧，最后选择该空白关键帧，通过【属性】面板为该帧设置声音，如图 10-74 所示。

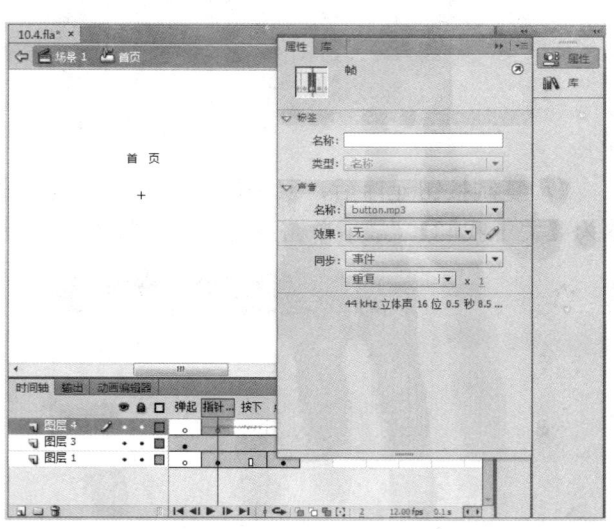

图 10-74　导入声音素材并添加到按钮的【指针经过】帧上

15 在按钮元件编辑窗口中单击【场景 1】按钮返回场景 1，然后在时间轴上插入图层 2，并从【库】面板中将【首页】按钮加入到导航条左边，如图 10-75 所示。

16 在【库】面板的【首页】按钮上单击右键，从打开的菜单中选择【直接复制】命令，打开【直接复制元件】对话框后，更改元件名称为【关于我们】，最后单击【确定】按钮，如图 10-76 所示。

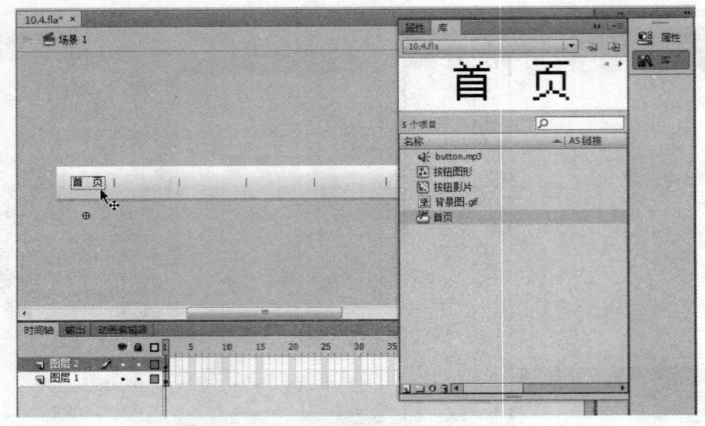

图 10-75 返回场景并添加导航条按钮

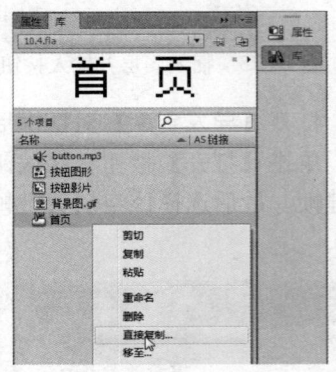

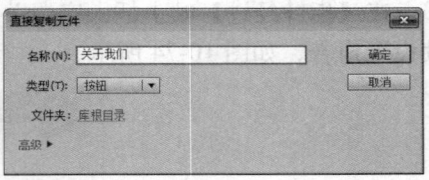

图 10-76 直接复制按钮元件

17 复制按钮元件后,双击该按钮进入其编辑窗口,选择【文本工具】,修改按钮文本为【关于我们】,最后单击【场景 1】按钮返回场景 1,如图 10-77 所示。

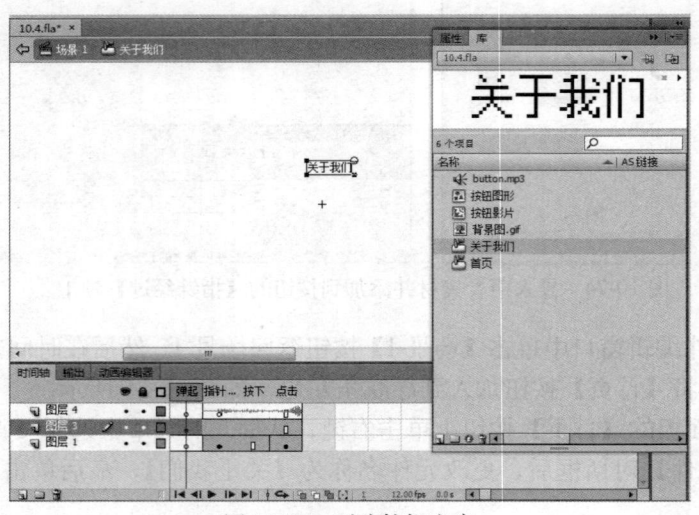

图 10-77 更改按钮文字

18 返回场景 1 后,将【关于我们】按钮拖入到导航条的【首页】按钮右边,如图 10-78 所示。

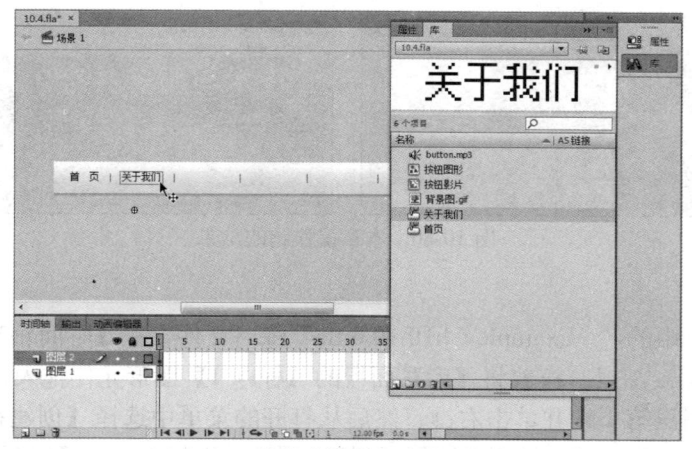

图 10-78　将复制的按钮加入导航条上

19 使用步骤 16～步骤 18 的方法，直接复制多个按钮，然后根据导航条的制作修改各个按钮的文字，并将按钮添加到导航条上即可，结果如图 10-79 所示。

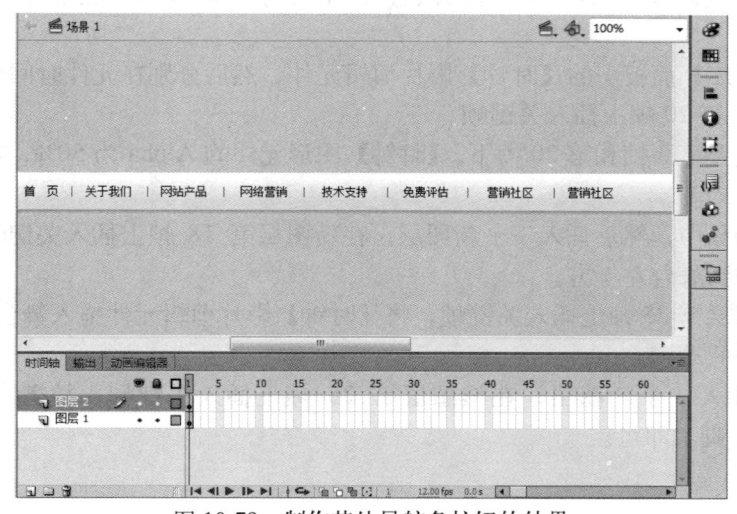

图 10-79　制作其他导航条按钮的结果

10.5　本章小结

本章通过多个 Flash 实例的制作，介绍了 Flash CS6 在矢量绘图、动画效果制作、网站导航动画上的应用。

10.6　习题

操作题

综合所学知识，制作一个横幅广告动画。首先利用补间动画制作横幅标题元件的移动动画，再利用传统补间动画制作【时钟】影片剪辑的淡出淡入动画，最后将【时钟】影片剪辑加入舞台，再添加停止动作脚本。横幅广告动画的效果如图 10-80 所示。

图 10-80　本章操作题的结果

提示：

（1）打开光盘中的"..\Example\Ch10\10.6.fla"练习文件，在【时间轴】面板中单击【新建图层】按钮插入图层，接着将【库】面板的【标题 1】图形元件拖入舞台右边。

（2）选择新图层第 1 帧并单击右键，然后从打开的菜单中选择【创建补间】命令。

（3）在新图层的第 8 帧上按下 F6 功能键插入属性关键帧，再将【标题 1】图形元件拖到舞台的右边。

（4）使用步骤 1～3 的方法，分别插入两个新图层，然后在图层上分别放置【标题 2】图形元件和【大标题】图形元件，接着制作图形元件分别从舞台左边和右边移入舞台的补键动画。

（5）双击【库】面板上的【时钟】影片剪辑元件，然后分别在元件时间轴的图层 1 的第 5 帧、第 15 帧、第 20 帧上插入关键帧。

（6）分别设置第 5 帧和第 20 帧下，【时钟】图形元件的 Alpha 为 50%，接着为关键帧之间创建传统补间动画。

（7）返回场景中，然后插入一个新图层，在新图层第 18 帧上插入关键帧，将【时钟】影片剪辑元件拖到舞台左上方。

（8）在新图层第 25 帧上插入关键帧，将【时钟】影片剪辑元件拖入舞台并放置在右边，最后创建传统补间动画。

（9）再次插入一个新图层，在该图层第 25 帧上插入关键帧，接着在关键帧上添加"stop();"的动作脚本即可。

习题参考答案

第1章

一、填充题

1. TLF
2. 帮助
3. 【文件】|【新建】
4. 图层、帧、播放指针
5. Flash CS6 文档、Flash CS5 文档、Flash CS5.5

二、选择题

1. B
2. A
3. A
4. C
5. D

第2章

一、填充题

1. RGB、HSB
2. 色度、饱和度、亮度
3. 红（Red）、绿（Green）、蓝（Blue）
4. 十六进制、十六进制码
5. 216 色

二、选择题

1. C
2. A
3. D
4. B
5. A

第3章

一、填充题

（1）RGB、HSB
（2）色度、饱和度、亮度
（3）红（Red）、绿（Green）、蓝（Blue）
（4）16 进制、16 进制码
（5）216 色

二、选择题

（1）C
（2）A
（3）D
（4）B
（5）A

第4章

一、填充题

（1）3 种可能状态、活动区域
（2）包含可重用的 Flash 组件
（3）实例名称
（4）分离
（5）任意变形工具、变形、【修改】|【变形】

二、选择题

（1）B
（2）D
（3）A
（4）C
（5）C

第 5 章

一、填充题

(1) 补间动画、传统补间、补间形状、反向运动姿势、逐帧动画

(2) 帧数

(3) 对象属性、相同属性

(4) 一组帧、一个或多个属性

(5) 补间范围、补间目标对象

(6) 大小、颜色、形状、位置

二、选择题

(1) B
(2) D
(3) C
(4) A
(5) B

第 6 章

一、填充题

(1) 元件实例、文本字段

(2) 补间图层

(3) 调整到路径

(4) 浮动属性关键帧

(5) 平滑点、转角点

二、选择题

(1) C
(2) D
(3) D
(4) A
(5) B

第 7 章

一、填充题

(1) 起始形状、结束形状、形状提示点

(2) 字母（a~z）、26

(3) 帮助用户让其他图层的对象对齐引导层对象

(4) 引导线

(5) 一个、按钮元件

二、选择题

(1) C
(2) B
(3) A
(4) D

第 8 章

一、填充题

(1) 线性链、分支结构

(2) 所有形状

(3) 反向运动形状、姿势图层

(4) X 和 Y

(5) 缓动

二、选择题

(1) D
(2) C
(3) B
(4) A

第 9 章

一、填充题

(1) 事件、开始、停止、数据流

(2) 起始点、音量

(3) 事件、动作、事件、动作

(4) 鼠标和键盘事件、剪辑事件、帧事件

(5) Flash、JavaScript 脚本、面向对象化

二、选择题

(1) D
(2) B
(3) C
(4) D